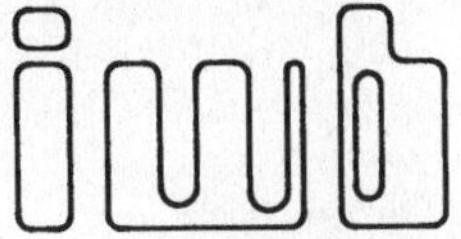

Forschungsberichte · Band 4

**Berichte aus dem
Institut für Werkzeugmaschinen
und Betriebswissenschaften
der Technischen Universität München**

Herausgeber: Prof.Dr.-Ing. J. Milberg

Helmut Summer

Modell zur Berechnung verzweigter Antriebsstrukturen

Mit 74 Abbildungen

Springer-Verlag
Berlin Heidelberg New York Tokyo 1986

Dipl.-Ing. Helmut Summer
Institut für Werkzeugmaschinen und Betriebswissenschaften (iwb), München

Dr.-Ing. J. Milberg
o. Professor an der Technischen Universität München
Institut für Werkzeugmaschinen und Betriebswissenschaften (iwb), München

D 91

ISBN-13: 978-3-540-16394-7   e-ISBN-13: 978-3-642-82787-7
DOI: 10.1007/ 978-3-642-82787-7

Gesamtherstellung: Hieronymus Buchreproduktions GmbH, München
2362/3020-543210

Meiner Mutter

GUTTA CAVAT LAPIDEM
NON VI SED SAEPE CADENDO

Die Verbesserung von Fertigungsmaschinen, Fertigungsverfahren und Fertigungsorganisation im Hinblick auf die Steigerung der Produktivität und die Verringerung der Fertigungskosten ist eine ständige Aufgabe der Produktionstechnik. Die Situation in der Produktionstechnik ist durch abnehmende Fertigungslosgrößen und zunehmende Personalkosten sowie durch eine unzureichende Nutzung der Produktionsanlagen geprägt. Neben den Forderungen nach einer Verbesserung von Mengenleistung und Arbeitsgenauigkeit gewinnt die Steigerung der Flexibilität von Fertigungsmaschinen und Fertigungsabläufen immer mehr an Bedeutung. In zunehmendem Maße werden Programme, Einrichtungen und Anlagen für rechnergestützte und flexibel automatisierte Produktionsabläufe entwickelt.

Ziel der Forschungsarbeiten am Institut für Werkzeugmaschinen und Betriebswissenschaften an der TU München (iwb) ist die weitere Verbesserung der Fertigungsmittel und Fertigungsverfahren im Hinblick auf eine Optimierung von Arbeitsgenauigkeit und Mengenleistung der Fertigungssysteme. Dabei stehen Fragen der anforderungsgerechten Maschinenauslegung sowie der optimalen Prozeßführung im Vordergrund. Ein weiterer Schwerpunkt ist die Entwicklung fortgeschrittener Produktionsstrukturen und die Erarbeitung von Konzepten für die Automatisierung des Auftragsdurchlaufs. Das Ziel ist eine Integration der technischen Auftragsabwicklung von der Konstruktion bis zur Montage.

Die im Rahmen dieser Buchreihe erscheinenden Bände stammen thematisch aus den Forschungsbereichen des iwb: Fertigungsverfahren, Werkzeugmaschinen, Fertigungs- und Montageautomatisierung, Betriebsplanung sowie Steuerungstechnik und Informationsverarbeitung. In ihnen werden neue Ergebnisse und Erkenntnisse aus der praxisnahen Forschung des iwb veröffentlicht. Diese Buchreihe soll dazu beitragen, den Wissenstransfer zwischen dem Hochschulbereich und dem Anwender in der Praxis zu verbessern.

Joachim Milberg

Vorwort

Die vorliegende Arbeit entstand während meiner Tätigkeit als Akademischer Rat auf Zeit am Lehrstuhl für Werkzeugmaschinen und Betriebswissenschaften der Technischen Universität München.

Wesentliche Inhalte sind in Zusammenhang zu sehen mit dem vom Verein Deutscher Werkzeugmaschinenfabriken (VDW) langfristig geförderten Vorhaben 0807: "Untersuchung der Steifigkeit von Werkzeugmaschinengetrieben", das hiermit abgeschlossen wurde.

An dieser Stelle sei mein herzlicher Dank an alle jene gerichtet, die zum Entstehen und Abschluß der Arbeit beitrugen:

Herrn Professor Dr.-Ing. Karl Georg MÜLLER, der mir ermöglichte noch während seiner Institutsleitung diesen Themenkreis zu bearbeiten;

Herrn Professor Dr.-Ing. Joachim MILBERG, durch den die Arbeit stets wohlwollend gefördert und unterstützt wurde;

Herrn Professor Dr.-Ing. Manfred WECK, der das erste Korreferat mit großem Interesse übernahm und weiterführende Gedanken anregte;

Herrn Professor Dr.-Ing. Friedrich PFEIFFER, der als zweiter Korreferent zu Verbesserungen und Anregungen beim theoretischen Teil beitrug;

allen Kolleginnen und Kollegen des Lehrstuhls, die mir tatkräftig zur Seite standen, von denen ich erwähnen möchte: Frau S. HOLZHEIMER, Frau Dipl.-Ing. I. HUNZINGER, Herrn Dipl.-Ing. W. SIMON, Herrn Dr.-Ing. R. STIEFENHOFER, meinen geschätzten Zimmerkollegen Herrn H. LYSEN sowie insbesondere Herrn Dr.-Ing. A. FUCHSBERGER;

allen Studenten, die engagiert durch zahlreiche Studien- und Diplomarbeiten sowie als studentische Hilfskräfte beitrugen, hierbei speziell den jetzigen Kollegen Dipl.-Ing. P. KIRCHKNOPF, Dipl.-Ing. P. EIBELSHÄUSER und Dipl.-Ing. H. JORDE;

dem Leibniz-Rechenzentrum der Bayerischen Akademie der Wissenschaften, an dem die Berechnungen durchgeführt wurden.

München im Dezember 1985

Helmut Summer

Inhaltsverzeichnis   Seite

0   Zeichen, Einheiten   V

0.1   Kleine und große lateinische Buchstaben   V
0.2   Kleine und große griechische Buchstaben   VII
0.3   Indizes   VIII
0.4   Hochgestellte Zeichen   IX
0.5   Vektoren und Matrizen   X
0.6   Mathematische Zeichen   XI
0.7   Abkürzungen   XII

1   Einleitung   1

2   Einführung   2

2.1   Allgemeines zur Auslegung im Maschinenbau   2
2.2   Steifigkeits-Auslegung bei Werkzeugmaschinen   4

3   Problemstellung   6

3.1   Antriebsstrukturen, Begriffe und Definitionen   6
3.2   Gesamtproblem   11

4   Stand der Technik   12

4.1   Modellbildung   12
4.2   Fehler bei den Systemparametern   15

5   Ziel der Arbeit   18

6   Grundlegendes   19

6.1   Systemverhältnisse   19

6.1.1   Systemverhältnisse bei mechanischen Strukturen   19
6.1.2   Mechanische Systemverhältnisse am einläufigen System   21
6.1.3   Freies, gedämpftes einläufiges System   24
6.1.4   Zwangserregtes, gedämpftes einläufiges System   26

6.2   Linearisierung bei den Matrizen-Methoden   28

6.3   Matrizen-Methoden   31

6.4   Grundsätzliches zur Idealisierung   32

6.5   Zusammenhänge zwischen Rotationen und Translationen   34

6.5.1   Eindimensionale Zusammenhänge   34
6.5.2   Linearer Federungsbereich   37
6.5.3   Nichtlineare Federungsverteilung   38
6.5.4   Kippkopplung durch exzentrische Kraft   39

6.6   Bedeutung der statischen Analyse   41

7	**Beispiel einer 4-Freiheitsgrade-Zahnradstufe**	**42**
7.1	Getriebespezifische Kopplungen	42
7.2	Herleitung der Federmatrix	44
7.3	Superposition von Elementen zum Gesamtsystem	49
8	**Koordinaten-Transformation**	**52**
8.1	Transformation von Belastungen und Verlagerungen	53
8.2	Transformation von Element-Matrizen	56
8.3	Richtungskosinus	57
8.4	Transformation bei 6 Freiheitsgraden	60
9	**Gesamt-Systemmatrizen**	**63**
9.1	Struktureller Aufbau	63
9.2	Physikalische Dimensionen und Einheiten	66
10	**Statische Analyse**	**69**
10.1	Lösung der Statik, Randbedingungen	69
10.2	Potential zur Analyse des elastischen Verhaltens	72
10.3	Darstellung der Verformungen	74
10.3.1	Übersetzungsreduktion und statisches Torsionsdiagramm	74
10.3.2	Anteile der Freiheitsgrade an Verformungen	78
10.3.3	Wellenbezogene Verformungsdarstellung	84
10.4	Statische Schnittgrößen	85
11	**Dynamische Analyse**	**87**
11.1	Reelles Eigenwertproblem	87
11.1.1	Eigenwerte und Eigenvektoren des konservativen Systems	87
11.1.2	Starrkörperverschiebung bei Antriebsstrukturen	89
11.1.3	Lösung des Eigenwertproblems	90
11.1.3.1	Überblick	90
11.1.3.2	Bandmatrizen-Algorithmen	91
11.1.4	Mehrfache und eng benachbarte Eigenwerte	93
11.2	Normierungen von Eigenvektoren	93
11.2.1	Eigenvektoren der Dimension 1	93
11.2.2	Systemnormierte Eigenvektoren, Kenn-Systemverhältnis-Wurzeln	96
11.2.2.1	Nachgiebigkeits-Normierung	98
11.2.2.2	Beweglichkeits-Normierung	98
11.2.2.3	Beschleunigbarkeits-Normierung	98
11.3	Entkopplung durch Diagonalisieren	99
11.3.1	Verallgemeinerte Orthogonalität der Eigenvektoren	99
11.3.2	Entkopplung des konservativen Systems	99
11.3.3	Entkopplung des freien, bedämpften Systems	101
11.3.4	Dämpfungsmatrizen in physikalischen Koordinaten	103
11.3.5	Interpretation diagonalisierbarer Dämpfungsmatrizen	105

11.4	Umrechnung systemnormierter Eigenvektoren	106
11.5	Modale Einmassenschwinger, Kenn-Systeme	109
11.5.1	Allgemeines	109
11.5.2	Konservatives Kenn-System	109
11.5.3	Zwangserregtes Kenn-System	110
11.5.4	Frequenzgang eines Kenn-Systems	112
11.5.5	Gegenüberstellung der Systemverhältnis-Amplitudengänge	115
11.6	Innere Kenn-Systemverhältnisse	118
11.6.1	Dynamische Eigenbelastung, Kenn-Eigenlast-Wurzeln	118
11.6.2	Dynamische Schnittgrößen, Kenn-Schnittgrößen-Wurzeln	121
11.7	Darstellung der dynamischen Verformbarkeiten	122
11.7.1	Kenn-Potential und dynamisches Torsionsdiagramm	122
11.7.2	Bezeichnung der Eigenschwingungen	125
12	Kondensation von Freiheitsgraden	127
12.1	Allgemeines zur Methode	127
12.2	Dynamische Kondensation	129
12.3	Statische Kondensation auf Elementebene	131
12.4	Fehler beim Kondensieren	132
13	Element-Bibliothek	134
13.1	Überblick und Einteilung	134
13.2	Einfache Federelemente	136
13.2.1	Absolut- und Relativfeder	136
13.2.2	Größenordnung von Federsteifigkeiten	137
13.3	Konzentrierte Massen	139
13.4	Balkenelemente	141
13.4.1	Verwendung und Anforderungen	141
13.4.2	Elementmatrizen	143
13.5	Kondensations-Balkenelemente	147
13.5.1	Datenreduzierende Modellbildung	147
13.5.2	Vorgehensweise	149
13.6	Übersetzungselemente	150
13.6.1	Überblick	150
13.6.2	Schrägverzahnte Stirnradstufe	152
13.6.3	Schneckenstufe	155
13.6.4	Riemenstufe	157
13.7	Wellen-Naben-Verbindungen	160
13.8	Wälzlagerelemente	160
13.8.1	Ausgangspunkt und Zielsetzung	160
13.8.2	Modellbildung	162

13.8.3   Kippsteifigkeiten   164
13.8.4   Radiale und axiale Federsteifigkeiten   165
13.8.5   Direkt erfaßte Lagerreihen und äußere Abmessungen   167

14   Anwendungsrechnungen und Messungen   168
14.1   Allgemeines zur Messung   168
14.2   Untersuchtes Schneckengetriebe   169

15   Zusammenfassung   179

16   Literatur   183

17   Sachverzeichnis   191

0 Zeichen, Einheiten

Bei verallgemeinerten Zeichen (speziell g und G) wird die Einheit mit *) gekennzeichnet, da auf mehrdeutigen Dimensionen basierend. Im Kontext können lokal vereinbarte Zeichen von den hier aufgelisteten abweichen.

0.1 Kleine und große lateinische Buchstaben

	Einheit	Bezeichnung
A	m^2 Nm	Wellenquerschnitt Arbeit
$b_{e.S}$	$\sqrt{\dfrac{m}{Ns}}\,;\,\sqrt{\dfrac{rad}{Nms}}$	Kenn-Beweglichkeits-Wurzel
$B_{e.FV}$ $B_{e.FV}(\omega)$ $B_{FV}(\omega)$	$\dfrac{m}{Ns}\,;\,\dfrac{rad}{Ns}\,;\,\dfrac{rad}{Nms}$	Kenn-Beweglichkeit Dynamische Kenn-Beweglichkeit $\Big\}$ der Stellen F und V Dynamische Beweglichkeit
B	m	Breite
C	$\dfrac{N}{mm^{1,5}}\;\dfrac{N}{mm^{1,08}}$	Federkonstante bei Wälzlagern
d	$\dfrac{Ns}{m}\,;\,\dfrac{Ns}{rad}\,;\,\dfrac{Nms}{rad}$	Dämpfungskoeffizient
D	$1/rad$	LEHR'sche Dämpfung
E	N/m^2	Elastizitätsmodul
f_e	Hz	Eigenfrequenz
f_S	$N\,;\,Nm$	Ersatzlast (Kraft oder Moment) der Stelle S
$f_S^{(E)}$	$N\,;\,Nm$	Schnittgröße (innere Kraft oder Moment) der Stelle S am Element (E)
F	$N\,;\,Nm$	Äußere Last; Kraft allgemein
$F_{e.F}$	$N\,;\,Nm$	In modale Koordinaten transformierte Belastungskomponente der (physikalischen) Stelle F
g	*)	Systemgröße an Stelle von m, r, k
g_{FV}	*)	Systemverhältnis aus Verlagerungsstelle V und Reaktionsstelle F
$g_{e.S}$	*)	Kenn-Systemverhältnis-Wurzel der Stelle S (Eigenvektor-Komponente)
$G_{e.FV}$ $G_{e.FV}(\omega)$ $G_{FV}(\omega)$	*)	Kenn-Systemverhältnis Dynamisches Kenn-Systemverhältnis $\Big\}$ der Stellen F und V Dynamisches Systemverhältnis
$G_{e.favb}$	*)	Kenn-Systemverhältnis zwischen Verlagerungs-FHG v am KP b und Reaktion des FHGs f am KP a
G	N/m^2	Schubmodul
h_{VF}	$\dfrac{m}{N}\,;\,\dfrac{rad}{N}\,;\,\dfrac{rad}{Nm}$	Nachgiebigkeit, Nachgiebigkeitszahl (Stellen F und V)

Symbol	Einheit	Bedeutung
i	1	Übersetzung. Anzahl Wälzkörperreihen
I	m^4	Flächenträgheitsmoment
k_{FV}	$\frac{N}{m}$; $\frac{N}{rad}$; $\frac{Nm}{rad}$	Federsteifigkeit; Federzahl (Stellen F und V)
K_e	*)	Modale Feder(-steifigkeit)
m_{FV}	$\frac{Ns^2}{m}$; $\frac{Ns^2}{rad}$; $\frac{Nms^2}{rad}$	Trägheitszahl, Masse, Massenträgheitsmoment
M	Nm	Moment
M_e	*)	Modale Masse
n	1	Anzahl (allgemein; der FHGe eines Systems)
$n_{e,S}$	$\sqrt{\frac{m}{N}}$; $\sqrt{\frac{rad}{Nm}}$	Kenn-Nachgiebigkeits-Wurzel der Stelle S
$N_{e,FV}$ $N_{e,FV}(\omega)$ $N_{FV}(\omega)$	$\frac{m}{N}$; $\frac{rad}{N}$; $\frac{rad}{Nm}$	Kenn-Nachgiebigkeit; Dynamische Kenn-Nachgiebigkeit; Dynamische Nachgiebigkeit — der Stellen F und V
$q_{e,S}$	$\sqrt{\frac{N}{m}}$; $\sqrt{\frac{Nm}{rad}}$	Kenn-Eigenlast-Wurzel der Stelle S
$Q_{e,S}$	$\frac{N}{m}$; $\frac{Nm}{rad}$	(Direkte) Kenn-Eigenlast der Stelle S
Q	N	Wälzkörperbelastung
R_1	m	Betriebswälzradius am KP 1
R_e	*)	Modale Dämpfung
r_{FV}	$\frac{Ns}{m}$; $\frac{Ns}{rad}$; $\frac{Nms}{rad}$	Dämpfungszahl (Stellen F und V)
$s_{e,S}$	$\sqrt{\frac{N}{m}}$; $\sqrt{\frac{Nm}{rad}}$	Kenn-Schnittgrößen-Wurzel der Stelle S
$S_{e,S}$	$\frac{N}{m}$; $\frac{Nm}{rad}$	(Direkte) Kenn-Schnittgröße der Stelle S
T	mm	Wälzlager-Teilkreisdurchmesser (mittlerer). Kegelrollenlager-Gesamtbreite
$u_{e,S}$	$\sqrt{\frac{m}{Ns^2}}$; $\sqrt{\frac{rad}{Nms^2}}$	Kenn-Beschleunigbarkeits-Wurzel der Stelle S
$U_{e,FV}$ $U_{e,FV}(\omega)$ $U_{FV}(\omega)$	$\frac{m}{Ns^2}$; $\frac{rad}{Ns^2}$; $\frac{rad}{Nms^2}$	Kenn-Beschleunigbarkeit; Dynamische Kenn-Beschleunigbarkeit; Dynamische Beschleunigbarkeit — der Stellen F und V
v_V	m ; rad	Verlagerung (Verschiebung, Verdrehung) der Stelle V
x	m *)	Translatorischer FHG in axialer Wellenrichtung. Allgemeine Ortskoordinate (speziell bei 1 FHG)
x_T	m	Torsionslänge (statischer Torsions-Kraftfluß)
y	m	Translatorischer FHG in radialer Wellenrichtung
z	m 1	Translatorischer FHG in radialer Wellenrichtung. Wälzkörperanzahl

0.2 Kleine und große griechische Buchstaben

α	Grd	Eingriffswinkel bei Verzahnungen. Druckwinkel bei Wälzlagern
β	Grd	Schrägungswinkel
γ	Grd	Winkel für Verzahnungsrichtung. Drehwinkel
$\Gamma_{e.G}$	1	Standard-Frequenzgang (komplex) des Systemverhältnisses G für die Eigenschwingung Nr. e
δ	s^{-1} μm Grd	Abklingkoeffizient. Elastische Wälzkörperverformung. Lagewinkel im lokalen Koordinatensystem.
δ_{eg}	1	KRONECKER-Symbol
Δ	–	Differenz
ε	1	Dehnung
κ	1	Schmiegung. Schubfaktor
λ_e	$(rad/s)^2$	Eigenwert der Eigenschwingung Nr. e
ξ	rad	rotatorischer FHG für Biegung und Kippen
Π	Nm	Potential
ϱ	kg/m^3 m	Dichte. Ersatzhebelarm (für rotatorische Steifigkeit)
σ	N/m^2	Spannung
Θ	kgm^2	Massenträgheitsmoment
φ	rad	Rotatorischer FHG in Torsions-Richtung
$\Phi_{e.V}$	*)	Eigenvektorkomponente der Stelle V bei der e-ten Eigenschwingung (primär der Dimension 1)
ψ	rad	Rotatorischer FHG für Biegung und Kippen
ω	rad/s	(Erreger)-Kreisfrequenz
ω_e	rad/s	Eigenkreisfrequenz
ω_d	rad/s	Eigenkreisfrequenz des freien, gedämpften Systems
ω_r	rad/s	Resonanzfrequenz eines zwangserregten, gedämpften Systemverhältnisses

0.3 <u>Indizes</u>   Werte-
                                                                             bereich

1	KPs-Nummer	
(1)	Matrix für den KP 1; translatorisch oder rotatorisch	3 FHGe
2	KPs-Nummer	
1/2	Zwischen KP 1 und KP 2	
I/II	Zwischen Welle I und Welle II	
a	KPs-Index (1-ter Index). Äußere Größe	
ax	Axial	
A	Ausgang	
b	KPs-Index (2-ter Index)	
B	Beweglichkeit. Biegung	
BP	Betriebspunkt	
d	Dämpfer, gedämpft	
e	Modaler Parameter (1-ter Index) der Eigenschwingung Nr. e	$1 \ldots n$
(e)	Matrix für die Eigenschwingung Nr. e	
E	Eingang	
(E)	Matrix für 3 translatorische oder 3 rotatorische FHGe	
f	Belastungs-FHG (statisch oder dynamisch); eingeprägt (2-ter FHG-Index) oder Reaktion (1-ter FHG-Index)	$1 \ldots 6$ $x, y, z, \varphi, \psi, \xi$
F	Belastungsstelle (statisch oder dynamisch); eingeprägt (2-ter Stellenindex) oder Reaktion (1-ter Stellenindex)	$1 \ldots n$
G	Äußeres Systemverhältnis (s. B, N, U)	
g	Modaler Parameter (2-ter Index) der Eigenschwingung Nr. g	$1 \ldots n$
i	Laufparameter. Innere Größe	
k	KP (allgemein). Feder (-Steifigkeit)	$1 \ldots \frac{n}{6}$
kipp	Kippen	
m	Masse	
N	Nachgiebigkeit	
pol	Polar	
Q	Querkraft	
r	Resonanz	
rad	Radial	
ro	Rotatorisch	
s	FHG an einem KP	

S	Stelle allgemein, 1-ter Index (KP mit FHG-Richtung). Schwerpunkt
spez	Spezifisch, bezogen auf eine Länge (bzw. Breite)
tr	Translatorisch
T	Stelle allgemein, 2-ter Index (KP mit FHG-Richtung). Torsion
U	Beschleunigbarkeit
v	FHG der Verlagerung (Weg, Geschwindigkeit, Beschleunigung) $1...6$ eingeprägt (2-ter FHG-Index) oder Reaktion (1-ter FHG-Index) x,y,z,φ,ψ,ξ
V	Stelle der Verlagerung; eingeprägt (2-ter Stellenindex) $1...n$ oder Reaktion (1-ter Stellenindex)
W	Welle
o	Statischer Wert, Anfangswert
$\perp$	Senkrechte Lage
//	Parallele Lage (für y)

0.4 Hochgestellte Kennzeichnungen

(a)	Absolutwirkung
(B)	Balken
(E)	Element (allgemein)
(F)	Feder
(K)	Kugellager. Kippung
(L)	Lager
(M)	Masse
(R)	Riemenstufe. Rollenlager
(S)	Schneckenstufe
(Z)	Zahnradstufe
(III)	Zu Welle III gehörend
*	Kondensiert. Lastfrei

Vorgestellt

R	Übersetzungsreduziert

0.5 Vektoren und Matrizen

Symbol	Einheit	Bedeutung
$\underline{b}_\bullet$	$\sqrt{\dfrac{m}{Ns}}$; $\sqrt{\dfrac{rad}{Nms}}$	Kenn-Beweglichkeits-Wurzeln
$\underline{b}$		Beweglichkeits-Modalmatrix
$\underline{f}$	N ; Nm	Innere Kräfte und Momente
$\underline{F}$	N ; Nm	Äußerer Belastungsvektor (äußere Kräfte und Momente)
$\underline{g}_\bullet$	*)	Kenn-Systemverhältnis-Wurzeln (e-ter Eigenvektor)
$\underline{g}$	*)	Systemnormierte Modalmatrix (an Stelle von $\underline{n}$, $\underline{b}$, $\underline{u}$),
$\underline{g}...$	*)	System- Submatrix (an Stelle von k, r, m)
$\underline{G}$	*)	System- (Gesamt)-matrix (an Stelle von $\underline{K}$, $\underline{R}$, $\underline{M}$)
$\underline{G}_{ab}^{(E)}$	*)	Element-Matrix
$\underline{G}_{ab}$	*)	System-Sub-Matrix
$\underline{g}_{ab}$	*)	System-KPs-Submatrix; dim = 6*6 (6-FHGe-Modell)
$\underline{g}_{ab}^{(E)}$	*)	Element-KPs-Submatrix; dim = 6*6 (6-FHGe-Modell)
$\underline{g}_{ST}$	*)	System-FHG-Submatrix; dim = 2*2
$\underline{g}_{ST}^{(E)}$	*)	Element-FHG-Submatrix; dim = 2*2
$\underline{h}$	$\dfrac{m}{N}$, $\dfrac{rad}{N}$, $\dfrac{rad}{Nm}$	Nachgiebigkeits- Submatrix
$\underline{H}$		Nachgiebigkeits- (Gesamt)-Systemmatrix
$\underline{I}$	1	Einheitsmatrix
$\underline{k}$	$\dfrac{N}{m}$; $\dfrac{N}{rad}$; $\dfrac{Nm}{rad}$	Feder- (Steifigkeits-) Submatrix
$\underline{K}$		Feder- (Steifigkeits-) (Gesamt)-Systemmatrix
$\underline{m}$	$\dfrac{Ns^2}{m}$; $\dfrac{Ns^2}{rad}$; $\dfrac{Nms^2}{rad}$	Massen- Submatrix
$\underline{M}$		Massen- (Gesamt)-Systemmatrix
$\underline{n}_\bullet$	$\sqrt{\dfrac{m}{N}}$; $\sqrt{\dfrac{rad}{Nm}}$	Kenn-Nachgiebigkeits-Wurzeln
$\underline{n}$		Nachgiebigkeits-Modalmatrix
$\underline{p}$	*)	Hauptkoordinaten (modale Koordinaten)
$\underline{q}_\bullet$	$\sqrt{\dfrac{N}{m}}$; $\sqrt{\dfrac{Nm}{rad}}$	Kenn-Eigenlast-Wurzeln
$\underline{q}$		Eigenlast-Modalmatrix
$\underline{R}$	$\dfrac{Ns}{m}$, $\dfrac{Ns}{rad}$, $\dfrac{Nms}{rad}$	Dämpfungsmatrix
$\underline{s}_\bullet$	$\sqrt{\dfrac{N}{m}}$; $\sqrt{\dfrac{Nm}{rad}}$	Kenn-Schnittgrößen-Wurzeln

$\underline{\dot{u}}_\bullet$ $\underline{\underline{u}}$	$\left.\begin{array}{l}\\\\\end{array}\right\}$ $\sqrt{\dfrac{m}{Ns^2}}$; $\sqrt{\dfrac{rad}{Nms^2}}$	$\left\{\begin{array}{l}\text{Kenn-Beschleunigbarkeits-Wurzeln}\\\text{Beschleunigbarkeits-Modalmatrix}\end{array}\right.$
$\underline{v}$	m ; rad	Verlagerungsvektor (Verschiebungen und Verdrehungen)
$\underline{\underline{Z}}$	N/m^2	Spannungsmatrix
$\underline{\tilde{x}}(2)$	1	Projizierendes, lokales Element-Koordinatensystem mit 2 FHGn je KP
$\underline{\hat{x}}_{12}(6)$	1	Element-einheitliches, lokales Koordinatensystem der 2 Element-KPe 1 und 2 mit 6 FHGn je KP; $\hat{\varphi}_1 = \varphi_1$ (Torsion)
$\underline{x}_{12}(6)$	1	Wellenbezogenes, lokales Koordinatensystem mit 6 FHGn gemäß Balken-Belastungsarten in jedem KP, Übersetzungs-FHGe φ_1 und φ_2 positiv in Drehrichtung
$\underline{\bar{x}}(6)$	1	Globales Koordinatensystem mit 6 FHGn je KP
$\underline{\underline{\lambda}}$	1	Koordinaten-Transformations-Matrix (Richtungskosinus)
$\underline{\underline{\Lambda}}$	$(rad/s)^2$	Diagonalmatrix der Eigenwerte
$\underline{\Phi}_\bullet$	1	Eigenvektor ohne Systemnormierung
$\underline{\underline{\Phi}}$	1	Modalmatrix ohne Systemnormierung
$\underline{\underline{0}}$	1	Nullmatrix

0.6 Mathematische Zeichen

$\underline{Y}$	Spaltenmatrix (Vektor)
$\underline{Y}^T$	Transponierte Spaltenmatrix (Vektor) = Zeilenmatrix
$\underline{\underline{Y}}$	Matrix mit n Zeilen und m Spalten
$\underline{\underline{Y}}^T$	Transponierte (gespiegelte) Matrix
$\underline{\underline{Y}}^{-1}$	Inverse Matrix
$\underline{\underline{Y}} = \text{diag } \underline{Y}_\bullet$	Diagonalmatrix
$|\underline{\underline{Y}}| = \det \underline{\underline{Y}}$	Determinante von $\underline{\underline{Y}}$
$|Y|$	Betrag der Größe (des Skalars) Y
$[\underline{\underline{Y}}]$	Physikalische Einheiten der Matrizenglieder von $\underline{\underline{Y}}$
$[Y]$	Physikalische Einheit der Größe Y
$\dim \underline{\underline{Y}} = n * m$	Dimension der Matrix $\underline{\underline{Y}}$ = n Zeilen * m Spalten
$\dim Y$	Dimension der physikalischen Größe Y
$e = 1...n$	Wertebereich des (modalen) Parameters $e = 1,2,3...n$
ϵ	Element von
$j = \sqrt{-1}$	Komplexe Einheit
$\hat{p}$	Amplitude von p

$$z' = \frac{dz}{dx}$$ Örtliche Ableitung (der Durchsenkung z nach der axialen Wellenrichtung x)

$$\dot{z} = \frac{dz}{dt}$$ Zeitliche Ableitung (der Radialverschiebung z)

0.7   Abkürzungen

ASDY	6-FHGe-Programmsystem, Antriebsstrukturen dynamisch
c	Kosinus
CAD	Computer Aided Design
DGL	Differentialgleichung
FE	Finite Elemente
FHG	Freiheitsgrad
KP	Knotenpunkt
LRZ	Leibniz-Rechenzentrum München
MFE	Methode finiter Elemente
MKM	Matrix-Kraft-Methode
MVM	Matrix-Verschiebungs-Methode
s	Sinus
TONA	Rechenprogramm für Torsions-Nachgiebigkeit
TORS	Rechenprogramm für Torsions-FHG
TRAK	Nachgiebigkeitsanteile entsprechend Torsions-, Radial-, Axial- und Kippbelastung

Dimensionen	Einheiten
M Masse	$[M] = kg$
L Länge	$[L] = m$
T Zeit	$[T] = s$

1   Einleitung

Traditionsgemäß wird an den mit Werkzeugmaschinen befaßten Instituten das Nachgiebigkeitsverhalten mechanischer Strukturen untersucht. An der bei Werkzeugmaschinen kritischen Zerspanungsstelle kann mit Hilfe von Nachgiebigkeits-Frequenzgängen verschiedener Verformungs- und Belastungsrichtungen eine Beurteilung des dynamischen Verhaltens der gesamten Maschine durchgeführt werden. Diese frequenzabhängigen Systemverhältnisse aus Weg zu Kraft enthalten eine interdisziplinäre Betrachtungsweise von Schwingungsproblemen mit einerseits mechanischen, andererseits regelungstechnischen Hilfsmitteln. Stabilitätsprobleme, die bei Werkzeugmaschinen durch die latent vorhandene Selbsterregung der Zerspanung verursacht werden, erfordern diese gegenseitig sich beeinflussenden Betrachtungsweisen.

Seit Anfang der fünfziger Jahre läßt sich eine von diesen Instituten mitgetragene, anwendungsorientierte Entwicklung im Bereich mechanischer Schwingungen verfolgen, die vor allem auf der meßtechnischen Seite in Form der experimentellen Modalanalyse iniziiert und vorangetrieben wurde /13/, um dann auch die rechnerischen Lösungen großer Strukturen in verstärktem Maße anzuwenden /72/. Die Berechnungsmöglichkeiten wurden entscheidend von der Methode finiter Elemente (MFE) geprägt, mit der erstmals räumlich ausgedehnte Strukturen einer Berechnung zugänglich wurden. Wie kaum ein anderes Verfahren wurde die MFE mit der systemimmanenten Rechnerfreundlichkeit vom Aufwind der Rechnerentwicklung erfaßt. Erst die modular aufbaubare Modellbildung mit den stark gewachsenen Rechnerkapazitäten sowie die Entwicklung von effizienten Algorithmen ergab ein optimales Umfeld für eine breite Anwendung.

Die in vielen Bereichen des Maschinenbaus eingeführte rechnerische und experimentelle Modalanalyse, also die dynamische Beschreibung mittels Eigenfrequenzen, Eigenschwingungsformen und modaler Dämpfungen zur Bewältigung strukturdynamischer Probleme kann bei Antrieben bislang nicht in diesem Ausmaß beobachtet werden. Vor allem bei Werkzeugmaschinen ist die Dominanz der dynamischen Optimierung von Gestellen gegenüber den Antriebsstrukturen nicht zu übersehen; dabei stellen sich aber mit den regelbaren Antrieben neue Probleme, da - verknüpft mit höherer Leistung - die stufenlos einstellbaren Drehzahlen einen sehr breiten Frequenzbereich des Erregerspektrums abfahren und damit das Resonanzverhalten an Bedeutung gewinnt. Zur Behandlung von Antriebsproblemen liegen sowohl in der:

- Meßtechnik durch schlecht zugängliche Getriebebauteile, als auch bei der
- mathematischen Modellbildung bzgl. linearisierter oder rheonichtlinearer Differentialgleichungen (DGLn)

antriebsspezifische Probleme vor. Der Vorteil der modalen Beschreibung liegt in der Darstellung von Ergebnissen speziell im Hinblick auf die konstruktive Optimierung dynamischer Schwachstellen. Denn nur ein lineares Modell ermöglicht ein Einbeziehen aller rotierenden Bauteile eines Antriebs, wobei auch Einflüsse der Parametererregung näherungsweise berücksichtigt werden können.

Bislang fehlt vor allem die für konstruktive Belange erforderliche Abgrenzung zwischen der linearisierten und rheonichtlinearen Betrachtung. Hierfür wird ein die Grenzen der linearisierten Beschreibung ausschöpfendes Modell für Antriebsstrukturen benötigt, zumal derzeit noch keine Möglichkeit besteht, eine größere, komplette Antriebsstruktur rheonichtlinear zu berechnen; erschwerend kommt hinzu, daß die Lösung rheonichtlinearer Systeme sämtlich nur 'Sonderfälle' darstellen, die sich nur schwer konstruktiv unmittelbar umsetzen bzw. auf andere Strukturen übertragen lassen.

2 Einführung

2.1 Allgemeines zur Auslegung im Maschinenbau

Eine - im mathematischen Sinne - notwendige Bedingung für die Tragfähigkeit einer Konstruktion stellt gemäß Bild 2.1 die F e s t i g k e i t dar. Das mit entsprechender Sicherheit zu verhindernde Fließen des Werkstoffes bildet sich in der Dimensionierung der Bauteile ab. Ausgelegt bzw. optimiert wird nach den in einem Querschnitt auftretenden Spannungen τ , also nach dem Verhältnis aus Schnittgröße f_t zu Fläche A_t (der Stelle t). Bei Kopplungen von Belastungsarten wie z.B. Torsion mit Biegung werden entsprechend unterschiedlicher Festigkeits-Hypothesen Vergleichsspannungen gebildet.

Während beim Tragfähigkeitsnachweis einer Konstruktion zulässige Maximalspannungen gemäß der Festigkeitslehre zu beachten sind, ist vor allem im Werkzeugmaschinenbau ein Abweichen von dieser Vorgehensweise festzustellen; das Verhältnis aus äußerer Belastung F_s zur Verformung y_s (auch an einer anderen Stelle t) soll einen hohen Wert annehmen. Kopplungen sind auch hier - allerdings nicht mit der Festigkeitsauslegung vergleichbar - zu beobachten, wenn z.B. ein äußeres Torsionsmoment die Biegung einer Getriebewelle verursacht. Die S t e i f i g k e i t s f o r d e r u n g e n bei Werkzeugmaschinen, die noch ihrer Begründung bedürfen, stellen bzgl. der Festigkeit zwar nur eine notwendige (also keine hinreichende) Bedingung dar, bei Werkzeugmaschinen jedoch bedarf dies i.A. keiner Überprüfung.

Auslegung nach	Festigkeit $\tau_t = \dfrac{f_t}{A_t}$		Steifigkeit $S_{st} = \dfrac{F_s}{y_t}$	
Optimierungs - kriterium	Fließgrenze τ_F		Nachgiebigkeits-verhalten $N_{st} = \dfrac{1}{S_{st}}$	
Äußere Belastung Statisch	$\tau_{ot}\{f_{ot}(F_{os}) . A_t\}$		$N_{o.st}\{F_{os} . y_{ot}\}$	
Dynamisch $(\omega > 0)$	$\tau_t\{f_t(\omega), A_t\}$	$f_t(\omega) \sim y_t(\omega)$	$N_{st}\{F_s(\omega), y_t(\omega)\}$	
Beispiel Biegebalken				
	$f_{o.max} = f_{max}(\omega) = f(x=0)$		$y_{o.max} = y_{max}(\omega) = y(x=L)$	

Bild 2.1:   Festigkeits- und Steifigkeitsauslegung im Maschinenbau

Der grundlegende Unterschied zwischen Festigkeits- und Steifigkeitsauslegung liegt in den Optimierungskriterien; während im Fall der Festigkeit immer nach S c h n i t t g r ö ß e n (innere Kräfte und Momente) gefragt wird, ist bei der Steifigkeit die V e r f o r m u n g aufgrund der äußeren Belastung maßgeblich, so daß bei beiden Verfahren an völlig verschiedenen Stellen mit in der Regel unterschiedlichen Parameterabhängigkeiten optimiert wird (siehe Durchsenkung y_{max} am Balkenende und Biegemoment f_{max} an der Einspannstelle in Bild 2.1). Ein absolut quantifizierendes Kriterium wie die Fließgrenze kann bei der Steifigkeitsauslegung nicht angegeben werden.

Beide Arten der Auslegung sind zusätzlich noch dahingehend zu spezifizieren, inwieweit die Belastungen statisch (Index o) oder dynamisch - $f\{\omega\}$ - anzunehmen sind. Während in Zielsetzung auf Antriebsstrukturen real keine rein statischen Belastungen auftreten, stellt die statische Betrachtung dennoch in Hinsicht auf physikalisch transparentere Zusammenhänge eine nützliche Ausgangsposition dar. Die Dynamik kann oftmals die statische Betrachtung ersetzen, da sie für den Sonderfall der Frequenz Null auch die statischen Ergebnisse enthält.

Für die dynamische Festigkeitsauslegung ist entscheidend, daß die dynamische Schnittgröße $f_t(\omega)$ erst ermittelt werden kann, wenn die Schwingungsamplitude an der Stelle t bekannt ist; das Schwingungsverhalten der Gesamtstruktur ist hierfür Voraussetzung. Dies ist aber nichts anderes als das für die Steifigkeits-Optimierung nötige frequenzabhängige, elastische Verhalten. Die dynamische Festigkeitsauslegung kommt folglich ohne das Nachgiebigkeitsverhalten nicht aus.

2.2 Steifigkeits-Auslegung bei Werkzeugmaschinen

Im Werkzeugmaschinenbau - speziell bei spanenden Werkzeugmaschinen - wird allgemein eine steife Konstruktion angestrebt; das Verhältnis aus Verformung zu äußerer Belastung (Nachgiebigkeit) muß minimiert werden. Diese hohen Steifigkeitsforderungen leiten sich aus folgenden Zusammenhängen ab:

- Das Produkt aus Schnittkraft und Schnittgeschwindigkeit bestimmt den geforderten L e i s t u n g s d u r c h s a t z einer Werkzeugmaschine.

- Das Arbeitsergebnis (Werkstück) soll bei möglichst geringem Zeitaufwand mit einer gewissen G e n a u i g k e i t gefertigt werden, weshalb keine großen Verformungen zugelassen werden dürfen.

- Somit ergibt sich der prinzipielle Gegensatz zwischen geforderter Arbeitsgenauigkeit und den V e r f o r m u n g e n an der Zerspanungsstelle, verursacht durch die Zerspankräfte des Zerspanprozesses.

- Die R e l a t i v - N a c h g i e b i g k e i t zwischen Werkstück und Werkzeug, also das Verhältnis von Relativverformung zu Zerspankraft wird damit für die Werkzeugmaschine zu einem dominanten Optimierungskriterium bei Konzeption und Konstruktion.

- Aufgrund des Zerspanprozesses muß nicht nur das statische Verhalten optimiert werden (z.B. soll eine vorgegebene Vorschubschlitten-Position am Werkstück als Durchmesseränderung 'ankommen'), vielmehr führen vor allem die durch die Zerspanung selbsterregten Schwingungen zu erheblichen Einschränkungen des Leistungsdurchsatzes, wie dies bei MILBERG /44/ bzgl. des Drehprozesses erörtert wird. Das Steifigkeits-Verhalten muß folglich in Bezug auf die **D y n a m i k** optimiert werden.

Aus <u>Bild 2.2</u> ist zu entnehmen, daß der Relativ-Nachgiebigkeits-Frequenzgang $N(\omega)$ an der Zerspanungsstelle eine Instabilität bewirken kann, da eine Zerspankraft F_Z eine Verformung x verursacht, die durch den Zerspanungsprozeß $Z(\omega)$ wiederum eine Zerspankraft bewirkt und mitkoppelnd die Verformungen an der Zerspanungsstelle verstärkt. Regelungstechnisch gesehen wird das Übertragungsglied der Strecke, also der Relativ-Nachgiebigkeits-Frequenzgang $\frac{x(\omega)}{F(\omega)}$ an der Zerspanungsstelle mit der Zerspankraft multipliziert.

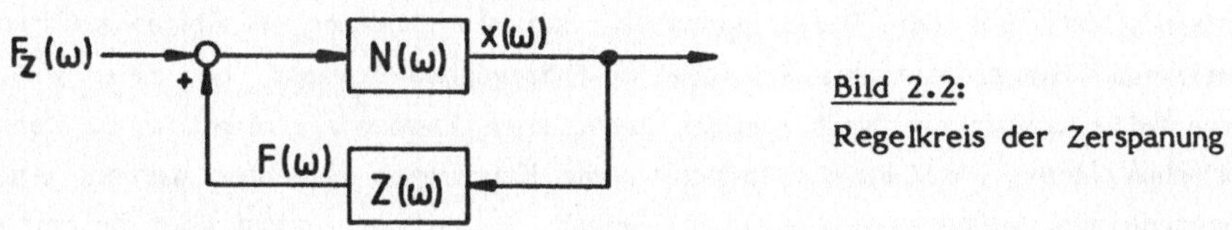

Bild 2.2:

Regelkreis der Zerspanung

Die zu dieser Selbsterregung nötige Energie wird dem Zerspanprozeß entnommen, der wiederum seine Leistung direkt vom Hauptantrieb der Maschine bezieht; dieses allzu hohe Leistungsangebot kann demnach für die Schwingungsanregung zweckentfremdet werden, wodurch sich Resonanzamplituden einstellen, die zu extremem Verschleiß durch lokales Fressen an Fügeflächen führen oder aber auch mit Gewaltbrüchen enden, da die dynamischen Zusatzlasten bzw. Überhöhungen selbst die statische Steifigkeits-Auslegung um ein Mehrfaches übersteigen. Die konstruktive Aufgabe besteht folglich in einer Reduzierung bzw. einem Verschieben von Resonanzen des Nachgiebigkeits-Frequenzganges an der Zerspanungsstelle.

Die latent vorhandene Instabilität des Zerspanprozesses bedingt somit eine Optimierung des dynamischen Nachgiebigkeitsverhaltens von Werkzeugmaschinen, die sich in 2 Bereiche einteilen lassen:

- Gestell bzw. dessen Baugruppen, mit:
    - Werkstückseite ⎫   Kraftfluß wird über
    - Werkzeugseite ⎭   Gestell geschlossen

- Antriebsstrukturen mit den Gruppen
    - Hauptantriebe
    - Vorschubantriebe

Gestellbauteile und Antriebsstrukturen schließen maschinenseitig den Kraftfluß der bei der Zerspanung auftretenden Kräfte. Ein Relativ-Nachgiebigkeits-Frequenzgang zwischen Werkstück und Werkzeug, der genaugenommen auch die Torsionsrichtung von Spindeln enthalten muß, ist somit für alle Baugruppen einer Werkzeugmaschine charakteristisch, da alle Bauteile in Bezug zur Zerspanungsstelle angekoppelt sind. Dieser Zusammenhang war bei Werkzeugmaschinen schon frühzeitig Anlaß zur Betrachtung des gesamten Gestellaufbaus; die Antriebsstrukturen können dabei nur unter der Voraussetzung einer Quasi-Entkopplung ausgeklammert werden. Bei Wellenlagerungen trifft dies nur für die Torsion zu.

Durch die Forderung nach sowohl statischer als auch dynamischer Steifigkeit unterscheidet sich der Werkzeugmaschinenbau von anderen maschinenbaulichen Bereichen. Hierzu seien die Antriebe im Fahrzeugbau erwähnt, bei denen z.B. dynamische Steifigkeit durch statisch nachgiebige Elemente erreicht wird, wenn zwischen Motor und Getriebe torsionsweiche Kupplungen eingebaut werden. Anregungen vom Motor werden - einem Tiefpaß vergleichbar - nicht über die nachgiebigen Elemente weitergeleitet; der Antrieb wirkt deshalb in gewissen Frequenzbereichen dynamisch steif. Die statische Steifigkeit wird hierbei zwar verschlechtert, aber dies macht sich kaum nachteilig bemerkbar. Bei Werkzeugmaschinen hingegen kann ein derartiges Aufschneiden von kraftflußleitenden Bauteilen - ob im Gestell oder bei Hauptantrieben - nicht angewendet werden, selbst wenn man versucht, an dieser Stelle die Dämpfung - letztlich unzureichend - zu erhöhen. Die dynamische Nachgiebigkeit speziell in der Resonanz, die sowohl von der Federsteifigkeit als auch der Dämpfung begrenzt wird, kann dann aufgrund allzu niedriger Federsteifigkeit kaum gesenkt werden.

3   Problemstellung

3.1 Antriebsstrukturen, Begriffe und Definitionen

Die Aufgabe von Antriebsstrukturen besteht darin, rotatorisch zu übertragende Leistung mit Wellen bzw. antriebs-spezifischen Bauteilen an den erforderlichen Ort gleichförmig weiterzuleiten, zu wandeln und anzupassen; hierzu zählen alle rotierenden Elemente wie z.B. bei einer Fräsmaschine vom Rotor des Motors, der Kupplung zwischen Motor und Getriebe über das Getriebe selbst und die Frässpindel bis hin zum Fräser. Auch nicht direkt im Torsions-Kraftfluß liegende Teile, wie z.B. Wellenzapfen mit Lagern sind hinzuzuzählen.

Die Bezeichnung Antriebsstrang wurde in den Anfängen der Maschinendynamik geprägt, in denen vor allem Kolbenmaschinen auf das Torsionsschwingungsverhalten hin berechnet wurden. Die Elemente (Massen, Federn) wurden zu einem einzigen Strang - ohne Verzweigungen - aneinander gereiht; diese Beschränkung auf nur wenige Parameter war seinerzeit mangels Rechnerkapazitäten und Algorithmen erforderlich.

Nach wie vor sind in den Torsions-Elementeigenschaften die dominanten Parameter einer Antriebsstruktur im tieffrequenten Bereich zu sehen. Dies ergibt sich aus der anschaulich vorstellbaren Hintereinanderschaltung der Elemente zu einem relativ nachgiebigen Strang. Der Torsions-FHG stellt auch für genauere Modelle im tieffrequenten Bereich die entscheidende Beschreibungsgröße dar, wenngleich erhebliche Anteile anderer Belastungsarten - wie beispielsweise Wellenbiegung und Axialbelastung - eingekoppelt werden bzw. enthalten sind. Die zunehmenden Möglichkeiten zur Berechnung beliebig verzweigter Strukturen erfordern eine konsistentere Nomenklatur, da z.B. eine offen verzweigte Struktur mindestens 3 einzelne Stränge aufweist und ein 'verzweigter Strang' nichts mehr mit seiner wörtlichen Bedeutung zu tun hat. Insofern muß auch das Kriterium einer Verzweigung definiert werden:

Maßgeblich ist der s t a t i s c h e   T o r s i o n s - K r a f t f l u ß , der sich durch die statische, äußere Torsions-Momentenbelastung ergibt. Dynamische Belastungen können bei dieser Einteilung wegen der überall und in allen Richtungen auftretenden Massenkräfte nicht einbezogen werden: Eine praktikable Systematisierung wäre dann nicht mehr durchführbar. Die Torsion verläuft zwischen den Übersetzungselementen ohne z.B. die Lager zu tangieren bzw. zu beanspruchen (demgemäß berücksichtigt ein Torsionsmodell die Lager nicht).

U n v e r z w e i g t e   S t r u k t u r e n   sind dadurch gekennzeichnet, daß sich gemäß <u>Bild 3.1</u> der Torsions-Kraftfluß mit hintereinandergeschalteten Elementen idealisieren läßt. Das Weglassen der außerhalb vom Kraftfluß liegenden Bereiche von Bild 3.1b führt auf den für die graphische Darstellung besonders geeigneten, aufgeklappten Kraftfluß von Bild 3.1c, der vorteilhaft als Abszisse für aufzutragende Torsions-Verformungen verwendet werden kann (vgl. Torsionsdiagramm). Die freigeschnittenen Wellen III und IV zeigen in <u>Bild 3.2</u> das Kriterium für einen unverzweigten Torsions-Kraftfluß:

-    Kräfte, die Torsionsmomente erzeugen, wirken an maximal
     2 geometrisch nicht zusammenfallenden Orten.

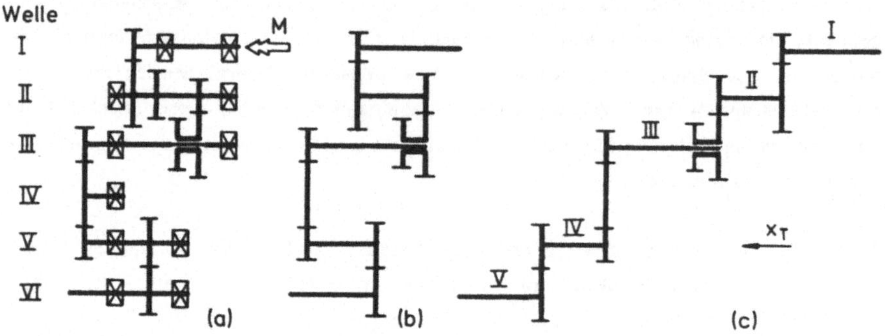

Bild 3.1: (a) Unverzweigte Antriebsstruktur
(b) Statischer Torsions-Kraftfluß
(c) Aufgeklappter Torsions-Kraftfluß
x_T = Torsionslänge des statischen Torsions-Kraftflusses

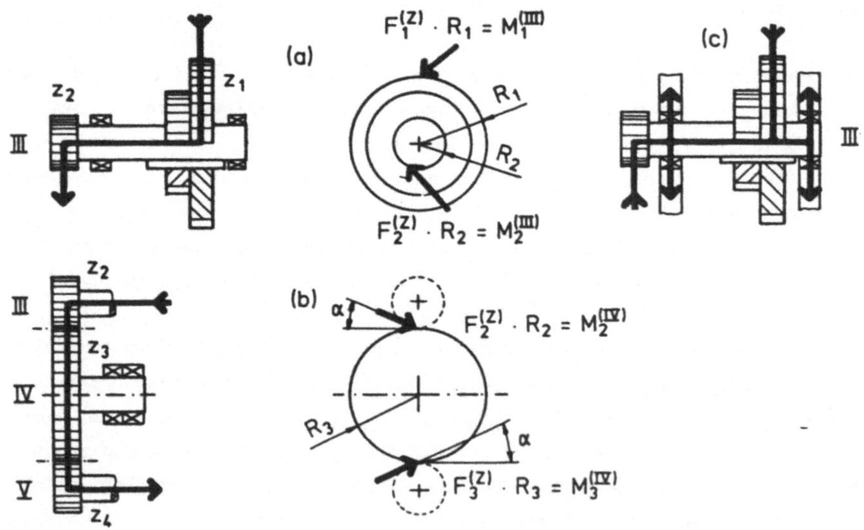

Bild 3.2: Unverzweigter Torsions-Kraftfluß { an Welle III (a)
an Welle IV (b)
Verzweigter Radial-Kraftfluß an Welle III (c)

Notwendig erweist sich diese Beschreibung des Torsions-Kraftflusses, wenn man beispielsweise - wie in <u>Bild 3.2c</u> - als Gegensatz den Kraftfluß bezüglich radialer Belastung betrachtet; jede Welle enthielte demnach mindestens eine Verzweigung, da die eingeleiteten Zahnkräfte eine räumliche Wellenbiegung verursachen, die von mindestens 2 Lagerstellen aufgenommen wird. Eine torsionsmäßig unverzweigte Struktur wäre entsprechend der Biegung bereits bei Betrachtung einer Welle stark verzweigt; würde man die Radialverlagerung als wichtigen Parameter auffassen und über der Gesamtstruktur auftragen, dann hätte man es mit einer sehr unübersichtlichen Darstellung zu tun, die wegen der räumlichen Lage zusätzlich erheblich erschwert wird und insgesamt keinen Überblick über die Struktur erlaubt. Aussagen über das Gesamtverhalten erfordern den maßgeblichen Torsions-FHG in dem auch alle anderen FHGe antriebsspezifisch eingekoppelt sind.

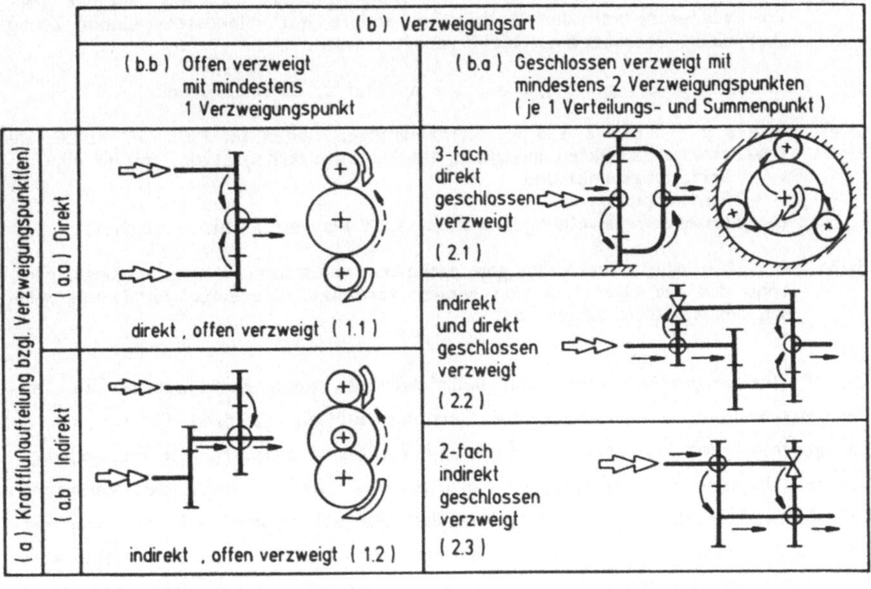

<u>Bild 3.3:</u>   Bezeichnung von Verzweigungen bei Antriebsstrukturen

Bei v e r z w e i g t e n   S t r u k t u r e n   teilt sich der statische Torsions-Kraftfluß auf, da an mindestens 3 Orten einer freigeschnittenen Welle
Kräfte auftreten, die zu Torsionsmomenten führen. <u>Bild 3.3</u> zeigt den Zusammenhang der verschiedenen Aspekte an einfachen Beispielen.

Ein verzweigter Torsions-Kraftfluß wird sinnvollerweise so vereinbart, daß ein
Hauptzweig festgelegt wird, der z.B. die größte Torsionslänge enthält oder den
größten Anteil der Leistung überträgt; die Richtung wird man vom Motor ausgehend festlegen. Die Merkmale von Verzweigungen sind wie folgt:

(a)   Ein V e r z w e i g u n g s p u n k t , der mindestens aus 3 Kraftfluß-
      anteilen besteht, kann auf 2 Arten die Kraftflußaufteilung enthalten:

(a.a)   Ein d i r e k t e r   Verzweigungspunkt teilt den Kraftfluß unmittel-
        bar am selben Übersetzungs-Radkörper in mindestens 2 Zweige.

(a.b)   Beim i n d i r e k t e n   Verzweigungspunkt wird ein Teil der Tor-
        sion wiederum von der Welle, der andere mit mindestens einem Zweig
        über einen Übersetzungs-Radkörper verbunden.

(b)   2 V e r z w e i g u n g s a r t e n   sind zu unterscheiden:

(b.a)   G e s c h l o s s e n e   Verzweigungen liegen im Fall von mindestens
        2 Verzweigungspunkten innerhalb des Hauptkraftflusses vor, mit je einem
        -   Verteilungspunkt und
        -   Summenpunkt.
        Geschlossene Verzweigungen werden auch als vermascht bezeichnet.

(b.b)   O f f e n e   Verzweigungen enthalten mindestens 1 Verzweigungspunkt,
        ohne daß der Kraftfluß sich wieder vereinigt. Die einzelnen Zweige wei-
        sen deshalb freie Enden auf.

Offene Verzweigungen finden sich beispielsweise, wenn zwei Motoren im Tan-
dembetrieb (1.1) die erforderliche Leistung auf ein Großrad übertragen. Bei
den geschlossenen Verzweigungen (2.2) und (2.3) sind zwischen den Verzweigungs-
punkten identische Übersetzungen anzutreffen. Hiermit kann das Verspannen
von Zahnrädern realisiert werden, wie dies zur spielfreien Gestaltung von Verzahnungen benötigt wird. Bei Planetengetrieben (2.1) wird mit geschlossenen
Verzweigungen (symmetrische Zweige) eine Lastverteilung erreicht. Lastvertei-
lungen weisen keinen eigentlichen Hauptzweig auf, auch wenn die Zweige wie
bei (1.2) nur ähnlich sind. Bei Vorspanngetrieben können die Zweige (2.3) -
da zumeist sehr unterschiedlich dimensioniert - in Kraftfluß- und Vorspannzweig
unterteilt werden.

3.2 Gesamtproblem

In der Strukturdynamik des Maschinenbaus nehmen Antriebsstrukturen eine Sonderstellung ein; dies sowohl bei der mathematischen Beschreibung und konstruktiven Umsetzung der Berechnungen als auch bei der experimentellen Erfassung von dynamischen Größen rotierender Teile. Um Antriebsstrukturen auszulegen bzw. zu optimieren, muß deren dynamisches Verhalten hinlänglich bekannt sein. Eine für die Praxis wünschenswerte Auslegung mit Dynamik-Faktoren bzw. Beiwerten geht genau genommen davon aus, daß aufgrund des statischen Verhaltens (Festigkeitskriterien) über Beiwerte ein einfacher Zusammenhang mit den dynamischen Zusatzlasten herstellbar wäre. Dem ist aber in keinem Falle so, weshalb derartig ausgelegte Strukturen nicht ausgewogen dimensioniert sein können.

Während die Modellbildung zur mathematischen Formulierung von Antriebsstrukturen keineswegs als gelöst anzusehen ist (vielmehr ist eine variantenreiche Vielfalt festzustellen), stößt zugleich die experimentelle Seite wegen der schlechten Zugänglichkeit der Bauteile auf sehr hohen apparativen Aufwand, der praktisch nur labormäßig beherrschbar ist; bei den meisten derartigen Testgetrieben wird versucht, bestimmte Komponenten (vor allem Zahnradstufen) dynamisch zu isolieren, um ein freischneidbares - also entkoppelt wirkendes - Teilsystem mit anspruchsvollen mathematischen Modellen hinlänglich beschreiben zu können. Die Schwierigkeiten dieses Vorgehens liegen in dem bisweilen unbedarften Freischneiden sowie der nicht mehr unmittelbar gegebenen Aussagekraft der Untersuchungsergebnisse für räumlich ausgedehnte, schlicht reale Strukturen.

Die Qualität eines gewählten Gesamtmodells zur Beschreibung einer Antriebsstruktur steht in direktem Zusammenhang mit der Erfassung und Beschreibung der bei Antriebsstrukturen anzutreffenden Systemparameter einzelner Bauteile, die sich in folgende Gruppen gliedern:

- Gehäuse von Getrieben bzw. stationäre Lagerstellen,
- Wellen, Wellenabschnitte,
- Übersetzungselemente (Verzahnungen, Riementriebe),
- Wellen-Naben-Verbindungen,
- Kupplungen,
- Lager.

Diese elementare Einteilung in Maschinenelemente stellt auch für eine dynamische Beschreibung ob mathematisch oder experimentell die notwendig aufzulösenden Elemente dar; schließlich sollen alle Bauteile von der Beschreibung erfaßt werden, sei es, um die Auslegung von Elementen anzupassen oder bei der Optimierung die Elementanteile am Gesamtverhalten beurteilen und damit im Sinne der Anforderungen positiv beeinflussen zu können.

Für die dynamische Auslegung ist von entscheidender Bedeutung, daß alle diese Elemente oder Baugruppen (z.B. eine komplette Welle), angefangen von der Antriebseinheit bis hin zum Abtrieb über Feder-, Massen- und Dämpfungskräfte, verzweigt gekoppelt sind und nur in 1-ter Näherung als fortlaufender Torsions-'Strang' betrachtet werden können. Eine Betrachtung von Teilsystemen ist selbst bei großer Erfahrung kaum praktikabel, da die Kopplungen allzuoft quadratischen Abhängigkeiten bis hin zur 6-ten Potenz folgen.

4   Stand der Technik

4.1   Modellbildung

Alle auf dem Gebiet von Getriebeschwingungen durchgeführten Arbeiten lassen sich entsprechend der verwendeten Modelle nach den Koeffizienten der Schwingungs-DGL (Feder, Masse, Dämpfer) einteilen; die Notwendigkeit dieser Einteilung ergibt sich aus den weitgehenden Konsequenzen bzgl. maximal möglicher Größe der Systeme, deren mathematischer Lösung und damit auch der konstruktiven Umsetzbarkeit der Rechenergebnisse. Diese zwei Antipoden der Modellbildung sind:

I) R h e o n i c h t l i n e a r e Systeme mit wenig FHGn (größenordnungsmäßig ca. 10), die eine aufwendige Beschreibung spielbehafteter, zeitveränderlicher Koeffizienten enthalten, von denen vor allem die Parametererregung und Nichtlinearität aufgrund der spielbehafteten, zeitlich veränderlichen Verzahnungssteifigkeit untersucht wird. Die Lösung kann nicht geschlossen angegeben werden, weshalb die DGLn durch numerische Simulation bzw. Integration gelöst werden müssen.

II) L i n e a r e bzw. im Betriebspunkt linearisierte und mit gemittelten Koeffizienten arbeitende Modelle; speziell bei Verzahnungssteifigkeiten wird der Konstantanteil verwendet. Diese Modelle genügen den Bedingungen des Matrizenkalküls, wodurch die erreichbare Anzahl der FHGe keiner praktischen Einschränkung unterliegt. Die gemäß n FHGn i = 1...n Gleichungen lassen sich somit durch Matrizen formulieren und das Eigenschwingungsverhalten des Systems läßt sich matrizennumerisch lösen.

<u>Ad I</u>)

Ausgehend von der grundlegenden Arbeit von RETTIG /60/, in der für 4 FHGe mittels Analogrechner die dynamischen Zusatzlasten ermittelt wurden, lassen sich eine Reihe derartiger Arbeiten angeben. Als modernes Gegenstück kann die mit einem regelungstechnischen Simulationsprogramm modellierte Zahnradstufe von MÖLLERS /48/ bezeichnet werden, da die Analogrechner-Bausteine in digitalisierter Weise am Digitalrechner 'verschaltet' wurden. KÜCÜKAY /34/ befaßt sich mit Näherungslösungen, bei denen sehr gute Übereinstimmung mit der numerischen Integration der quasi-exakten Lösung festzustellen ist. DIEK-HANS /11/ wendet numerische Integrationsverfahren auf bis zu 10 FHGe an und beschäftigt sich eingehend mit der Problematik numerischer Instabilität und Genauigkeit. Die aktuelle Arbeit von GERBER /19/ berücksichtigt den nicht unerheblichen Einfluß der benachbarten Wellenbauteile des verwendeten Getriebeversuchsstandes mit 12 FHGn.

<u>Ad II</u>)

Die Behandlung räumlich ausgedehnter Antriebsstrukturen durch quasi-konstante Koeffizienten der DGL basiert zunächst auf dem Torsions-FHG, wie das von R.D. MÜLLER /51/ verwendete Torsions-Modell TORS. Der hochmodulare Aufbau mit den beliebig aus einer Element-Bibliothek verknüpfbaren, antriebsspezifischen Elementen läßt die Matrix-Verschiebungs-Methode als überlegene Modellbildung linearisierter Gesamtmodelle hervortreten. Bzgl. des Einflusses von Parametererregungen wird dort auch im Vergleich zu /60/ nachgewiesen, daß die modale Beschreibung eine sehr gute Abbildung dieser Effekte durch näherungsweise äußere Störkräfte ermöglicht. Aufbauend auf diesem Torsionsmodell führte die Weiterentwicklung auf das Programm TONA (<u>To</u>rsions-<u>Na</u>chgiebigkeit), in welchem vor allem die antriebsspezifisch notwendige, duale Betrachtung von absoluten und übersetzungsreduzierten Torsionswinkeln enthalten ist.

Angewandt auf eine 6-wellige Antriebsstruktur, zeigt <u>Bild 4.1</u> die nachgiebigste Eigenform aus Messung und Rechnung /68/. Mit den verwendeten systemnormierten Eigenvektoren (vgl. Kap. 11) wird eine quantifizierende Analyse von Schwachzonen auch im Vergleich zu anderen Eigenschwingungen durchgeführt und konstruktiv umgesetzt. Andererseits werden aber auch die Grenzen des Torsionsmodells deutlich; bereits bei der 2-ten Eigenfrequenz ergibt sich bei der Rechnung ein Fehler von 34% gegenüber den gemessenen 124 Hz; dies ist primär auf die fehlenden Nachgiebigkeiten aus Wellenbiegung und Lagerungen zurückzuführen, wobei die Federsteifigkeiten in dem betrachteten Frequenzbereich dominieren; im Torsionsmodell erscheinen diese Federsteifigkeiten in den KPn nicht, sie sind als starr zu interpretieren.

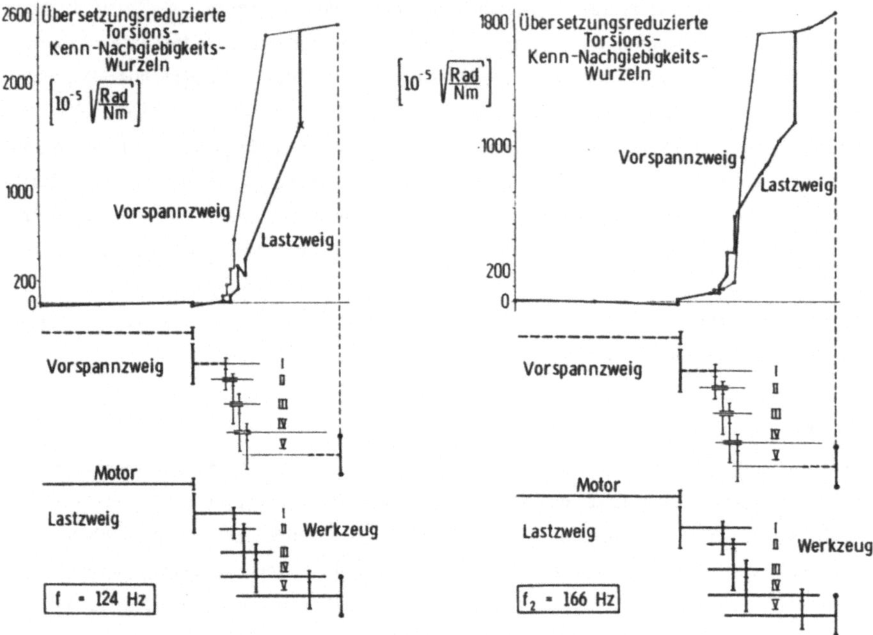

Bild 4.1: Quantifizierender Vergleich zwischen gemessener und mit dem Torsionsmodell TONA berechneter Eigenschwingung einer geschlossen verzweigten Antriebsstruktur /68/

GEBHARDT /18/ berücksichtigt die dominant fehlenden Radial- und Biege-Nachgiebigkeiten eines Torsionsmodells durch isolierte Berechnung der 1-ten Biegeeigenschwingung und anschließende Einkopplung in die Torsions-FHGe. Dies ergibt zwar im Endergebnis bei den tieffrequenten Eigenschwingungen sehr gute Frequenzbestimmungen, aber ein gravierender Nachteil besteht in den verrechneten Nachgiebigkeiten der radialen FHGe. Diese sind im Gesamtsystem nicht mehr zu identifizieren, womit die konstruktive Optimierung maßgeblicher Parameter ermangelt. Das Fehlen der räumlichen Biegeverformungen kann schließlich nur im tieffrequenten Bereich zu akzeptablen Ergebnissen führen.

GOLD /20/ berechnet mit einem 6-FHGe-FEM-Programm das Eigenschwingungsverhalten eines mehrstufigen Getriebes, in dem die für Antriebsstrukturen charakteristischen Zahnradstufen mit Balkenelementen idealisiert werden. Die volle Kopplungsanzahl von 12*12 = 144 Gliedern bei Kopplung zweier Zahnräder ist damit nicht realisiert. Dennoch zeigt diese Arbeit sehr deutlich die Dominanz der antriebsspezifischen Kopplungen durch das gegenüber einem Torsionsmodell erheblich dichtere Eigenfrequenzspektrum sowie die stets vorhandenen Eigenvektor-Komponenten in allen 6 FHGn. Der Versuch, die 6-dimensionalen Eigenformen räumlich darzustellen, verdeutlicht das bei Antriebsstrukturen heikle Problem der Ergebnisdarstellung, die nach konstruktiven Belangen und quantifizierend auszurichten ist. Die in diesen grundlegenden Aussagen noch nicht enthaltenen antriebsspezifischen Elemente verdeutlichen zum einen die Notwendigkeit einer ganzheitlichen Betrachtung und weisen zugleich auf die nötige Präzisierung der insgesamt doch in vielen Punkten ungelösten Detailprobleme bei der Modellbildung hin.

Insgesamt kann wegen der starken Kopplungen nicht auf die Auflösung mit 6 FHGn je KP verzichtet werden. Übliche FEM-Programme sind zwar für grundlegende Untersuchungen brauchbar, für eine breite, allgemeingültige Anwendung auf beliebige Antriebsstrukturen jedoch wegen der zahlreich fehlenden antriebsspezifischen Erfordernisse ungeeignet.

Zur Abschätzung des gesteigerten Aufwandes seien die in einer Matrix enthaltenen Elemente im Fall des Torsionsmodells gegenüber einem 6-FHGe-Modell betrachtet. Eine mit 2 KPn idealisierte Zahnradstufe ergibt 2*2 = 4 Matrizenglieder im Falle der Torsion. Eine 6-FHGe-Modellierung ergibt eine 12*12-Matrix mit 144 Kopplungszahlen. Dieser Vervielfachung des Rechenaufwandes entspricht auch die Datenflut der Ergebnisse, die nur mehr mit stark datenreduzierenden Maßnahmen sowohl qualitativer als auch quantitativer Art konstruktiv umsetzbar sind.

4.2 Fehler bei den Systemparametern

Vergleichbar mit notwendigen Fehlerbetrachtungen bei der experimentellen Durchführung von Messungen muß auch bei der Verwendung von Rechenmodellen eine Betrachtung der erzielbaren Genauigkeit erfolgen; bei mechanischen Systemen sind dies Massen, Dämpfer, Federn und Anregungsfunktionen. Größenordnungsmäßig lassen sich Aussagen über Fehler bei der rechnerischen Ermittlung von Systemparametern angeben; zu beachten ist allerdings, daß sich Fehler in Abhängigkeit von der Frequenz unterschiedlich stark auswirken können; in der Regel werden die höheren Frequenzbereiche zunehmend ungenauer. Eine genauere Abschätzung müßte die Fehler bei den einzelnen Elementen bzw. summarisch beim Gesamtsystem erfassen.

- Die **Massenverteilungen** lassen sich bei den meisten Elementen mit vertretbarem Aufwand sehr gut wiedergeben. Ein Fehler von 1% stellt bei Elementen von Antriebsstrukturen einen noch realisierbaren Wert dar, zumal das Vorhandensein von Punktmassen der Genauigkeit entgegenkommt.

- Die Bestimmung von **Federsteifigkeiten** liegt bei dieser Beurteilung sicher eine Größenordnung schlechter als bei den Massen. Angefangen bei (mittleren) Verzahnungssteifigkeiten, Wellen-Naben-Verbindungen, die oftmals einen großen Anteil an der Gesamtnachgiebigkeit enthalten bis zu den Lagerungen mit ihren spielabhängigen Steifigkeiten, kurzum alle formschlüssigen Verbindungssteifigkeiten können durchaus bei der rechnerischen Ermittlung einzelner Elemente im Bereich von 10% Fehler liegen. Die erheblich höhere erzielbare Genauigkeit bei Wellenbauteilen (wenige Prozent) kann den Fehler bzgl. Eigenfrequenzen auf wenige Prozent drücken.

- Generell ist in der Bestimmung der **Dämpfungsglieder** ein entscheidendes Problem zu sehen. Die Fehler müssen mindestens eine Größenordnung höher als bei den Federsteifigkeiten angesetzt werden. Zwar ist die Werkstoffdämpfung noch in den Griff zu bekommen und mit Elementen darstellbar, aber anteilmäßig stellt dies nur einen Bruchteil der effektiven, tatsächlichen Gesamtdämpfung dar; diese findet fast ausschließlich in den schon bei den Federsteifigkeiten als schwer beschreibbar erkannten formschlüssigen Verbindungen statt (Verzahnungen, Wellen-Naben-Verbindungen, Lager), wobei sich vor allem die Abhängigkeit von Fertigungstoleranzen noch gravierender auswirkt. Die Literaturzusammenstellung bei /34/ zeigt schlicht einen unpraktikablen Stand der Technik. 100% Fehler berechneter Amplituden sind folglich größenordnungsmäßig anzusetzen. Nicht nur die Elementdämpfungen - außer bei den erwähnten Kontinuumseigenschaften - sind kaum bestimmbar; sogar über die modalen Dämpfungen (der Gesamtstruktur bei einer Eigenschwingung) sind kaum Angaben verifizierbar.

- **Anregungsfunktionen** allgemein zu beschreiben würde allein den Rahmen dieser Arbeit übersteigen. Beispielhaft sei für Werkzeugmaschinen erwähnt, daß im Gegensatz zu gemessenen Zerspankräften von wenigen Prozent Unsicherheit bei der Berechnung die Größenordnung sicherlich bei mindestens 10 % liegt.

Für den praktischen Umgang stellen die oftmals komplizierten Anregungen einerseits die entscheidende Störung des dynamischen Systems dar, andererseits wird sich ein für den Konstrukteur unmittelbar umsetzbarer Zusammenhang mit sich ergebenden Amplituden der Struktur zunächst bei gleichbleibend sinusförmig angenommener Belastung ergeben. Diese Betrachtung von erzwungenen Dauerschwingungen bildet somit die Ausgangsbasis für eine Optimierung.

Gravierende Konsequenzen für die Modellbildung sind aus der völlig unzureichen-

- 17 -

den Dämpfungsbestimmung zu ziehen, wenn zusätzlich quantifiziert wird:

- Die modalen Dämpfungen sind allgemein klein und liegen - soweit läßt sich eine Aussage treffen - im Bereich von ca. D = 0,02 bis D = 0,10 (2-10% LEHR'sche Dämpfung), wodurch sich Resonanzüberhöhungen auf jeden Fall negativ bemerkbar machen können bzw. zu berücksichtigen sind. Die Werkstoffdämpfung der zumeist bei Antrieben verwendeten Stähle liegt bei D = 0,001 (0,1%), womit diese Anteile gegenüber den tatsächlich dämpfungswirksamen Bauteilen - in der bislang noch nicht durchgeführten 1-ten Näherung - vernachlässigbar sind.

- Die sicherlich nicht zu hoch kalkulierten 100% Fehler bei der Dämpfungsbestimmung wirken sich wie folgt aus: Berechnete Amplituden bei einer Eigenschwingung weisen ebenfalls diese 100% Fehler auf, da in der Resonanz die Amplitudenüberhöhung umgekehrt proportional zur Dämpfung ist. Berechnete Amplituden können also real zum Beispiel um das Doppelte größer sein, wenn 4% statt realer 2% angenommen wurden.

Diese 2 Punkte begründen - für alle mechanischen Schwingungen - die Betrachtung des k o n s e r v a t i v e n Systems, bei dem mit Massen- und Federmatrix das freie, ungedämpfte System untersucht wird. Die dort enthaltenen Aussagen, die stets hinsichtlich konstruktiver Belange zu hinterfragen sind /68/, werden bislang nicht voll ausgeschöpft; dies gilt sowohl im allgemeinen - die absolute Quantifizierung von Eigenvektoren betreffend - als auch im speziellen (bei Antriebsstrukturen) hinsichtlich Torsions-Eigenvektoren. Bislang wurde dies weder rechnerisch noch meßtechnisch in voller Konsequenz bei Antriebsstrukturen umgesetzt, obwohl die quantifizierende Eigenschwingungsanalyse zu den effektivsten Mitteln konstruktiver Optimierung bei dynamischen Problemen zählt.

Das Einbringen der Dämpfung in ein Rechenmodell muß daraufhin überdacht werden, inwieweit man den vom Modell geforderten Dämpfungsansätzen bei der Dateneingabe gerecht werden kann. Nichtlineare Ansätze können für komplette Antriebsstrukturen aus den aufgeführten Gründen zum derzeitigen Stand der Technik als völlig ungeeignet eingestuft werden. Selbst die elementweise lineare Formulierung erweist sich im Hinblick auf die dann endlosen, aber konsequenterweise auch notwendigen Parametervariationen (der einzelnen Elemente) als sehr aufwendig; vor allem aber sind die Parametervariationen ohne entsprechende exakte Messungen nur schwer verwertbar und damit bzgl. des Aufwandes noch zu ineffizient.

Erst eine genügend genaue Bestimmung der Feder- und Massenverteilung kompletter Antriebsstrukturen läßt das Einbringen von Elementdämpfungen, wie z.B. die von KLUMPERS /29/ bestimmten Wälzlager-Dämpfungen praktikabel erschei-

nen; allerdings müßten derartige Untersuchungen für sämtliche Elemente vorliegen. Als minimale Ausgangsposition für eine dynamische Beschreibung sind
somit die Massen- und Federwirkungen zu sehen, die mit modalen Dämpfungen
den Übergang zu realen Amplituden herstellen.

5 Ziel der Arbeit

Die Arbeitsschwerpunkte liegen in der rechnerischen Ermittlung des dynamischen
Verhaltens von Antriebsstrukturen, mit dem Anspruch, stets alle rotierenden
Teile einer Antriebsstruktur zu erfassen. Im einzelnen:

- Konsistente Modellbildung zur Erstellung der kompletten Systemmatrizen der
  Gesamtstruktur für Federsteifigkeiten und Massen gemäß dem konservativen
  System mit Hilfe der Matrizen-Methoden.

- Realisierung eines an der Matrix-Verschiebungs-Methode (analog zur MFE)
  orientierten Rechenmodells mit 6 Freiheitsgraden je Knotenpunkt zur maximal
  möglichen Auflösung der starken, getriebespezifischen Kopplungen. Dies erfordert das Zulassen beliebig räumlicher Lagen von Wellen, die außerdem
  einen beliebig verzweigten Torsions-Kraftfluß aufweisen können.

- Getriebespezifische Element-Bibliothek zur Bewältigung kompletter Antriebsstrukturen. Mit 6 Freiheitsgraden je Knotenpunkt bei allen Elementen sind
  beliebige Anordnungen von Elementen möglich; diese gliedern sich in Wellen,
  Lager, Übersetzungselemente und Verbindungen.

- Modellbildung zu den Kipp-Freiheitsgraden, die aufgrund räumlich ausgedehnter Federungsbereiche wirksam sind.

- Erörterung der theoretischen, matrizengemäßen Zusammenhänge bzgl. des
  auf Antriebsstrukturen ausgerichteten Gesamtproblems
    - im statischen Fall,
    - in der Dynamik durch eingehende Analyse der Eigenschwingungen;
    - Übergang zu den Zusammenhängen der Festigkeitsauslegung,
    - Analyse der zur Quantifizierung erforderlichen physikalischen Einheiten
      speziell im dynamischen Fall,
    - Quantifizierung des Zusammenhanges zwischen Eigenschwingungen und
      Schwingungsamplituden.

- Datenreduktion bei der Dateneingabe und den Ergebnissen durch:
    - Elemente, die auf Antriebsstrukturen ausgerichtet sind,
    - Kondensation von Wellen-Knotenpunkten bereits auf Elementebene,
    - modale Beschreibung,
    - Darstellung des Torsions-Freiheitsgrades in Torsionsdiagrammen;
    - Anteilige Verformungen der Freiheitsgrade speziell an Übersetzungsele-
      menten.

- Anwendungsrechnungen an realen Antriebsstrukturen und vergleichende Messungen.

Das umfangreiche Aufarbeiten der auf Antriebsstrukturen auszurichtenden Matrizen-Methoden führte in der rechenprogrammtechnischen Umsetzung zum modular aufgebauten Programmsystem ASDY (Antriebsstrukturen dynamisch), das in FORTRAN V programmiert wurde.

In der Arbeit wurde versucht, die in vielen Punkten verflochtenen theoretischen Zusammenhänge aufeinander aufbauend darzustellen; diese Vorgehensweise gewährleistet, den spezifischen Interdependenzen Rechnung zu tragen, ohne Unschärfen aufkommen zu lassen. Die in Kap. 14 gezeigten Ergebnisse sind nur mit der zugehörigen Theorie interpretierbar. Ein Straffen der maßgeblichen Matrizentheorie mag sinnvoll erscheinen; dies würde aber den Verlust der gebotenen physikalischen Transparenz nach sich ziehen. Kompliziert werden die Zusammenhänge schließlich durch die Tatsache, daß man sich nicht nur mit der Beschreibung einer Struktur zufrieden geben kann (DGL 2-ter Ordnung), sondern daß die mit nicht gerade geringem Aufwand erstellten Systeme nach ihrer Lösung auch für den Konstrukteur interpretierbar sein müssen. Eben diese Ergebnisauswertung erfordert ein Umsetzen der theoretischen Zusammenhänge, die stets ihre Besonderheiten bezüglich Antriebsstrukturen aufweisen; auch Standardprobleme erfordern ein erneutes Überdenken.

6   Grundlegendes

6.1   Systemverhältnisse

6.1.1   Systemverhältnisse bei mechanischen Strukturen

Der in der Regelungstechnik geprägte Begriff Systemverhältnis verwendet als Ausgangspunkt rückwirkungsfreie Übertragungsglieder, die gemäß Bild 6.1 das Übertragungsverhalten $G_{AE}(s)$ aufweisen. In einer sehr allgemeinen Weise wird dadurch das Verhältnis einer Ausgangsgröße $g_A(s)$ zu einer Eingangsgröße $g_E(s)$ beschrieben.

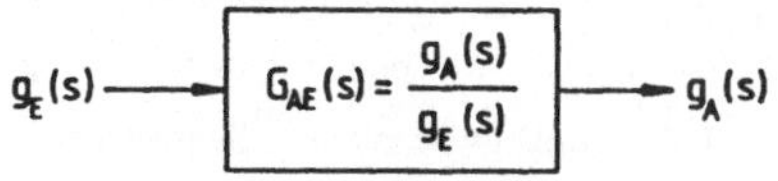

$$g_E(s) \longrightarrow \boxed{G_{AE}(s) = \frac{g_A(s)}{g_E(s)}} \longrightarrow g_A(s)$$

Bild 6.1:
Allgemeine Definition eines Systemverhältnisses; auch als Systemfunktion oder Übertragungsfunktion bzw. 'transfer function' bezeichnet

Nicht nur für die Anwendung auf mechanische Systeme bzw. Strukturen in Zielsetzung auf die Behandlung dynamischer Probleme ist von Bedeutung, daß diese Definition bei

- l i n e a r e n (bzw. linearisierten) Systemen und im
- F r e q u e n z b e r e i c h   gilt, wodurch

eine erhebliche Datenreduktion beschreibender und analysierender Größen von ausgedehnten, stark gekoppelten Strukturen ermöglicht wird. Dies wurde frühzeitig von LYSEN /40/ bei der experimentellen Modalanalyse von Werkzeugmaschinen umgesetzt. Die Bedeutung dieser Vorgehensweise resultiert in einer maximal datenreduzierenden, quantifizierenden Beschreibung eines interessierenden Frequenzbereichs durch eine endliche Anzahl von Eigenschwingungen, deren beschreibende Parameter durch Kenn-Systemverhältnisse eben dieser Eigenschwingungen gebildet werden. Die Konkretisierung des 'Prinzips Systemverhältnisse' (lineare Systemtheorie), das sich vorteilhaft ebenso modular und konsistent auf die rechnerische Modalanalyse mechanischer Strukturen anwenden läßt, erstreckt sich bei konsequenter Umsetzung in verallgemeinernder Weise auf:

- M o d e l l b i l d u n g , von den kleinsten Einheiten Feder, Masse, Dämpfer bis zu den Systemmatrizen;
- E r g e b n i s a u s w e r t u n g des Matrizen-DGLs-Systems; in der modalen Beschreibung wird dadurch die maximal mögliche, quantifizierende Datenreduktion ohne Verlust an Information ermöglicht.

Die Frequenzabhängigkeit, so wie auf- und abklingende Anteile von G_{AE} sind in der LAPLACE-Transformierten $G_{AE}(s)$ des zeitlichen Verlaufs von $G_{AE}(t)$ enthalten. Mit

$$S = \sigma + j\omega \qquad\qquad (6.1)$$

werden durch σ die auf- und abklingenden Schwingungsanteile berücksichtigt, während $j\omega$ den Anteil des eingeschwungenen Systems beschreibt, der zumeist der technisch relevantere ist. Das Nullsetzen von σ stellt den einfacheren Fall der Beschreibung dar und somit den Ausgangspunkt dynamischer Beschreibung und Analyse. Die Dominanz dieses Sonderfalls wird aus der technischen Bedeutung von Frequenzgängen deutlich, bei denen ausschließlich Dauerschwingungen betrachtet werden $(\sigma = 0)$. Auch im folgenden seien nur diese Anteile betrachtet. Die physikalischen Größen der Aus- und Eingangsgrößen von Systemverhältnissen sind zum Beispiel in der Elektrotechnik Spannung und Strom, so daß der fundamentale elektrische Widerstand ein 'klassisches' Systemverhältnis darstellt. Im angelsächsischen Schrifttum /23/ findet sich dementsprechend der mechanische Widerstand ('mechanical impedance') als Kehrwert der Beweglichkeit ('mobility'). Die Analogien zwischen elektrischen und mechanischen Größen in der Regelungstechnik weisen auf die Allgemeingültigkeit von Systemverhältnissen auch in anderen - nicht nur technischen - Bereichen hin.

6.1.2 Mechanische Systemverhältnisse am einläufigen System

Die grundlegenden elementaren, frequenzabhängigen Systemgrößen $g_A(\omega)$ und $g_E(\omega)$ sind bei mechanischen Strukturen:

- **K r ä f t e und M o m e n t e** $F(\omega)$, sowie
- **B e w e g u n g e n** ; genauer:
  Verlagerungen und deren zeitliche Ableitungen: $x(\omega)$, $\dot{x}(\omega)$, $\ddot{x}(\omega)$

Hieraus lassen sich die in <u>Bild 6.2</u> enthaltenen Systemverhältnisse mit den entsprechenden Umrechnungen bilden.

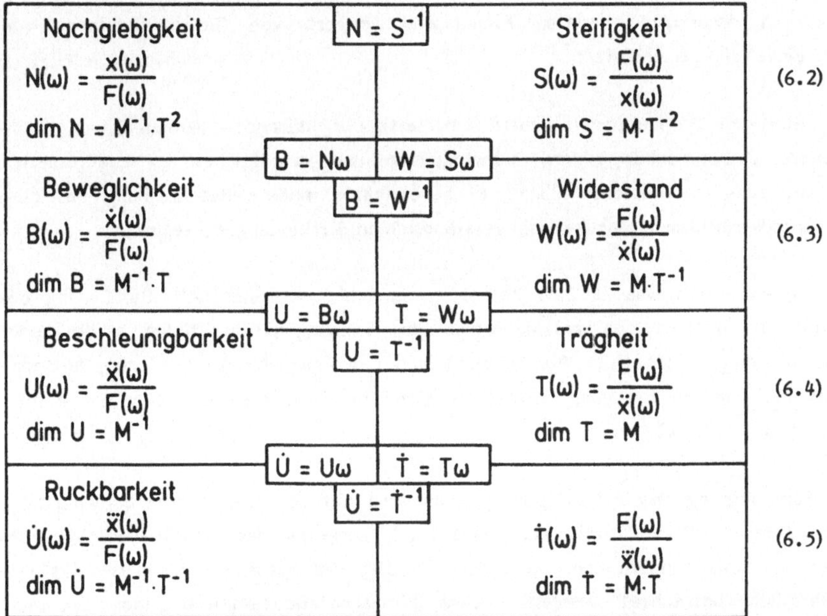

Bild 6.2: Allgemeine Definition mechanischer Systemverhältnisse und deren Umrechnung; Dimensionen: M = Masse, T = Zeit

Für den praktischen Gebrauch sind die Systemverhältnisse mit Bewegungsgrößen im Zähler bedeutsamer als die gestürzten Gegenstücke. Das eigentlich interessierende elastische Verhalten im Sinne von Wegamplituden enthält die Nachgiebigkeit, die in Nachgiebigkeits-Frequenzgängen an den Resonanzstellen die zu optimierenden Frequenzen enthält. Die Ruckbarkeit sei der Vollständigkeit halber angegeben; diese kann für den Fahrzeugbau bedeutend sein, da die Sensorik des Menschen die 3-te Zeitableitung als unangenehm identifiziert. Das Gegenstück kann zwar durch Stürzen angegeben werden, aber eine physikalische Bezeichnung bzw. Interpretation fehlt; dies mag mit der Formulierung der Schwingungs-DGL zusammenhängen, bei der keine Glieder (Zeitableitungen) 3-ter Ordnung enthalten sind. Beweglichkeit und Beschleunigbarkeit können nicht ignoriert werden, da durch verschiedenste Zusammenhänge bei Modellbildung, Analyse von Frequenzgängen oder Normierung von Eigenvektoren auch diese Systemverhältnisse angesprochen werden. Entscheidend ist hierbei die Umrechenbarkeit mit der Kreisfrequenz ω , die sich auch bei komplizierten Zusammenhängen konsequent verfolgen läßt. Die Systemverhältnisse seien am einläufigen System erörtert (s. __Bild 6.3__); dies mag zunächst im Hinblick auf räumlich ausgedehnte Systeme vieler FHGe allzu stark abstrahiert erscheinen, dessen Bedeutung liegt jedoch in derartigen modalen Einmassenschwingern von Gesamtsystemen, wie noch eingehend zu erläutern.

Die folgenden Darstellungen dienen einerseits der klärenden Nomenklatur grundlegender Zusammenhänge von Schwingungen und ermöglichen es andererseits, die auf einer abstrakteren Ebene zu behandelnde modale Beschreibung mit diesen Grundkenntnissen physikalisch verständlich in Verbindung zu setzen.

Die Systemverhältnisse (6.2-5) betreffen zunächst offensichtlich die Lösung des einläufigen Systems, da beispielsweise die Schwingungsamplituden x bei einer äußeren Erregerkraft F in Abhängigkeit von der Frequenz interessieren; entsprechend der äußeren Erregung handelt es sich um ä u ß e r e S y s t e m - v e r h ä l t n i s s e.

Die Formulierung des einläufigen Systems wird mit der allgemeinen Schwingungs-DGL 2-ter Ordnung realisiert, wobei üblicherweise das Kräfte-Gleichgewicht aufgestellt wird, indem über die inneren Kräfte des Systems die inneren Systemverhältnisse betrachtet werden. Diese kleinsten Baueinheiten eines Systems, die hier direkt den konstanten Koeffizienten der DGL entsprechen, sind als Sonderfälle der allgemeinen Formulierungen der Gln. (6.2-4) zu interpretieren.

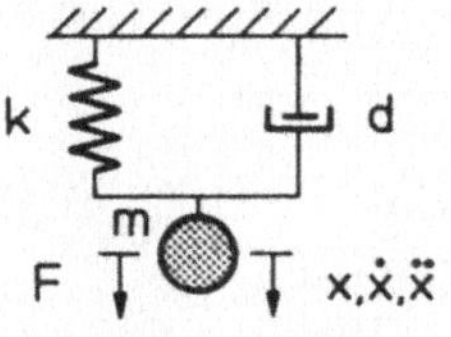

$$\text{Innere System-verhältnisse} \begin{cases} \text{Feder} & k = \dfrac{f_k}{x} & (6.6) \\[2mm] \text{Dämpfer} & d = \dfrac{f_d}{\dot{x}} & (6.7) \\[2mm] \text{Masse} & m = \dfrac{f_m}{\ddot{x}} & (6.8) \end{cases}$$

<u>Bild 6.3</u>: Beschreibende Größen eines einläufigen Systems

Während die Dimensionen der i n n e r e n Systemverhältnisse denen der äußeren Systemverhältnisse - Gln. (6.2-4) - entsprechen, ist die Bezeichnung verschieden und zugleich nicht konsistent. Der Unterschied liegt in der Frequenzabhängigkeit der äußeren gegenüber der Konstanz der inneren Systemverhältnisse. Allerdings weicht der Sprachgebrauch speziell bei der Steifigkeit, die genau genommen dynamisch zu sehen ist, hiervon ab, da meist nur die (statische)
Federsteifigkeit gemeint ist. Problematisch kann dies deshalb sein, weil beispielsweise ein Masse-Dämpfersystem trotz fehlender Federsteifigkeit eine dynamische Steifigkeit aufweist. Bei der Nachgiebigkeit müßte man im statischen Fall,
also bei der gestürzten Federwirkung, analog von Feder-Nachgiebigkeit sprechen. Das Kräftegleichgewicht folgt zu:

$$m \cdot \ddot{x} + d \cdot \dot{x} + k \cdot x = F \qquad\qquad \dim F = \frac{M \cdot L}{T^2} \qquad (6.9)$$

Während die Koeffizienten der DGL als bekannt zu betrachten sind, entsprechen
die Verlagerungen und deren zeitliche Ableitungen den maßgeblichen Unbekannten, wie dies bei der Matrix-Verschiebungs-Methode der Fall ist. Das duale
Gegenstück zum Kräfte-Gleichgewicht bildet das Verlagerungs-Gleichgewicht,
bei dem die inneren Kräfte und deren zeitliche Ableitungen als maßgebliche
Unbekannte aufgefaßt werden, also entsprechend der Matrix-Kraft-Methode:

$$\frac{1}{m} \iint f_m \cdot dt^2 + \frac{1}{d} \int f_d \cdot dt + \frac{1}{k} f_k = x \qquad\qquad \dim x = L \qquad (6.10)$$

Aufgrund der ganz deutlich zu betonenden Überlegenheit der Verschiebungsmethode bzgl. Modellbildung und praktischer Verwendung findet sich Gl. (6.10)
kaum in der Herleitung bzw. Darstellung im Schrifttum. Wie sich jedoch bei
einer vollständigen Analyse von ermittelten Verformungen zeigen wird, kann
auf die Kraftmethode letztlich nicht verzichtet werden, da die FHG-Anteile
an Verformungen erst mit der Kraftmethode interpretierbar sind. Um zu den

äußeren Systemverhältnissen zu gelangen, sei die Lösung des einläufigen Systems skizziert.

6.1.3 Freies, gedämpftes einläufiges System

Wegen real schwacher Dämpfung wird vom konservativen System ausgegangen. Die primär interessierenden Verlagerungen (Amplituden) x erhält man aus dem Kräfte-Gleichgewicht:

$$\ddot{x} + \frac{k}{m}x = 0 \tag{6.11}$$

Die zugehörige, ungedämpfte Eigenfrequenz

$$\omega_e = \sqrt{\frac{k}{m}} \qquad\qquad [\omega_e] = \frac{rad}{s} \tag{6.12}$$

wird für das freie, bedämpfte System

$$m\cdot\ddot{x} + d\cdot\dot{x} + k\cdot x = 0 \tag{6.13}$$

weiter verwendet. Mit der Vereinbarung des Abklingkoeffizienten

$$\delta = \frac{d}{2m} \qquad\qquad [\delta] = \frac{1}{s} \tag{6.14}$$

und der LEHR'schen Dämpfung ('percentage of critical damping'):

$$D = \frac{\delta}{\omega_e} = \frac{d}{2\sqrt{km}} \qquad\qquad [D] = \frac{1}{rad} \tag{6.15}$$

folgt Gl. (6.13) zu:

$$\ddot{x} + 2D\cdot\omega_e\cdot\dot{x} + \omega_e^2\cdot x = 0 \tag{6.16}$$

Die Lösung der charakteristischen Gleichung

$$\lambda^2 + \frac{d}{m}\lambda + \frac{k}{m} = 0 \tag{6.17}$$

mit dem Lösungsansatz $x = e^{\lambda t}$ liefert für die gedämpfte Eigenfrequenz ω_d :

$$\lambda_{1,2} = -\delta \pm \sqrt{\delta^2 - \omega_e^2} = -\delta \pm j\omega_d \qquad (6.18)$$

Die LEHR'sche Dämpfung $D = 1$ (kritische Dämpfung) unterteilt die Lösungen in die 3 Bereiche von Bild 6.4. Die angegebenen Zeitverläufe lassen sich bei einem um den Weg x_0 ausgelenkten, dann losgelassenen System beobachten.

D	Bezeichnung	Art der Wurzeln	Bezeichnung	Zeitverlauf
> 1	überkritische	2 reelle 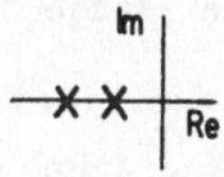	Aperiodischer Fall	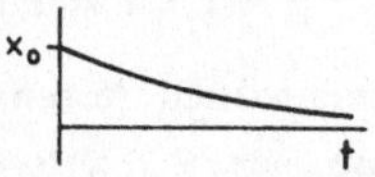
= 1	kritische	2 identische 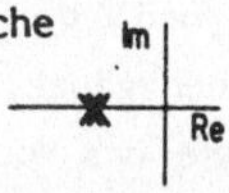	Aperiodischer Grenzfall	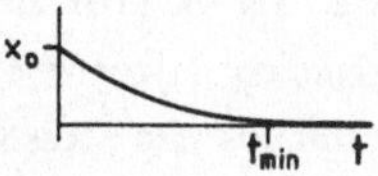
< 1	unterkritische	2 konjugiert komplexe 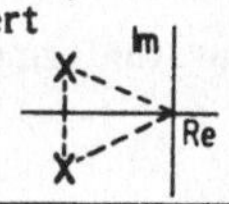	Periodischer Fall	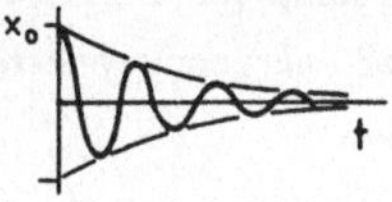
	Dämpfung	Wurzeln		

Bild 6.4: Die 3 Fälle von Lösungen des freien, gedämpften einläufigen Systems

Die homogene Lösung von Gl. (6.16) kann mit der Konstanten C und dem Phasenwinkel α zu:

$$x = e^{-\delta t} \cdot C \cdot \sin (\omega_d \cdot t + \alpha) \qquad (6.19)$$

angegeben werden. Für die gedämpfte Eigenfrequenz ω_d gilt für die Amplituden x (auch für $\dot{x}$ und $\ddot{x}$):

$$\omega_d = \omega_e \sqrt{1 - D^2} \qquad (6.20)$$

Für eine Dämpfung von 10% (D = 0,1), die für mechanische Strukturen einen hohen Wert repräsentiert, weicht die gedämpfte von der ungedämpften Eigenfrequenz um nur 1% ab, so daß dieser Effekt meist vernachlässigt werden kann.

6.1.4 Zwangserregtes, gedämpftes einläufiges System

Mit der komplexen Erregerkraft $F = \hat{F}e^{j\omega t}$ und komplexen Bewegungen folgt:

$$m\cdot\ddot{x} + d\cdot\dot{x} + k\cdot x = \hat{F}\cdot e^{j\omega t} \tag{6.21}$$

Die Lösung umfaßt den

- h o m o g e n e n Teil entsprechend Gl. (6.19) mit dem hier nicht näher betrachteten instationären Verhalten, sowie den
- p a r t i k u l ä r e n Teil, die Erregerfrequenz ω enthaltend.

Übersichtlich lassen sich gemäß den Gln. (6.22-27) die äußeren Systemverhältnisse aus 2 Faktoren bilden; diese sind zum einen die inneren Systemverhältnisse als quantifizierende Amplituden und zum anderen die den jeweiligen Bewegungen zugeordneten Standard-Frequenzgänge, die primär die Information des Abstandes zur Resonanz enthalten, wie das Verhältnis $\frac{\omega}{\omega_e}$ aus Erreger- zu ungedämpfter Eigenfrequenz aufzeigt. Die Umrechenbarkeit mit $j\omega$ ist wegen der vorgenommenen, vereinfachenden Umformungen nicht unmittelbar erkennbar.

An den Resonanzstellen verdeutlichen die Systemverhältnisse den Zusammenhang mit den Amplituden, die neben der Dämpfung von den zugehörigen inneren Systemverhältnissen (Systemparametern) gebildet werden. In **Bild 6.5** zeigen die 3 Ortskurven (eine der 3 üblichen Darstellungen des Frequenzganges) die Bedeutung der:

- inneren Systemverhältnisse m, d (implizit in D) und k auf ausgezeichnete Frequenzen der
- äußeren Systemverhältnisse N, B, U bei ω_e (Resonanzverhalten) sowie beim statischen Grenzfall $\omega = \omega_e = 0$.

Die oftmals anzutreffende Darstellung der Vergrößerungsfunktion anstelle der Systemverhältnisse mündet in eine für das physikalische Verständnis ungeeigneten Dimension 1, in welcher die Einflüsse der inneren Systemverhältnisse nicht mehr erkennbar sind, wodurch vor allem in Hinblick auf ein Viel-FHGe-System die maßgeblichen Charakteristika der Struktur nicht mehr quantifizierbar sind. Die Notwendigkeit einer Quantifizierung tritt deutlich bei Amplitudengängen von Viel-FHGe-Systemen hervor, da dort in den unterschiedlichen Resonanzüberhöhungen die Quantifizierung enthalten ist und über die Systemverhältnisse - auch Eigenvektoren zählen dazu - herstellbar sein muß (s. Kap. 11.5.5).

Frequenzgang der	Systemverhältnis		Standard-Frequenzgang Γ_G des äußeren Systemverhältnisses G	
	Äußeres	Inneres		
	Nachgiebigkeit $N(\omega) = \dfrac{1}{S(\omega)}$	$= \dfrac{1}{k} \cdot \left[\left(1 - \dfrac{\omega^2}{\omega_e^2}\right) + j2D\,\dfrac{\omega}{\omega_e}\right]^{-1} = \dfrac{\Gamma_N}{k}$		(6.22)
	Beweglichkeit $B(\omega) = \dfrac{1}{W(\omega)}$	$= \dfrac{1}{\sqrt{km}} \cdot \left[2D + j\left(\dfrac{\omega}{\omega_e} - \dfrac{\omega_e}{\omega}\right)\right]^{-1} = \dfrac{\Gamma_B}{\sqrt{km}}$		(6.23)
	Beschleunigbarkeit $U(\omega) = \dfrac{1}{T(\omega)}$	$= \dfrac{1}{m} \cdot \left[\left(1 - \dfrac{\omega_e^2}{\omega^2}\right) - j2D\,\dfrac{\omega_e}{\omega}\right]^{-1} = \dfrac{\Gamma_U}{m}$		(6.24)

$|G(\omega)|$ Amplitudengang des äußeren Systemverhältnisses G	$|G(\omega_e)|$	
$|N(\omega)| = \left|\dfrac{\Gamma_N}{k}\right| = \left[k \cdot \sqrt{\left(1 - \dfrac{\omega^2}{\omega_e^2}\right)^2 + \left(2D\,\dfrac{\omega}{\omega_e}\right)^2}\,\right]^{-1}$	$|N(\omega_e)| = \dfrac{1}{k \cdot 2D}$	(6.25)
$|B(\omega)| = \left|\dfrac{\Gamma_B}{\sqrt{km}}\right| = \left[\sqrt{km} \cdot \sqrt{\left(\dfrac{\omega}{\omega_e} - \dfrac{\omega_e}{\omega}\right)^2 + (2D)^2}\,\right]^{-1}$	$|B(\omega_e)| = \dfrac{1}{\sqrt{km} \cdot 2D}$	(6.26)
$|U(\omega)| = \left|\dfrac{\Gamma_U}{m}\right| = \left[m \cdot \sqrt{\left(1 - \dfrac{\omega_e^2}{\omega^2}\right)^2 + \left(2D\,\dfrac{\omega_e}{\omega}\right)^2}\,\right]^{-1}$	$|U(\omega_e)| = \dfrac{1}{m \cdot 2D}$	(6.27)

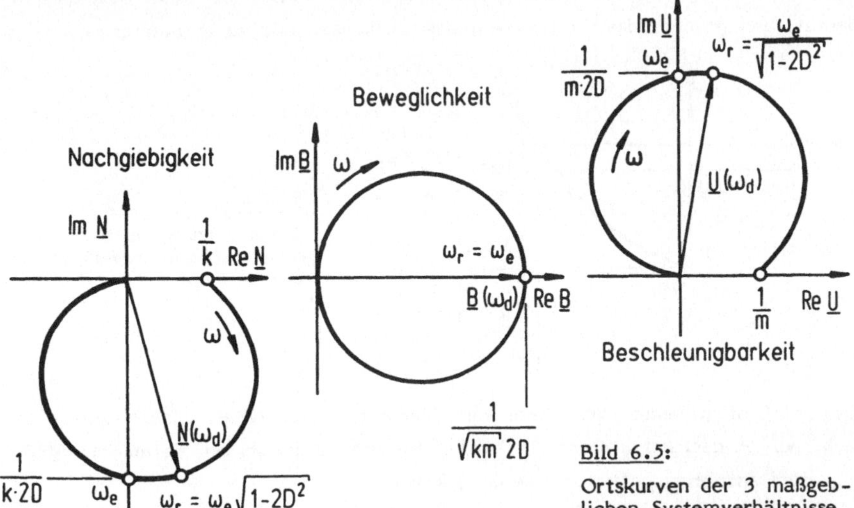

Bild 6.5: Ortskurven der 3 maßgeblichen Systemverhältnisse

6.2 Linearisierung bei den Matrizen-Methoden

Während bei der statischen Analyse von Strukturen im Sinne der Festigkeitsauslegung auch stark nichtlineares Verhalten berechnet werden kann, indem z.B. über den elastischen Bereich der HOOKE'schen Gerade hinaus das nichtlineare, plastische Verhalten in das Stoffgesetz eingearbeitet wird /9,85/, kommt diese Betrachtungsweise bei der dynamischen Analyse und Auslegung nur insofern in Betracht, als Schwingungsamplituden nur so große Zusatzspannungen erzeugen dürfen, wie dies im linearen Stoffverhalten formuliert ist. Bei den Systemparametern ist weit unterhalb der nicht näher zu diskutierenden Fließgrenze oftmals nichtlineares Federungsverhalten bei formschlüssigen Verbindungen zu beobachten. Für den maßgeblichen Zusammenhang von Federkraft und Federweg gemäß Bild 6.6 wird bei nichtlinearer Federungskennlinie im Betriebspunkt die Steigung als linearer Bereich für Schwingungsamplituden verwendet. Die vom Antrieb verursachten Kräfte und Momente in Bauteilen bzw. Elementen bewirken eine Vorspannung auch spielbehafteter Verbindungen. Eine Optimierung des linearen Verhaltens kann unter gewissen Umständen auch real nichtlineares, spieldurchlaufendes Verhalten beseitigen. Bauteile, die als Hauptursache dynamisch nachgiebigen Verhaltens wirken, werden durch hohe innere Kräfte belastet, die große Kraft-Amplituden um den Betriebspunkt bedingen. Erreichen diese Amplituden beim Auf- und Abfahren der Kennlinie das Spiel, so tritt beispielsweise Klappern in Verzahnungen auf. Gelingt es, die Amplituden um den Betriebspunkt klein zu halten, so tritt dieses Problem in vielen Fällen gar nicht auf; dies bedeutet dann primär, das lineare Verhalten zu kennen und zu optimieren.

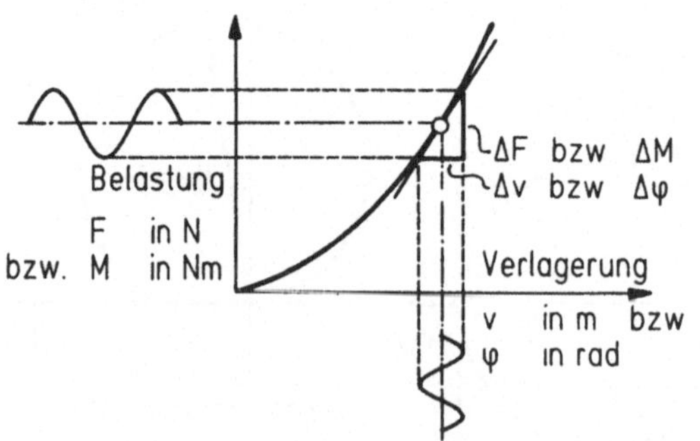

Bild 6.6:
Linearisierung eines nichtlinearen Federungsverlaufs im Betriebspunkt

Das real nichtlineare Verhalten von Elementen und deren Linearisierung läßt sich bei Antriebsstrukturen durch die folgend aufgeführten Parameter-Abhängigkeiten antriebsspezifischer Elemente erläutern:

<u>Belastungsabhängigkeit</u>: $k\{|f^{(E)}|\}$

Kugellager weisen in Abhängigkeit von ihrer Belastung $f^{(L)}$ eine progressive Federungskennlinie gemäß <u>Bild 6.7</u> auf. Für die Festlegung des Betriebspunktes ist die Lagerkraft $f_{BP}^{(L)}$ erforderlich, die wiederum von der äußeren Belastung F abhängt, so daß nur iterativ die Steigung der Kennlinie ermittelt werden kann. Für das Verhalten des Bauteils wäre es im übrigen - bei kleinen Amplituden - gleichgültig, ob sich die Steigung im Betriebspunkt des nichtlinearen Verlaufes oder an der dazu parallel durch den Nullpunkt verlaufenden linearen Charakteristik ergibt.

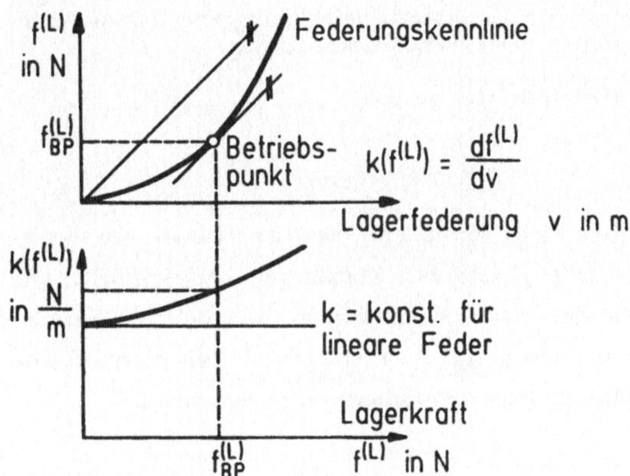

<u>Bild 6.7:</u>

Von der Lagerbelastung abhängige, nichtlineare Lagersteifigkeit

<u>Zeitabhängigkeit</u>: $k\{t\}$

Verzahnungen können bis in relativ hohe Frequenzbereiche als masselose Federn betrachtet werden, bei denen wegen des Überdeckungsgrades ein sich zeitlich ändernder Verlauf der Verzahnungssteifigkeit vorhanden ist (<u>Bild 6.8</u>). Durch Schrägverzahnungen wird mit der größeren Überdeckung eine Erniedrigung der wechselnden Anteile bis hin zu wenigen Prozent der mittleren Verzahnungssteifigkeit $k_0^{(Z)}$ erreicht. Diese Parametererregungen aufgrund der Wechselanteile können somit im tieffrequenten Bereich vernachlässigt werden oder bei höheren Frequenzen durch näherungsweise äußere Störkräfte /51,34/ berücksichtigt werden. Die mittlere Verzahnungssteifigkeit $k_0^{(Z)}$ ist wiederum von der Zahnkraft abhängig,

$$k_0^{(Z)}\{f^{(Z)}\},$$

also der ersten Kategorie ähnlich, wobei speziell bei Stirnverzahnungen der progressive Anstieg gering ist und in einen gut linearisierbaren Bereich übergeht, der zudem nur sehr wenig von den Verzahnungsdaten wie Durchmesser und Modul abhängt /54,81/.

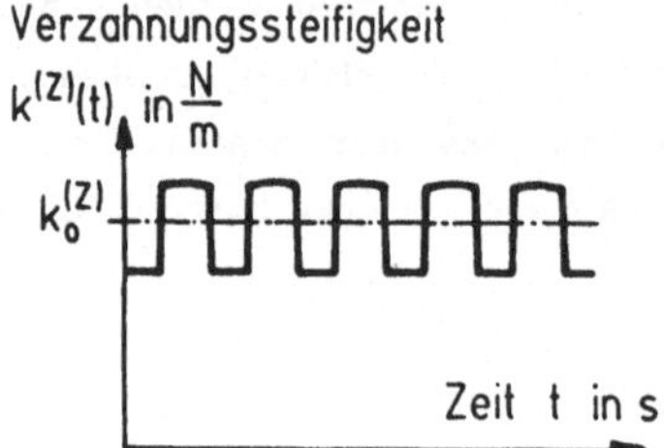

Bild 6.8:

Typischer, von der Zeit abhängiger Verlauf einer Verzahnungssteifigkeit aufgrund veränderlicher Überdeckung

<u>Frequenzabhängigkeit</u>: $k\{\omega\}$

Frequenzabhängige Federsteifigkeiten sind vor allem dort zu finden, wo hochpolymere Kunststoffe verwendet werden, also bei Kupplungen und Riemen. Der Verlauf ist zumeist progressiv; höhere Frequenzen wirken versteifend. Bei der modalen Beschreibung kann dies berücksichtigt werden, wenn bei jeder Eigenschwingung mit der iterativ bestimmten Federsteifigkeit gerechnet wird.

<u>Ortsabhängigkeit der Lastkopplung</u>: $k\{\underline{f}^{(E)}\}$

Ein getriebespezifisch verwickelter Fall ergibt sich aus der Ortsabhängigkeit der Lastkopplung bei Verzahnungen, wenn durch ungleichmäßiges Tragen der Verzahnungsflanken der Lastangriffspunkt seine Lage ändert, so daß Kippmomentenkopplungen auftreten, die mit dadurch verbundenen allzu hohen Kantenpressungen die Verzahnungen schädigen. Dies ist unmittelbar in Zusammenhang mit den Breitenfaktoren $K_{H\beta}$, $K_{F\beta}$ und $K_{B\beta}$ gemäß DIN 3990 zu sehen. Mit asymmetrischen Tragbildern wird bei der Verzahnungsauslegung versucht, derartige Ortsabhängigkeiten der Zahnnormalkraft zu korrigieren. Für die Kopplungen der Federmatrix ergibt sich damit jedoch eine aufwendigere Modellbildung, die speziell die Kippkopplungen berücksichtigen muß. Die Zahnfedersteifigkeit kann dann nicht mehr auf einfache Weise als translatorische Zug-Druckfeder idealisiert werden (vgl. Kap. 6.5.4). Im Gegensatz zur Abhängigkeit nach dem Betrag der Elementbelastung muß hier die Federmatrix wegen sich ändernder Hebelwirkungen iterativ angepaßt werden.

6.3 Matrizen-Methoden

Für die beiden Matrizen-Verfahren finden sich unterschiedliche Bezeichnungen:

	Maßgebliche Unbekannte
Matrix-Verschiebungs-Methode (MVM) auch als Steifigkeits- oder Deformations-Methode bezeichnet, sowie	Verschiebungen $\underline{v}$ (allgemein Verlagerungen)
Matrix-Kraft-Methode (MKM), auch als Nachgiebigkeits-Methode oder Kraftgrößen-Verfahren bezeichnet	Kräfte $\underline{F}$ (allgemein Belastungen)

Die Matrizen-Verfahren sind dadurch charakterisiert, daß, beginnend mit den kleinsten Einheiten (Elementen) einer Struktur über die Formulierung des Gesamt-Systems bis zur numerischen Lösung konsequent die dem Matrizenkalkül entsprechenden Formulierungen Verwendung finden. Dies führt zu einem hochmodularen Modell, das sich für beliebig räumliche Anordnungen besonders eignet. Folgende Vorteile sind· zu sehen:

-   formal bei der abkürzenden Schreibweise;
-   mathematisch durch die Matrizennumerik;
-   programm- und rechentechnisch durch die dem Digitalrechner nahestehende Systematik.

Die Matrizen-Methoden gehen in einer Art orthogonalen Vorgehensweise im Vergleich zu den sonst üblichen Verfahren zur Erstellung der DGLn vor. Bereits am Element werden streng getrennt nach Feder und Masse (evtl. auch Dämpfung) die Element-Matrizen aufgestellt, um dann zum Gesamtsystem überlagert zu werden.

Die beiden Matrizen-Methoden täuschen zunächst eine duale Gleichwertigkeit vor, die de facto nicht gegeben ist. Klassische Anwendungsgebiete sind im Fall der Verschiebungsmethode in Torsionsmodellen zu sehen, während Biegeprobleme vor allem mit der Kraftmethode ihre Lösung fanden. Betrachtet man nun Antriebsstrukturen mit der starken Kopplung beider Belastungsarten, so scheint sich ein Kompromiß anbahnen zu müssen; dem ist in gewisser Weise tatsächlich so, da beide Methoden dem Gesamtproblem allein nicht gerecht werden. Während die Vorteile der Verschiebungsmethode bei der Modellbildung und praktischen Anwendung voll genutzt werden können, muß bei der Analyse der Ergebnisse auf die Kraftmethode zurückgegriffen werden.

Die MFE, die sich vor allem didaktisch sehr gut aus der Stabstatik heraus entwickeln läßt, arbeitet fast ausschließlich mit der Verschiebungsmethode. Die Formulierung des dynamischen Gesamtproblems erfolgt mit der Matrizen-DGL 2-ter Ordnung des Kräfte-Gleichgewichts, so daß die Dynamik prinzipiell der Verschiebungsmethode entspricht; diese Einteilung der beiden Methoden ist nur bzgl. der Formulierung des Problems zu sehen, denn die Lösung kann bereits wie im Fall der Statik durch numerische Operationen indirekt auf das Prinzip der Kraftmethode führen.

Da die Verschiebungsmethode sowohl für die Modellbildung als auch für den benutzerfreundlichen, modularen Programmaufbau besser geeignet ist, wird hierauf im folgenden auch exemplarisch eingegangen. Die Kraftmethode ist für die konstruktive Umsetzung zur Analyse nachgiebig wirkender FHGe unerläßlich.

6.4 Grundsätzliches zur Idealisierung

Wie bei der Modellbildung erläutert, muß eine zu analysierende Struktur bzgl. der Ortskoordinaten diskretisiert werden. Der Ausschnitt der verzweigten Antriebsstruktur von Bild 6.9 wird damit in seinen Eigenschaften auf die diskretisierten Punkte, die als K n o t e n p u n k t e (KPe) bezeichnet werden, abgebildet. Für die Auflösung des Modells ist unter anderem entscheidend, wieviele F r e i h e i t s g r a d e (FHGe) ein KP aufweist. Während ein Torsionsmodell nur den rotatorischen Torsions-FHG φ enthält, kann erst durch ein 6-FHGe-Modell mit 3 translatorischen und 3 rotatorischen FHGn die maximal mögliche Auflösung erreicht werden; Voraussetzung hierfür ist die in diesem 6-dimensionalen Modell vorhandene Vielfalt durch geeignete E l e m e n t e physikalisch richtig zu erfassen, wobei die Mehrdimensionalität oftmals den Anstoß gibt, die Elemente entsprechend präzise zu formulieren.

Das Netz der KPe, deren FHGe auch als Knotenvariable bezeichnet werden, legt die Orte der späteren Ergebnisse fest, die ihrerseits in ihrer Güte von den KPs-verbindend wirkenden Elementen abhängen. Ein Element wirkt entweder direkt an einem KP (Absolutwirkung) oder es verbindet 2 und mehr KPe (Relativwirkung). Die Elementeigenschaften betreffen in Zielsetzung dynamischer Probleme primär die Feder- und Masseneigenschaften der Elemente, sekundär aufgrund mangelnder technologischer Zusammenhänge die Dämpfung. Wesentlich wird das gesamte Vorgehen in der Strukturdynamik von der Wechselwirkung zwischen KPs-Ebene einerseits und Elementebene andererseits erfaßt, denn die Elementherleitung, die Idealisierung, die Lösung und am gravierendsten die Analyse der Ergebnisse, die ohne entsprechende Aufbereitung nicht konstruktiv umgesetzt werden können, erfordern es, sowohl die streng getrennte Betrachtung als auch deren gegenseitige Einflüsse zu analysieren. Dies wird bei den matrizengemäßen Formulierungen deutlich, bei denen konsequent diese 2 Ebenen vor allen Dingen bei der Analyse beachtet werden müssen.

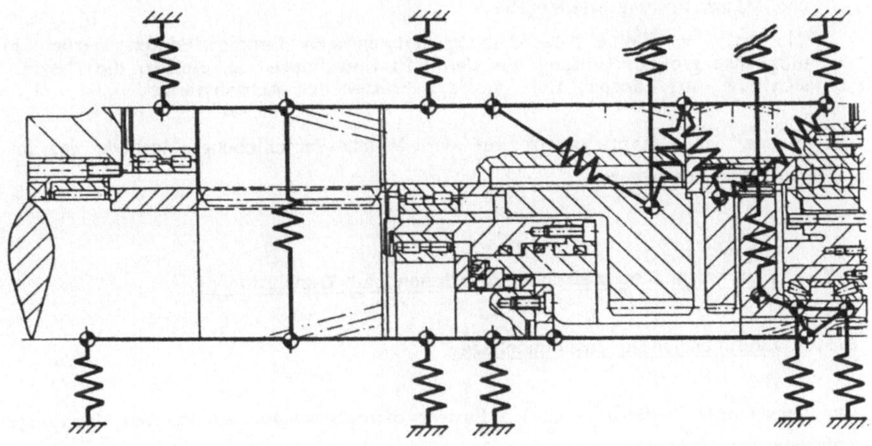

Bild 6.9: Konstruktionszeichnung als Ausgangspunkt der Idealisierung durch:
- Diskretisierung mit 6 FHGn je KP
- Elementvereinbarung

Für die Anwendung ist bei der Idealisierung wesentlich, daß aus einer geeigneten Element-Bibliothek die notwendigen Elemente zur Verfügung stehen. Die Besonderheit von Antriebsstrukturen liegt speziell beim Diskretisieren - also beim Aufstellen des KPs-Netzes - in der strukturimmanenten Forderung nach KPn aufgrund der konstruktiven Topologie. In der Praxis treten kaum große Probleme bei der Wahl von KPn auf, denn die sich stark ändernden geometrisch-konstruktiven Gegebenheiten fordern den Idealisierenden quasi zur Diskretisierung auf. Dies ist z.B. der Fall an:

- Übersetzungselementen
- Wellenabsätzen
- Lagerungen

Diese nicht ignorierbaren Grundbausteine gewährleisten bereits in der Gesamtstruktur einen großen Prozentsatz von Fixpunkten, die eine gewisse Sicherheit
bzgl. der restlichen mehr oder weniger noch frei wählbaren KPe und Elemente
sicherstellen, denn der dominante Teil der wesentlichen Struktureigenschaften
engt die Unsicherheit durch falsche Idealisierung ein. Für das Verständnis ist
von Bedeutung, daß

-   die Geometrie der Struktur durch die KPe festgelegt wird (Koordinaten);
-   die Elemente die physikalischen Eigenschaften der Struktur bzgl. Feder-
    und Massenwirkung wiedergeben.
-   Die bei der Elementbeschreibung notwendigen Geometriedaten werden in
    möglichst großem Umfang aus den KPs-Koordinaten abgeleitet; dies bezieht
    sich z.B. auf Längen, Durchmesser, Breiten und Achsabstände.

Die Bildung des Gesamtsystems mit der Matrix-Verschiebungs-Methode sei im
folgenden näher betrachtet.

6.5 Zusammenhänge zwischen Rotationen und Translationen

6.5.1 Eindimensionale Zusammenhänge

Das verwendete 6-FHGe-Modell erfordert oftmals wegen der starken Kopplungen
zwischen den 3 rotatorischen und 3 translatorischen FHGn das gegenseitige Umrechnen. Primär bei der Herleitung der Element-Matrizen erforderlich, sind
auch Ein- und Ausgabedaten davon betroffen. Ausgehend von den Zusammenhängen bei Weg- und Kraftgrößen sei dies zunächst im eindimensionalen Fall
bei den Systemparametern Feder, Dämpfer, Masse erläutert und kann auf dieser Stufe mit dem Torsions-FHG φ bzw. einem Wellenquerschnitt verknüpft gesehen werden; die Reduzierung mehrdimensionaler Federwirkungen bzw. -bereiche
auf die vorhandenen FHGe ist primär bei den Kippmomenten anzusetzen. Gemäß
Bild 6.10 lassen sich sowohl die Bewegungsgrößen (Weg und dessen zeitliche
Ableitungen) mit $\sin \varphi \ll 1$ als auch die Kraftgrößen linear mit dem Radius umrechnen.

Der einfachste Fall bei inneren Systemverhältnissen ergibt sich nach Bild 6.11
bei punktförmig an einem Hebelarm wirkenden Elementen, die immer mit dem
Quadrat des Hebelarms umzurechnen sind. Bei der Massenwirkung handelt es
sich um den STEINER'schen Satz, bei dem die Eigenträgheit im Fall einer punktförmig angenommenen Wirkung entfällt. Da beim praktischen Gebrauch speziell

Beschreibende Systemparameter	Rotatorisch	Translatorisch am Hebelarm R	
Lasten	Moment $[F_\varphi] = \text{Nm}$	Kraft $[F_y] = \text{N}$	
	$F_\varphi = F_y \cdot R$		(6.28)
Verlagerungen	Rotation (Verdrehung) $[\varphi] = \text{rad}$	Translation (Verschiebung) $[y] = \text{m}$	
	$\varphi = \dfrac{y}{R}$		(6.29)

<u>Bild 6.10</u>: Linear vom Radius abhängiger Zusammenhang zwischen den translatorischen und rotatorischen Weg- und Lastgrößen

Innere Systemverhältnisse	Rotatorisch	Translatorisch am Hebelarm R	
Punktmasse	Massenträgheits-moment $[\theta] = \text{kgm}^2 = \dfrac{\text{Nms}^2}{\text{rad}}$	Masse $[m] = \text{kg} = \dfrac{\text{Ns}^2}{\text{m}}$	
	$\theta = m \cdot R^2$		(6.30)
Translatorischer Dämpfer	Dämpfungskoeffizient		
	$[d_{ro}] = \dfrac{\text{Nms}}{\text{rad}}$	$[d_{tr}] = \dfrac{\text{Ns}}{\text{m}}$	
	$d_{ro} = d_{tr} \cdot R^2$		(6.31)
Zug-Druck-Feder	Federkonstante, Federsteifigkeit		
	$[k_{ro}] = \dfrac{\text{Nm}}{\text{rad}}$	$[k_{tr}] = \dfrac{\text{N}}{\text{m}}$	
	$k_{ro} = k_{tr} \cdot R^2$		(6.32)

<u>Bild 6.11</u>: Punktförmig wirkende, innere Systemverhältnisse mit rotatorischer bzw. translatorischer Wirkung

die physikalischen Einheiten genau zu quantifizieren sind, genügt oftmals die Einheitenanalyse zur Kontrolle von umgerechneten Systemverhältnissen.

Die bislang als punktförmig wirkend angenommenen Elementeigenschaften sind real meist nicht gegeben und werden vom 6-FHGe-Modell insofern scharf hinterfragt, als bei der Überprüfung vorhandener Kopplungen rasch auffällt, daß durch real räumliche Verbindungs- oder Elementbereiche mit punktförmiger, translatorischer Reduzierung zwar meist wesentliche, aber nicht alle modellimmanenten Kopplungen erfaßt werden.

Für die Massenwirkung hat dies zunächst die Konsequenz, daß in allen FHGn zumindest die Wirkung der konzentrierten Massen - auch in 3 rotatorischen Richtungen - vorhanden sein muß; dies ist alleine schon matrizennumerisch erforderlich. Die tatsächlich verteilten Massen eines Kontinuums heben die Einschränkung der Punktmasse auf und führen auf die in der MFE zu findenden Herleitungen konsistenter Massenmatrizen.

Die Wirkung der Federn und Dämpfer ist vom matrizenformalen Aufbau vor allem bzgl. Absolut- und Relativwirkungen ähnlich und damit auch in der hier interessierenden Umrechnung von Translationen und Rotationen vergleichbar. Die Herleitung von Dämpfungselementen wird nicht näher betrachtet; hier sei bei den Federsteifigkeiten der Übergang von einer null-dimensionalen, punktförmigen Wirkung auf einen eindimensionalen Federungsbereich gemacht.

Bei Antriebsstrukturen finden sich Kippsteifigkeiten in Verbindung mit den im folgenden aufgeführten translatorischen Steifigkeiten wegen der nicht nur punktförmigen Wirkung:

- Übersetzungssteifigkeiten wie
    - Verzahnungssteifigkeiten und
    - Riemen-Längssteifigkeiten

- Axiale und radiale Lagersteifigkeiten
- Wellen-Naben-Verbindungen radial und axial
- Verschraubte, kreisringförmige Teile an Radkörpern

6.5.2 Linearer Federungsbereich

Die einfachste modellmäßige Betrachtung federnder Bereiche zur Berücksichtigung der Kippsteifigkeit ergibt sich nach <u>Bild 6.12</u> durch eine Belastung eines starren Balkens auf einem linearen Federungsbereich, der durch n Federn im gleichen Abstand l_i diskretisiert ist. Bei translatorischer Belastung F des KPs werden alle Federn gleichmäßig belastet, so daß bei bekannter translatorischer Gesamtsteifigkeit k_{tr} jede Feder den n-ten Teil von k_{tr} aufweist.

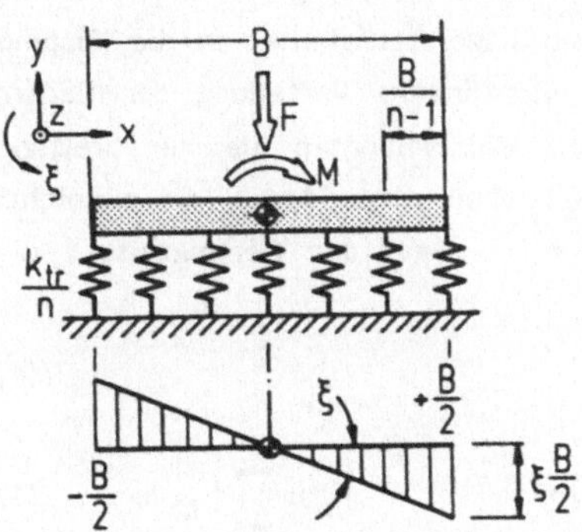

<u>Bild 6.12:</u>

Kipp-Beanspruchung eines linearen, translatorischen Federungsbereiches

Eine Momentenbelastung M führt bzgl. des KPs auf ein Kippen um den Winkel ξ. Da bei der rotatorischen Belastung die translatorischen Federn beansprucht werden, läßt sich die Kippsteifigkeit k_{ro} durch k_{tr} ausdrücken. Den Übergang von n Federn auf eine kontinuierliche Verteilung erreicht man durch die auf die Breite B bezogene, spezifische Federsteifigkeit $k_{tr,spez}$:

$$k_{tr,spez} = \frac{k_{tr}}{B} \qquad \text{in } \frac{N}{m^2} \qquad (6.33)$$

Die Integration der Hebelarme x^2 über die gesamte Federungsbreite B liefert die rotatorische Kippsteifigkeit:

$$k_{ro} = \int_{-B/2}^{+B/2} k_{tr,spez} \cdot x^2 \cdot dx = \frac{1}{12} k_{tr,spez} \cdot B^3 = \frac{B^2}{12} k_{tr} \qquad (6.34)$$

Führt man den Ersatzhebelarm

$$\varrho = \frac{B}{2\sqrt{3}} \qquad (6.35)$$

ein, so erhält man analog zu Gl. (6.32): $\quad k_{ro} = \varrho^2 \cdot k_{tr} \qquad \text{in } \frac{Nm}{rad} \qquad (6.36)$

6.5.3 Nichtlineare Federungsverteilung

Die als gleichmäßig vorausgesetzte Federungsverteilung, die auf Gl. (6.36) führte, stellt eine Art oberen Grenzwert dar, da das Tragbild derartiger Verbindungen real nicht gleichmäßig ist. Beispielsweise wird bei Rollenlagern zur Vermeidung von zu hohen Kantenpressungen die Randzone durch ballige Form zurückgenommen, wodurch die effektive Breite, die quadratisch eingeht, geringer wird. Neben diesen, wegen des Einflusses von Fertigungsgenauigkeiten nur sehr schwer zu berücksichtigenden nichtlinearen Federungsbereichen, findet sich vor allem bei der Umrechnung von axialen Lagersteifigkeiten in die Kippmomentensteifigkeit eine bzgl. der Kippebene nichtlineare Verteilung der Federn gemäß Bild 6.13. Der Viertelkreis mit den Wälzelementen gleicher Steifigkeit k zeigt in der projizierenden Ebene die ungleichen Abstände l_m, die zu nichtlinearer Lastverteilung führen. Mit Gl. (6.32) folgt wegen der Viertelkreise:

$$k_{ro} = 4 \sum_{i=1}^{n} k_i \cdot r_i^2 \qquad (6.37)$$

Die projizierten Hebelarme ergeben sich zu:
$$r_i = \sum_{m=1}^{i} l_m \qquad (6.38)$$

Die Einzellängen l_m sind eine Funktion des Winkels φ_i und der Bogenlänge $\widehat{s}$.

$$l_m = \widehat{s} \cdot \cos \varphi_i = R \frac{\pi}{2n} \cos \varphi_i \qquad (6.39)$$

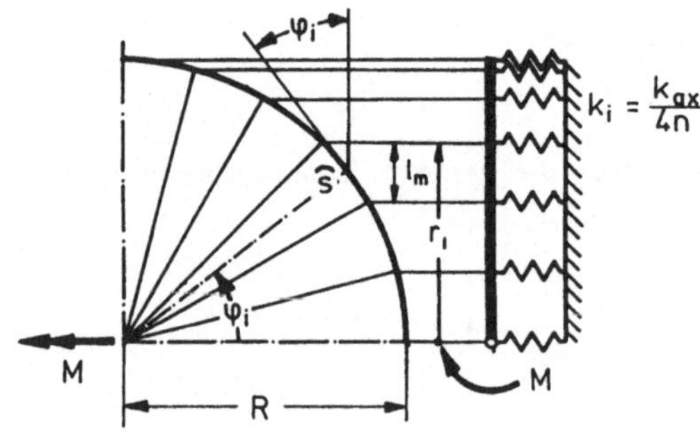

Bild 6.13:

Herleitung der Kippsteifigkeit eines nichtlinear verteilten, translatorischen Federungsbereiches

Mit
$$\varphi_i = i \cdot \frac{\pi}{2n} \qquad (6.40)$$

folgt für den Hebelarm
$$r_i = \sum_{m=1}^{i} R \cdot \frac{\pi}{2n} \cdot \cos\left(m \cdot \frac{\pi}{2n}\right) \qquad (6.41)$$

Die Kippsteifigkeit ergibt sich bei 4n Federn, die z.B. Wälzkörper oder Verbindungssteifigkeiten ringförmig aufgeschraubter Bauteile sein können, zu:

$$k_{ro} = 4 \sum_{i=1}^{n} \left[\frac{k_{tr}}{4n} \sum_{m=1}^{i} R \cdot \frac{\pi}{2n} \cdot \cos\left(\frac{m\pi}{2n}\right) \right]^2 \tag{6.42}$$

Für den Grenzwert $n \longrightarrow \infty$ kann anstelle der Summe die Untersumme eines bestimmten Integrals verwendet werden.

$$k_{ro} = \frac{1}{n} \cdot R^2 \cdot k_{tr} \sum_{i=1}^{n} \frac{1}{n} \sum_{m=1}^{i} \left[\frac{\pi}{2} \cdot \cos\left(\frac{m\pi}{2n}\right) \right]^2 =$$

$$= R^2 \cdot k_{tr} \cdot \int_0^1 \left[\int_0^x \frac{\pi}{2} \cdot \cos\left(x \cdot \frac{\pi}{2}\right) dx \right]^2 dx = \frac{R^2}{2} \cdot k_{tr} \tag{6.43}$$

6.5.4 Kippkopplung durch exzentrische Kraft

Die Diskretisierung durch KPe geht zunächst davon aus, daß die Kopplung der Kräfte und Momente in diesen vereinbarten Koordinaten bzw. FHGn erfolgt. Die bei Federungsbereichen oftmals versetzt zum KP angreifenden translatorischen Kräfte aufgrund elastischer Verformungen sowie abweichender Oberflächengestalt lassen sich mit Hilfe eines geeigneten Ersatzsystems berücksichtigen. Bild 6.14 zeigt den stufenweisen Übergang vom translatorischen Modell zum vollgekoppelten System einer exzentrisch am Hebelarm b angreifenden Kraft.

Ausgehend von der bekannten translatorischen Federsteifigkeit k_y kann neben der direkt formulierbaren translatorischen Feder auch über den Ersatzhebelarm ϱ aus Gl. (6.32) die Kippsteifigkeit angegeben werden; Fall (b). Mit dem Ersatzsystem (c) wird der Übergang zu einer bzgl. des KPs exzentrisch angreifenden Kraft des Falles (d) hergestellt, bei dem eine vollständige Kopplung der 2 FHGe erfolgt. Von Bedeutung ist dieser Fall bei Verzahnungen, da z.B. durch Wellenverformungen die Zahnkraft nicht in der Verzahnungsmitte angreift. Das zugehörige Ersatzsystem zeigt Bild 6.15, bei dem die 2 Zahnräder den 2 KPn entsprechen und die beiden Federn die Kopplung für einen linear angenommenen Federungsbereich in der Verzahnung ermöglichen. Nichtlinear verlaufende, also z.B. asymmetrische Federungsbereiche, wie sie bei Tragbildern zu finden sind, erfordern zusätzlich verschiedene Ersatzhebelarme ϱ.

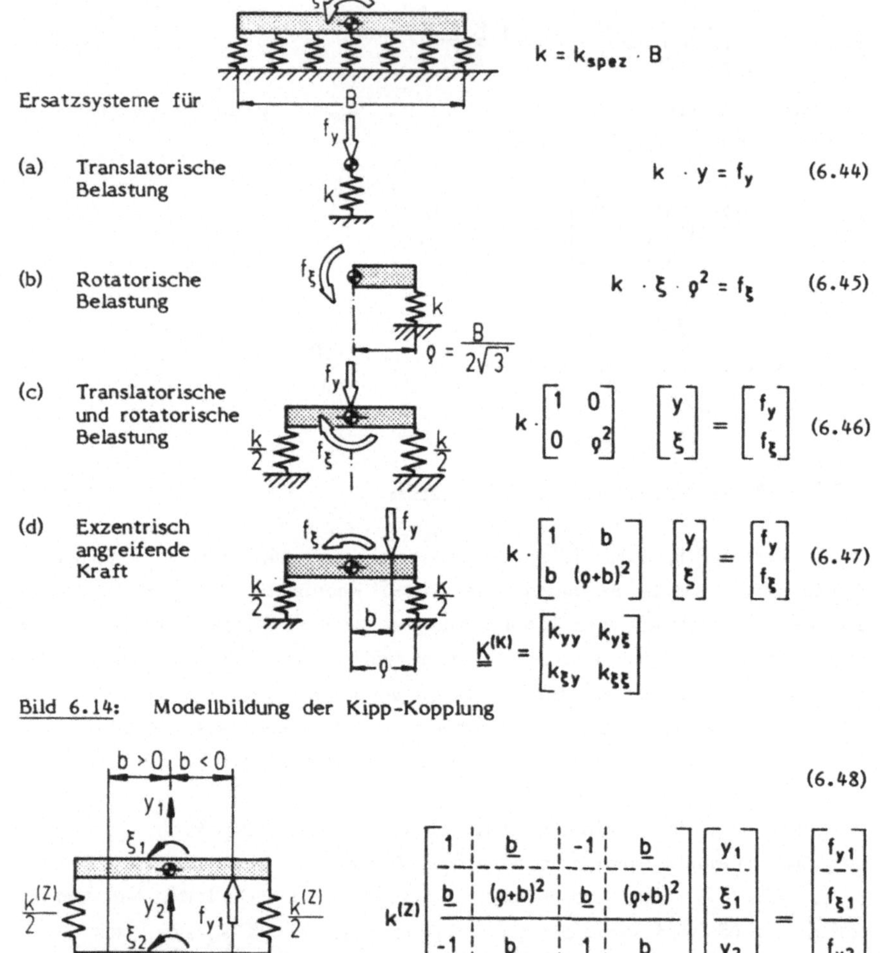

Bild 6.14:   Modellbildung der Kipp-Kopplung

$$k^{(Z)} \begin{bmatrix} 1 & \underline{b} & -1 & \underline{b} \\ \underline{b} & (\varrho+b)^2 & \underline{b} & (\varrho+b)^2 \\ -1 & \underline{b} & 1 & \underline{b} \\ \underline{b} & (\varrho+b)^2 & \underline{b} & (\varrho+b)^2 \end{bmatrix} \begin{bmatrix} y_1 \\ \xi_1 \\ y_2 \\ \xi_2 \end{bmatrix} = \begin{bmatrix} f_{y1} \\ f_{\xi 1} \\ f_{y2} \\ f_{\xi 2} \end{bmatrix}$$

$$\underline{b} = \underline{b}\{\underline{x}\} = |b| \cdot \operatorname{sgn} \underline{b}$$

$$\operatorname{sgn} \underline{b} = \begin{cases} +1, & \text{falls } \xi \text{ und } f_y \text{ gegensinnig: } \underline{b} \text{ in negativer} \\ -1, & \text{falls } \xi \text{ und } f_y \text{ gleichsinnig: } \underline{b} \text{ in positiver} \end{cases} \Bigg\} \text{x-Richtung}$$

Bild 6.15:   Modellbildung zur Verzahnungssteifigkeit mit Kippkopplung einer exzentrisch wirkenden Zahnkraft.

6.6 Bedeutung der statischen Analyse

Während das eigentliche Ziel dieser Arbeit in der dynamischen Analyse von Antriebsstrukturen zu sehen ist, seien dennoch die statischen Zusammenhänge eingehend erläutert, da sich deren Bedeutung nicht nur für Antriebsstrukturen aus verschiedenen Aspekten begründet:

- Die im Gegensatz zur Dynamik leichter nachvollziehbaren physikalischen Zusammenhänge des statischen Gleichungssystems fördern eine auf die Erfordernisse von Antriebsstrukturen auszurichtende Betrachtungsweise.

- Die auch für die Dynamik zu verwendende Feder-Matrix $\underline{K}$ gibt die starken räumlichen, für Antriebsstrukturen charakteristischen Kopplungen wieder.

- Die Eigenformen können besonders plausibel als komplizierte statische Belastungsfälle bei der zugehörigen Eigenfrequenz angesehen werden. Die grundlegenden statischen Zusammenhänge sind damit speziell bei den Elementanteilen am Gesamtverhalten anzuwenden.

- Die vom Modell aus nötige Linearisierung im Arbeitspunkt kann z.B. bei lastabhängigen Federsteifigkeiten mit nichtlinearen, iterativen Statikrechenläufen realisiert werden. Die Statik stellt somit auch eine Art Vorprogramm zur Dynamik dar.

- Die numerische Lösung des statischen Problems erfordert gegenüber der Dynamik einen erheblich geringeren Aufwand.

- Die Optimierung des statischen Nachgiebigkeitsverhaltens wirkt sich in positiver Weise gravierend auf dynamische Schwachzonen im tieffrequenten Bereich aus.

Der letzte Punkt begründet eine für sich berechtigte statische Analyse selbst im Hinblick auf die dynamische Optimierung. Zu erklären ist dies mit den im dynamischen Fall auftretenden Massenkräften an statisch besonders nachgiebigen Schwachzonen, die gleichsam die Massenbelastungen vor allem im tieffrequenten Bereich auf sich ziehen und somit oftmals bei mehreren Eigenschwingungen ausgeprägt erscheinen. Dies läßt sich v.a. bei der 1-ten Eigenschwingung beobachten, weshalb hierfür auch Näherungsmethoden verwendet werden, indem die 1-te Eigenfrequenz mit den statischen Verformungen ermittelt wird, wenn diese im RAYLEIGH-Quotienten - vgl. Kap. 11 - oder GRAMMEL-Quotienten (vgl. z.B. /25/) als 1-ter Eigenvektor aufgefaßt werden. Trotzdem können die bei der Statik fehlenden Massenwirkungen aber auch dynamische Schwachzonen erzwingen, die statisch nicht einsichtig sind, da oftmals lokal stark wirksame Massenträgheitsmomente, verbunden mit quadratischen Übersetzungsabhängigkeiten, vorliegen.

Für CAD-Anwendungen ist in der Entwurfsphase nur die Statikrechnung sinnvoll anwendbar, da bei jedem neu hinzukonstruierten Element eine ausgewogene, statische, voreingestellte Potentialverteilung optimiert werden kann, während eine Dynamikrechnung, ohne die ganze Struktur zu erfassen, keinen Sinn hat; weder die Frequenzen noch die dynamischen Nachgiebigkeiten wären unmittelbar auf die Gesamtstruktur extrapolierbar, weshalb dynamische Kriterien bei Teilsystemen fragwürdig sind. Die dynamische Analyse muß folglich im Gegensatz zur statischen Analyse am Gesamtsystem erfolgen.

7 Beispiel einer 4-FHGe-Zahnradstufe

7.1 Getriebespezifische Kopplungen

Zur beispielhaften Darstellung der im folgenden aufgeführten matrizengemäß formulierten Zusammenhänge wird die Zahnradstufe von Bild 7.1 betrachtet:

- Durch das gegenüber dem Torsionsmodell (φ_1 und φ_2) zusätzliche Einführen von translatorischen FHGn (z_1 und z_2) kann der Unterschied des reinen Torsionsmodells gegenüber einem gekoppelten Modell herausgearbeitet werden.

- Die minimal notwendige FHGe-Anzahl für die bei den Federzahlen vorhandenen starken Kopplungen ergibt bei 2 KPn 4 FHGe, nämlich an jedem KP je einen rotatorischen und translatorischen FHG. Dieses Minimalmodell läßt die qualitativen kopplungsspezifischen Merkmale bei Antriebsstrukturen bereits erkennen.

- Die durch Übersetzungselemente sich ergebenden Besonderheiten bzgl. Modellbildung und vor allem der Auswertung der Verformbarkeiten lassen sich bei 4 FHGn noch überschaubar nachvollziehen.

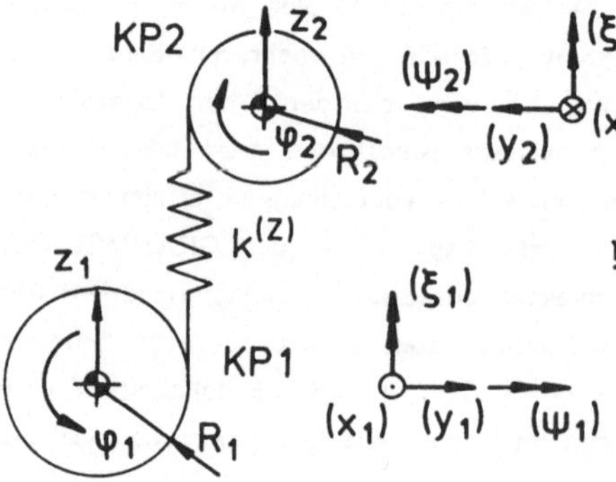

$$\underline{x}_{12}(2) = \begin{bmatrix} \underline{x}_1(2) \\ \underline{x}_2(2) \end{bmatrix} = \begin{bmatrix} z_1 \\ \varphi_1 \\ z_2 \\ \varphi_2 \end{bmatrix} \qquad (7.1)$$

Bild 7.1: 4-FHGe-Zahnradstufe mit radialen FHGn in Eingriffsrichtung

Der Bezug zum maximal auflösenden 6-FHGe-Modell wird in Bild 7.1 mit den eingeklammerten - noch nicht einbezogenen - restlichen 8 FHGn hergestellt. Auf eine falsche Verallgemeinerung der 2 FHGe gegenüber dem 6-FHGe-Modell im Sinne einer Anwendbarkeit auf reale Strukturen muß besonders hingewiesen werden: Die pro KP verwendeten 2 FHGe lassen zwar eine Beschreibung wichtiger Parameter einer Zahnradstufe noch zu, für eine Antriebsstruktur sind jedoch 2 FHGe pro KP als vollkommen unzureichend einzustufen. Hauptursache hierfür ist die bei einzelnen Elementen stark unterschiedliche Abhängigkeit von den als dominant, also als unbedingt erforderlich zu bezeichnenden FHGn. Während beispielsweise das Kippen eines Zahnrades (FHG ψ) im tieffrequenten Bereich als vernachlässigbar gegenüber dem radialen FHG z angenommen werden darf, kehrt sich dieser Zusammenhang bereits bei einem unmittelbar benachbarten Wellenelement um: Das dem Kipp-FHG ψ entsprechende Biegemoment an einem Wellenelement beschreibt die Wellenbiegung sehr genau ohne die zugehörige Querkraft (FHG z).

Die 4-FHGe-Stufe ermöglicht es also nur, die in diesem 2-FHGe-System exakten Kopplungen quasi in der kleinsten Einheit einer Antriebsstruktur zu diskutieren; deren Matrizenelemente finden sich modifiziert im 6-FHGe-Maximalmodell wieder. Die Extrapolation der FHGe-Anzahl 2 auf Antriebsstrukturen entspricht einer nicht tragbaren Vereinfachung, da die starken räumlichen Kopplungen nur noch 6-dimensional je KP beschreibbar sind.

Für die formal-mathematische Behandlung entsprechend dem Matrizenkalkül ist dieser Zusammenhang andererseits völlig irrelevant, da die Matrizen beliebige Zusammensetzungen aus FHGn enthalten können; schließlich kann die Matrizennumerik keine Gewähr für die Richtigkeit der implementierten Elementeigenschaften geben. Die Qualität der 4 Kopplungsmöglichkeiten zwischen translatorischen und rotatorischen FHGn ist in der gewählten 4-FHGe-Stufe enthalten und kann auch wegen der stark komponentenorientierten Modellbildung in wesentlichen Aussagen auf 6 FHGe extrapoliert werden. Alle im folgenden aufgeführten Matrixoperationen sind auch für Modelle von anderer FHGe-Zahl anwendbar, wobei aber letzlich nur ein 6-FHGe-Modell die Kontrolle eines reduzierten Modells ermöglicht.

7.2 Herleitung der Federmatrix

Die Lage der Zahnradstufe von Bild 7.1 in den eingezeichneten Koordinaten bildet die einfachste Konstellation zur Herleitung der vollgekoppelten Federmatrix $\underline{K}_{12}^{(Z)}$ bzgl. rotatorischer und translatorischer FHGe. Da die Richtung der resultierenden Verzahnungssteifigkeit $k^{(Z)}$ mit den radialen FHGn z_1 und z_2 zusammenfällt, treten in x und y keine Kopplungen auf. Die Torsions-FHGe φ_1 und φ_2 werden in ihrer Orientierung zunächst vom Torsionsmodell übernommen; eine positive Drehung im Sinne der Getriebefunktion hat wiederum eine positive Drehung am anderen KP zur Folge. Die gegensinnig orientierten Torsions-FHGe gewährleisten somit bei der Diskussion dieses Elementes die Drehrichtungserhaltung; Verformungen können hiermit - ob statisch oder dynamisch - unmittelbar graphisch ohne Vorzeichenkorrektur aufgetragen werden, wie dies für das Torsionsdiagramm (Kap. 10.3.1) erforderlich ist.

Zur Herleitung der Federzahlen $k_{favb} = k_{FV}$, welche die Element-Federmatrix $\underline{K}_{ab}^{(Z)}$ bilden, wird das statische Gleichungs-System mit den Schnittgrößen $\underline{f}_{ab}^{(Z)}$ und dem Element-Verlagerungsvektor $\underline{v}_{ab}^{(Z)}$ betrachtet.

$$\underline{K}_{ab}^{(E)} \cdot \underline{v}_{ab}^{(E)} = \underline{f}_{ab}^{(E)} \tag{7.2}$$

Die Zahnradstufe (Z) enthält die 2 KPe a,b mit den zugehörigen Element-KPs-Matrizen $\underline{k}_{ab}^{(Z)}$, wobei die globalen Bezeichnungen a und b des Gesamtsystems auf Elementebene jeweils gleich 1 und 2 gesetzt werden; insgesamt folgt:

$$\underline{K}_{12}^{(Z)} \cdot \underline{v}_{12}^{(Z)} = \underline{f}_{12}^{(Z)} = k^{(Z)} \cdot \begin{bmatrix} \underline{k}_{11}^{(Z)} & \underline{k}_{12}^{(Z)} \\ \hline \underline{k}_{21}^{(Z)} & \underline{k}_{22}^{(Z)} \end{bmatrix} \cdot \begin{bmatrix} \underline{v}_1^{(Z)} \\ \hline \underline{v}_2^{(Z)} \end{bmatrix} = \begin{bmatrix} \underline{f}_1^{(Z)} \\ \hline \underline{f}_2^{(Z)} \end{bmatrix} \tag{7.3}$$

$$= k^{(Z)} \cdot \begin{bmatrix} k_{z1z1} & k_{\varphi1z1} & k_{z2z1} & k_{\varphi2z1} \\ k_{z1\varphi1} & k_{\varphi1\varphi1} & k_{z2\varphi1} & k_{\varphi2\varphi1} \\ k_{z1z2} & k_{\varphi1z2} & k_{z2z2} & k_{\varphi2z2} \\ k_{z1\varphi2} & k_{\varphi1\varphi2} & k_{z2\varphi2} & k_{\varphi2\varphi2} \end{bmatrix} \cdot \begin{bmatrix} z_1 \\ \varphi_1 \\ z_2 \\ \varphi_2 \end{bmatrix} = \begin{bmatrix} f_{z1}^{(Z)} \\ f_{\varphi1}^{(Z)} \\ f_{z2}^{(Z)} \\ f_{\varphi2}^{(Z)} \end{bmatrix}$$

Gemäß der MVM werden zur Herleitung einer Federzahl k_{FV} eben nur die beiden FHGe F und V betrachtet; dabei wird eine:

- virtuelle E i n h e i t s v e r s c h i e b u n g (Punktverlagerung) an der Stelle V (FHG v des KPs a) eingeprägt und die
- R e a k t i o n (Kraft bzw. Moment) an der Stelle F (FHG f des KPs b) betrachtet.

Der Vorteil dieser komponentenweisen Betrachtung liegt auf der Hand: Die als starr gelagert angenommenen restlichen FHGe nehmen zwar durch die virtuelle Verschiebung Kräfte auf, aber das System muß hierfür nicht - im Gegensatz zur MKM - als Ganzes betrachtet werden. Die komponentenweise isolierte Betrachtung 2-er FHGe läßt das System unverändert, denn die nicht betrachteten FHGe können als starre Festlegung interpretiert werden, in denen - auch wenn sie nicht betrachtet werden - entsprechende Reaktionen vorhanden sind, die vom Gesamtsystem in jedem Fall aufgenommen werden.

Bei der MKM hingegen darf beim Aufbringen einer eingeprägten Kraft kein Festlegen der restlichen FHGe erfolgen, da dies eine Änderung des betrachteten Systems zur Folge hätte, nämlich das Erzwingen zusätzlicher Lagerungen.

Im folgenden seien exemplarisch für einige Federzahlen die reduzierten Ersatzsysteme, mit denen über die eingeprägten Verlagerungen die jeweilige gekoppelte Reaktion folgt, aufgezeigt. So ergibt sich das Element $k_{\varphi 2 z 1}$ durch das Momenten-Gleichgewicht:

$$k^{(Z)} \cdot k_{\varphi 2 z 1} \cdot z_1 + f_{\varphi 2}^{(Z)} = 0 \qquad (7.4)$$

Eine Verschiebung z_1 bewirkt die Federkraft $k^{(Z)} \cdot z_1$, die mit dem Torsionsmoment $f_{\varphi 2}$ am KP 2 im Gleichgewicht stehen muß. Somit geht der Hebelarm R_2 in das Gleichgewicht ein und es wirkt das Reaktionsmoment

$$\sum \circlearrowright = 0: \quad f_{\varphi 2}^{(Z)} = -k^{(Z)} \cdot R_2 \cdot z_1 = -k^{(Z)} \cdot k_{\varphi 2 z 1} \cdot z_1 \qquad (7.5)$$

$$k_{\varphi 2 z 1} = -R_2$$

- z_1: eingeprägte Verschiebung
- R_2: Hebelarm der wirksamen Reaktion (Drehmoment)
- $k^{(Z)}$: translatorische Federsteifigkeit

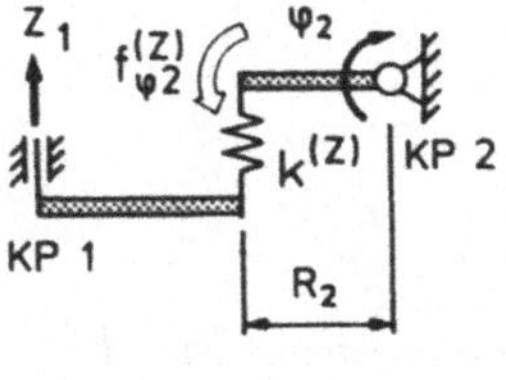

Die nach MAXWELL/BETTY zu fordernde Symmetrie führt für $k_{z 1 \varphi 2}$ auf das-

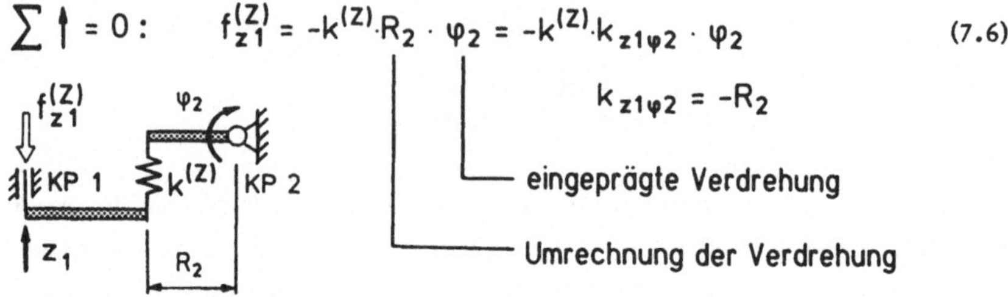

$$\sum \uparrow = 0: \qquad f_{z1}^{(Z)} = -k^{(Z)} \cdot R_2 \cdot \varphi_2 = -k^{(Z)} \cdot k_{z1\varphi2} \cdot \varphi_2 \qquad\qquad (7.6)$$

$$k_{z1\varphi2} = -R_2$$

selbe Ergebnis wie für $k_{\varphi2z1}$. Trotz einerseits Momenten- und andererseits Kräfte-Gleichgewicht ergibt sich wegen der einerseits translatorischen und andererseits rotatorischen Verlagerungen die gleiche Federzahl. Für die mitunter nicht triviale Frage der **V o r z e i c h e n** gilt folgende Regel:

(1) Zunächst werden die stets vorhandenen 2 FHGe wegen der Matrizensymmetrie in 2 gleichbedeutende Stellen abstrahiert; somit wird nicht zwischen Belastungs- und Verformungsstelle unterschieden.

(2) Einer der beiden FHGe wird als starr interpretiert.

(3) Der andere FHG wird gemäß seiner vereinbarten Richtung bzgl. der Belastungsart der Feder betrachtet; man ermittelt also Zug- oder Druckwirkung auf die Feder.

(4) Mit umgekehrter FHG-Zuordnung werden Position (2) und (3) wiederholt.

(5) **G l e i c h e** Belastungsarten, also Zug-Zug oder Druck-Druck, ergeben für das Kopplungsglied ein **p o s i t i v e s** Vorzeichen.

(6) **V e r s c h i e d e n e** Belastungen, also Zug-Druck oder Druck-Zug, ergeben für das Kopplungsglied ein **n e g a t i v e s** Vorzeichen.

Aus dieser Festlegung folgt auch unmittelbar der Fall stellenidentischer Glieder (Hauptdiagonale), die sich stets positiv ergeben. <u>Bild 7.2</u> zeigt exemplarisch für weitere Federzahlen die Ersatzsysteme. Alle Federzahlen von $\underline{K}_{12}^{(Z)}$ und Verlagerungen $\underline{v}$ mit den für die Herleitung maßgeblichen Zusammenhängen gibt <u>Bild 7.3</u> wieder.

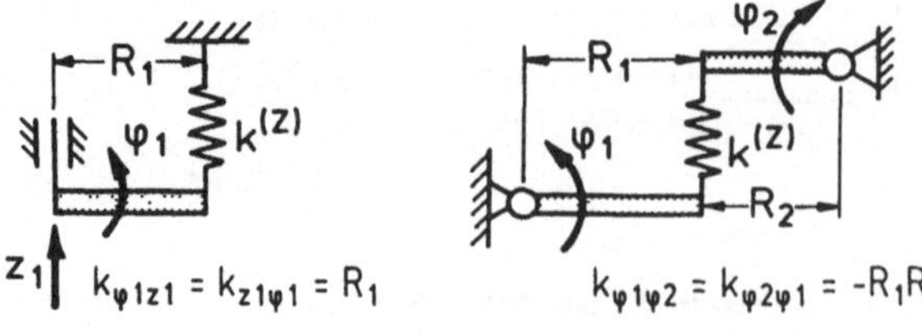

<u>Bild 7.2:</u>

Ersatzsysteme zur Herleitung von Federzahlen

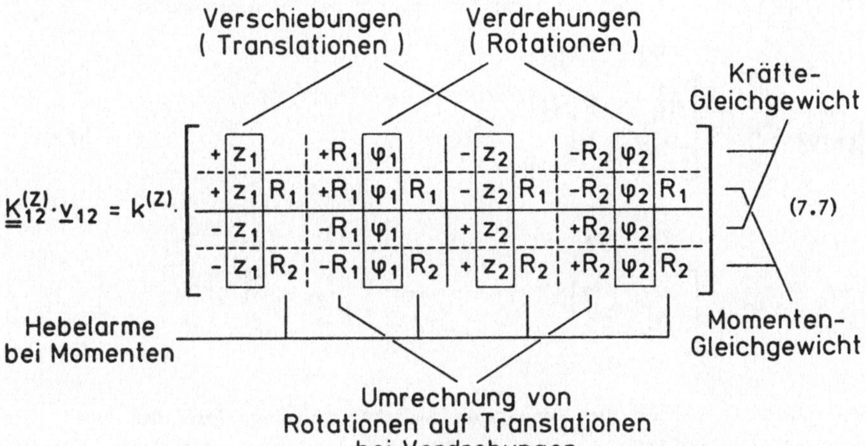

$$\underline{K}^{(Z)}_{12} \cdot \underline{v}_{12} = k^{(Z)} \cdot
\begin{bmatrix}
+z_1 & +R_1\,\varphi_1 & -z_2 & -R_2\,\varphi_2 \\
+z_1 R_1 & +R_1\,\varphi_1 R_1 & -z_2 R_1 & -R_2\,\varphi_2 R_1 \\
-z_1 & -R_1\,\varphi_1 & +z_2 & +R_2\,\varphi_2 \\
-z_1 R_2 & -R_1\,\varphi_1 R_2 & +z_2 R_2 & +R_2\,\varphi_2 R_2
\end{bmatrix} \qquad (7.7)$$

<u>Bild 7.3:</u>   Federmatrix der 4 FHGe-Zahnradstufe entsprechend Bild 7.1

Zur physikalisch transparenten Interpretation der Kopplungen empfiehlt sich die komponentenweise Betrachtung der Matrix, in gewisser Weise vergleichbar mit der komponentenweisen Aufstellung. Formal zerfällt $\underline{K}^{(Z)}_{12}$ zunächst in die 4 Element-KPs-Matrizen $\underline{k}^{(Z)}_{11},\underline{k}^{(Z)}_{12},\underline{k}^{(Z)}_{21},\underline{k}^{(Z)}_{22}$, die jeweils wiederum durch die translatorischen und rotatorischen FHGe partitioniert sind.

$\underline{k}^{(Z)}_{11},\underline{k}^{(Z)}_{22}$ Die KPs-identischen KPs-Matrizen enthalten alle Kopplungsglieder zwischen den FHGn des gleichen KPs.

$\underline{k}^{(Z)}_{12},\underline{k}^{(Z)}_{21}$ Die KPs-verschiedenen KPs-Matrizen, die sich durch Transponierung ineinander überführen lassen, enthalten die Kopplungsglieder bzgl. der Wechselwirkungen von einem KP zum anderen.

Mit 2*2 Element-FHG-Submatrizen $\underline{g}^{(E)}_{ST}$ lassen sich die koppelnden Federwirkungen zwischen 2 beliebigen FHGn interpretieren. Die 6 Submatrizen enthalten jeweils die 2 Hauptdiagonalglieder der betrachteten FHGe sowie die 2 zugehörigen, symmetrischen Nebendiagonalglieder, wie aus der Indizierung von Gl. (7.3) hervorgeht. Die einfachste FHG-Submatrix ergibt sich als translatorische Relativ-Feder mit:

$$\underline{k}^{(Z)}_{z1z2} = k^{(Z)} \cdot \begin{array}{cc} z_1 & z_2 \end{array} \begin{bmatrix} 1 & -1 \\ -1 & 1 \end{bmatrix} \qquad (7.8)$$

Für die Torsions-FHGe, die wegen der enthaltenen Übersetzung als Übersetzungs-FHGe zu bezeichnen sind, folgt die Zahnradstufe des Torsionsmodells:

$$\underline{k}^{(Z)}_{\varphi 1 \varphi 2} = k^{(Z)} \cdot \begin{array}{cc} \varphi_1 & \varphi_2 \end{array} \begin{bmatrix} R_1^2 & -R_1 R_2 \\ -R_1 R_2 & R_2^2 \end{bmatrix} \tag{7.9}$$

$$\underline{k}^{(Z)}_{z1\varphi 2} = k^{(Z)} \cdot \begin{array}{cc} z_1 & \varphi_2 \end{array} \begin{bmatrix} 1 & -R_2 \\ -R_2 & R_2^2 \end{bmatrix} \tag{7.10}$$

$$\underline{k}^{(Z)}_{\varphi 1 z2} = k^{(Z)} \cdot \begin{array}{cc} \varphi_1 & z_2 \end{array} \begin{bmatrix} R_1^2 & -R_1 \\ -R_1 & 1 \end{bmatrix} \tag{7.11}$$

Mit (7.10/11) werden die Kopplungen zwischen radialem FHG des einen KPs mit dem Torsions-FHG des anderen KPs und umgekehrt erfaßt. Die auch als FHG-Submatrizen aufzufassenden KPs-Matrizen $\underline{k}^{(Z)}_{11}$ und $\underline{k}^{(Z)}_{12}$ mit:

$$\underline{k}^{(Z)}_{z1\varphi 1} = k^{(Z)} \cdot \begin{array}{cc} z_1 & \varphi_1 \end{array} \begin{bmatrix} 1 & R_1 \\ R_1 & R_1^2 \end{bmatrix} \tag{7.12}$$

$$\underline{k}^{(Z)}_{z2\varphi 2} = k^{(Z)} \cdot \begin{array}{cc} z_2 & \varphi_2 \end{array} \begin{bmatrix} 1 & R_2 \\ R_2 & R_2^2 \end{bmatrix} \tag{7.13}$$

geben die jeweils an einem KP vorhandenen Kopplungen zwischen Translation und Torsion wieder. Die 4 2*2-FHG-Submatrizen mit Kopplung von Translation und Rotation zeigen, daß 3 verschiedene physikalische Einheiten (s. Kap. 9.2) in den Systemmatrizen enthalten sind.

Eine auffallende Eigenschaft aller Element-FHG-Submatrizen bei Relativ-Federsteifigkeiten besteht in den verschwindenden Determinanten. Bereits eine einzige der Unterdeterminanten mit dem Wert Null führt zur Singularität der Element-Federmatrix, die als solche nicht gelöst werden kann.

$$\det \underline{k}_{FV} = 0 \tag{7.14}$$

Die Anzahl $a\{kn\}$ der FHG-Submatrizen ergibt sich bei n FHGn je KP k für eine kn*kn-Matrix zu:

$$a\{kn\} = \sum_{j=1}^{kn-1} j = \frac{1}{2} kn \, (kn-1) \tag{7.15}$$

Dies entspricht der Anzahl von Matrizenelementen im oberen oder unteren Dreieck der Matrix ohne Hauptdiagonale. Für das 6-FHGe-Modell ergeben sich bei

$$
\left.
\begin{array}{lll}
1 \text{ KP:} & 15 \\
2 \text{ KPe:} & 66 \\
3 \text{ KPe:} & 153
\end{array}
\right\} \qquad 2*2 \text{ FHG-Submatrizen } \underline{g}_{ST}
$$

Bei nicht vollbesetzten Matrizen entspricht die Anzahl der von Null verschiedenen Nebendiagonalgliedern eines Matrix-Dreiecks der Anzahl von FHG-Submatrizen.

7.3 Superposition von Elementen zum Gesamtsystem

Die aufgestellte Element-Matrix $\underline{\underline{K}}_{12}^{(Z)}$ ist bzgl. der beiden FHGe z und φ ungefesselt und somit singulär; dem entspricht die verschwindende Determinante. Eine äußere Last aufzubringen ist deshalb nicht möglich, das Gleichungs-System wäre nicht lösbar. Physikalisch zu interpretieren ist dieser Effekt mit der in der Elementformulierung enthaltenen unendlichen Nachgiebigkeit der Element-FHGe. Die Verlagerungen würden bei irgendeiner Belastung unendlich sein. Nur eingeprägte Verlagerungen, die jedoch noch unbekannt sind, führen auf Kräfte und Momente, die dem Prinzip des Freischneidens entsprechend, also dem S c h n i t t p r i n z i p gemäß die Schnittgrößen darstellen. Die erforderlichen Randbedingungen, die am freigeschnittenen, isoliert betrachteten Element nicht erscheinen, müssen durch zusätzlich anzukoppelnde Elemente geschaffen werden. Im einfachsten Fall sind dies je eine rotatorische und translatorische Feder an den 2 KPn. Diese formulieren sich gemäß <u>Bild 7.4</u> als Absolut-Federn:

$$
\underline{\underline{K}}_1^{(F)} = \underline{\underline{K}}_2^{(F)} =
\begin{array}{cc}
\quad z & \quad \varphi \\
\begin{bmatrix} k_z^{(F)} & 0 \\ 0 & k_z^{(F)} \end{bmatrix}
\end{array}
\tag{7.16}
$$

$$
\underline{\underline{K}}_1^{(F)} \, \underline{v}_1^{(F)} = \underline{f}_1^{(F)}
$$

$$
\underline{\underline{K}}_2^{(F)} \, \underline{v}_2^{(F)} = \underline{f}_2^{(F)}
\tag{7.17}
$$

<u>Bild 7.4</u>: Fesselung der 4-FHGe-Stufe durch absolut wirkende Federn

Um zum Gesamtsystem zu gelangen, müssen erfüllt sein:

- K o m p a t i b i l i t ä t und das
- G l e i c h g e w i c h t an jedem KP.

Die Kompatibilität sagt aus, daß die verformte Struktur auch nach der Belastung an den Elementgrenzen zusammenhängend vorliegen muß; ein Auseinanderklaffen der Elemente ist nicht zugelassen. Dies wird auf einfache Weise mit Gl. (7.18) durch Gleichsetzen der Verlagerungen zwischen KPs- und Elementebene erreicht; für die gefesselte 4-FHGe-Stufe folgt somit Gl. (7.19).

$$\underline{v}_{ab}^{(E)} = \underline{v}_{ab} \tag{7.18}$$

$$\left.\begin{aligned} \underline{v}_1^{(F)} &= \underline{v}_1^{(Z)} = \underline{v}_1 \\ \underline{v}_2^{(F)} &= \underline{v}_2^{(Z)} = \underline{v}_2 \end{aligned}\right\} \quad \underline{v}_{12}^{(F)} = \underline{v}_{12}^{(Z)} = \underline{v}_{12} \tag{7.19}$$

Das Kräfte- und Momenten-Gleichgewicht wird gemäß __Bild 7.5__ für jeden KP a - hier KP 1 - aufgestellt. Enthalten sind 2 verschiedene Kraftgrößen, nämlich äußere Lasten $\underline{F}_a$ (falls an dem KP angreifend) und stets an den Elementen vorhandene innere Kräfte und Momente $\underline{f}^{(E)}$. Die positiven Koordinaten-Richtun-

$$\left.\begin{aligned} \underline{F}_1 &= \underline{f}_1^{(F)} + \underline{f}_1^{(Z)} \\ \underline{F}_2 &= \underline{f}_2^{(F)} + \underline{f}_2^{(Z)} \end{aligned}\right\} \quad \underline{F}_{12} = \underline{f}_{12}^{(F)} + \underline{f}_{12}^{(Z)}$$

$$\tag{7.20}$$

$$\tag{7.21}$$

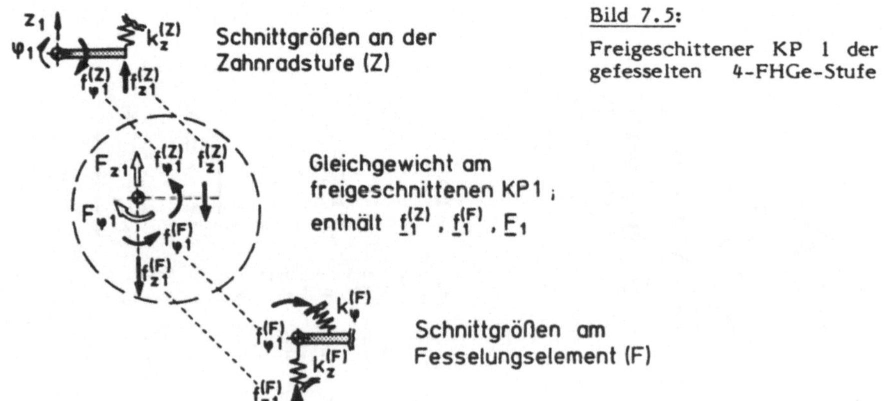

Schnittgrößen an der Zahnradstufe (Z)

Freigeschittener KP 1 der gefesselten 4-FHGe-Stufe

Gleichgewicht am freigeschnittenen KP1 ; enthält $\underline{f}_1^{(Z)}$, $\underline{f}_1^{(F)}$, $\underline{F}_1$

Schnittgrößen am Fesselungselement (F)

gen der freigeschnittenen Elemente und der äußeren Lasten werden gleichorientiert vereinbart. Am freigeschnittenen KP 1 wirken hier die Schnittgrößen $\underline{f}_1^{(F)}$ und $\underline{f}_1^{(Z)}$ den äußeren Lasten $\underline{F}_1$ entgegen. Für die beiden KPe der gefesselten 4-FHGe-Stufe folgen die Gln. (7.20,21). Mit Gl. (7.3), die analog auch für das Fesselungs-Element (F) gilt, können die Elementkräfte $\underline{f}^{(E)}$ durch die Elementmatrizen $\underline{\underline{K}}_{12}^{(E)}$ unter Verwendung der Kompatibilität von Gl. (7.19) ersetzt werden.

$$\underline{F}_{12} = \left[\underline{\underline{K}}_{12}^{(Z)} + \underline{\underline{K}}_{12}^{(F)}\right] \cdot \underline{v}_{12} = \underline{\underline{K}}_{12} \cdot \underline{v}_{12} \tag{7.22}$$

Das Gesamtsystem kann übersichtlich in Gl. (7.23) formuliert werden, wobei das S u p e r p o s i t i o n s p r i n z i p der Elemente hervortritt. Verallgemeinernd können die Indizes der Fesselungs-Submatrizen $\underline{\underline{k}}_{\alpha}^{(F)}$ verdoppelt werden, da sie nur am entsprechenden KP wirken ($\underline{\underline{k}}_{12}^{(F)} = \underline{\underline{k}}_{21}^{(F)} = \underline{0}$).

$$\begin{bmatrix} \underline{F}_1 \\ \hline \underline{F}_2 \end{bmatrix} = \begin{bmatrix} \underline{\underline{k}}_1^{(F)} + \underline{\underline{k}}_{11}^{(Z)} & \underline{\underline{k}}_{12}^{(Z)} \\ \hline \underline{\underline{k}}_{21}^{(Z)} & \underline{\underline{k}}_2^{(F)} + \underline{\underline{k}}_{22}^{(Z)} \end{bmatrix} \cdot \begin{bmatrix} \underline{v}_1 \\ \hline \underline{v}_2 \end{bmatrix} \tag{7.23}$$

Diese gefesselte 4-FHGe-Stufe kann bereits als Gesamtsystem aufgefaßt werden, indem die projizierenden Element-Koordinaten (die Verzahnungsfeder wirkt in z-Richtung) für dieses kleine System als globale Koordinaten interpretiert werden.

$$\underline{F} = \underline{\underline{K}} \cdot \underline{v} \tag{7.24}$$

$\underline{F}$ enthält alle am Gesamtsystem angreifenden äußeren Knotenlasten.

$\underline{\underline{K}}$ ist die Systemmatrix der Statik, die wegen der enthaltenen Federwirkungen als Gesamt- bzw. System-Federmatrix bezeichnet wird; die Bezeichnung Steifigkeitsmatrix müßte eigentlich im Hinblick auf die Dynamik präzisiert werden, da Steifigkeit ein frequenzabhängiges Systemverhältnis darstellt und keinen Systemparameter.

$\underline{v}$ gibt alle Verlagerungen des Systems wieder, die auf die äußeren Lasten zurückzuführen sind.

Für die Verschiebungsmethode, die diesbezüglich auch auf die MFE extrapoliert werden kann, lassen sich folgende fundamentale Regeln zur Bildung der Gesamtmatrizen durch Superposition angeben:

- Die Gesamtmatrix enthält eine KPs-Rasterung, die angibt, welche Element-KPs-Matrizen an welcher Stelle der Gesamtmatrix aufzuaddieren sind.

- Wenn Elemente einen gemeinsamen KP enthalten, dann werden deren Submatrizen bzgl. dieses KPs auf der Hauptdiagonalenposition der KPs-Rasterung aufaddiert.

- Nebendiagonalen des KPs-Rasters werden nur dann additiv belegt, wenn die Verbindungen 2-er KPe

    - den Elementrand von mindestens 2 Elementen bildet, wie dies bei 2- und 3-dimensionalen Elementen oftmals der Fall ist oder

    - die Verbindungslinie 2-er überlagerter eindimensionaler Elemente bildet, was eher selten zutrifft.

- Elemente mit nur einem KP sind wegen ihrer KPs-identischen Kopplungen nur auf der Hauptdiagonalen des Rasters zu finden.

Beliebig räumlich angeordnete Elemente einer Gesamtstruktur (vgl. Kap. 9) können nur in Bezug auf ein einheitliches (globales) Koordinatensystem superponiert werden, wofür Koordinaten-Transformationen benötigt werden.

8   Koordinaten-Transformation

Die in natürlichen Element-Koordinaten hergeleiteten Elemente können durch räumliches Drehen verallgemeinert und damit - im Fall der hier verwendeten Verschiebungsmethode - beliebig verknüpft werden.

Prinzipiell hat man es mit dem Übergang von lokalen (örtlichen) Koordinaten zu den g l o b a l e n Koordinaten $\bar{x}$ zu tun. Allerdings sind verschiedene l o k a l e Koordinaten-Systeme zu unterscheiden; die Übersetzungselemente bringen antriebsspezifisch diese Besonderheit mit sich, da die 2 Übersetzungs-FHGe ihre räumliche Lage innerhalb des Elementes ändern können. Vereinbart werden:

$\bar{\bar{x}}$ P r o j i z i e r e n d e Koordinaten, bei denen außer der Torsionsrichtung bevorzugte Kopplungs- oder Belastungsrichtungen direkt mit FHGn zusammenfallen; bestimmte FHGe sind oftmals nicht gekoppelt, wodurch die Element-Herleitung erleichtert wird.

$\bar{x}$ W e l l e n b e z o g e n e Koordinaten, bei denen direkte Zuordnungen zwischen Belastungsarten (z.B. Torsion) und bestimmten FHGn (z.B. φ) bestehen, wie dies bei der Auswertung der Ergebnisse notwendig ist. Bei Übersetzungslementen ist demgemäß im allgemeinen Fall die Orientierung der Übersetzungs-FHGe φ_1 und φ_2 nicht identisch; dies betrifft sowohl die räumliche Lage der Wellenachsen als auch die Drehrichtungen.

$\hat{\underline{k}}$ **E l e m e n t e i n h e i t l i c h e** Koordinaten, die antriebsspezifisch bei Übersetzungselemten zu beachten sind: Die Torsionsrichtung $\hat{\varphi}_1$ entspricht hierbei dem lokalen, wellenbezogenen positiven Torsions-FHG φ_1 . Der andere Übersetzungs-KP unterscheidet sich dann im allgemeinen mit seiner positiven $\hat{\varphi}_2$-Richtung von der Torsion.

Der Übergang zwischen den einzelnen Koordinatensystemen wird exemplarisch bei der Zahnradstufe für den ebenen Fall aufgezeigt. Die allgemein gültigen Formulierungen werden stets zwischen den Global-Koordinaten $\bar{\underline{k}}$ und den wellenbezogenen, lokalen Koordinaten $\underline{k}$ angegeben.

8.1 Transformation von Belastungen und Verlagerungen

Für den ebenen Fall werden die 3 translatorischen FHGe x, y, z sowie der Torsions-FHG φ betrachtet. In diesem 8-FHGe-System kann die 4-FHGe-Stufe unmittelbar untergebracht werden. Im Koordinatensystem $\bar{\underline{k}}(4)$ stellt die noch projizierende Lage von $k^{(Z)}$ einen Sonderfall dar; die neuen, orthogonalen FHGe nehmen noch keine Kräfte auf, weshalb diese Kopplungen gleich Null sind.

$$\underline{\tilde{f}}_{12}^{(Z)} = \underline{\underline{\tilde{K}}}_{12}^{(Z)} \cdot \underline{\tilde{v}}_{12} \tag{8.1}$$

$$
\begin{bmatrix} \tilde{f}_{x1} \\ \tilde{f}_{y1} \\ \tilde{f}_{z1} \\ \tilde{f}_{\varphi 1} \\ \tilde{f}_{x2} \\ \tilde{f}_{y2} \\ \tilde{f}_{z2} \\ \tilde{f}_{\varphi 2} \end{bmatrix}
= k^{(Z)} \cdot
\left[
\begin{array}{cccc|cccc}
0 & 0 & 0 & 0 & 0 & 0 & 0 & 0 \\
0 & 0 & 0 & 0 & 0 & 0 & 0 & 0 \\
0 & 0 & 1 & R_1 & 0 & 0 & -1 & -R_2 \\
0 & 0 & R_1 & R_1^2 & 0 & 0 & -R_1 & -R_1 R_2 \\
0 & 0 & 0 & 0 & 0 & 0 & 0 & 0 \\
0 & 0 & 0 & 0 & 0 & 0 & 0 & 0 \\
0 & 0 & -1 & -R_1 & 0 & 0 & 1 & R_2 \\
0 & 0 & -R_2 & -R_1 R_2 & 0 & 0 & R_2 & R_2^2
\end{array}
\right]
\cdot
\begin{bmatrix} \tilde{x}_1 \\ \tilde{y}_1 \\ \tilde{z}_1 \\ \tilde{\varphi}_1 \\ \tilde{x}_2 \\ \tilde{y}_2 \\ \tilde{z}_2 \\ \tilde{\varphi}_2 \end{bmatrix}
$$

Eine Drehung der Stufe von Bild 7.1 entsprechend <u>Bild 8.1</u> erzwingt den Übergang vom eindimensionalen zum ebenen Fall. Für die um den Winkel γ in der yz-Ebene durchzuführende ebene Drehung der Stufe bzgl. der x-Achse (φ-Richtung) lassen sich die in projizierenden Koordinaten $\bar{\underline{k}}(4)$ angegebenen Lasten mit Hilfe einer Transformationsmatrix durch die wellenbezogenen, allgemeineren Koordinaten $\underline{k}(4)$ darstellen (als globale Koordinaten aufzufassen). Für das Element ergibt sich in Matrixform Gl. (8.2).

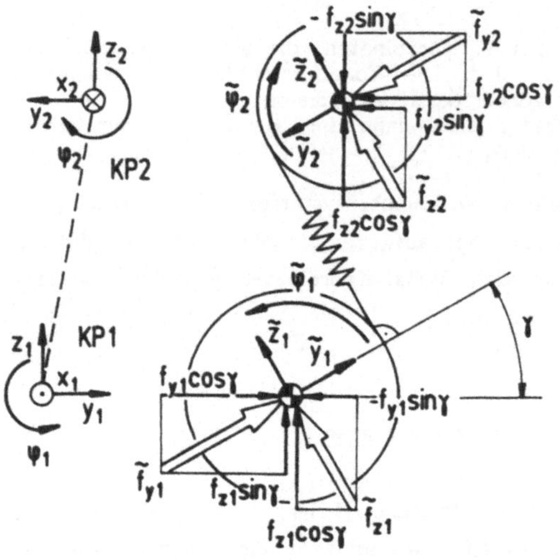

Bild 8.1:

Durch Drehung verallgemeinerte KPs-Kräfte

$$\underline{\tilde{f}}_{12}^{(Z)} = \underline{\underline{\lambda}}_{12}^{(Z)} \cdot \underline{f}_{12} \tag{8.2}$$

$$
\begin{bmatrix} \tilde{f}_{x1} \\ \tilde{f}_{y1} \\ \tilde{f}_{z1} \\ \tilde{f}_{\varphi 1} \\ \tilde{f}_{x2} \\ \tilde{f}_{y2} \\ \tilde{f}_{z2} \\ \tilde{f}_{\varphi 2} \end{bmatrix}
=
\left[
\begin{array}{cccc|cccc}
1 & 0 & 0 & 0 & & & & \\
0 & \cos\gamma & +\sin\gamma & 0 & & & & \\
0 & -\sin\gamma & \cos\gamma & 0 & & \multicolumn{2}{c}{\underline{\underline{0}}} & \\
0 & 0 & 0 & 1 & & & & \\
\hline
 & & & & 1 & 0 & 0 & 0 \\
 & \multicolumn{2}{c}{\underline{\underline{0}}} & & 0 & \cos\gamma & -\sin\gamma & 0 \\
 & & & & 0 & +\sin\gamma & \cos\gamma & 0 \\
 & & & & 0 & 0 & 0 & 1
\end{array}
\right]
\begin{bmatrix} f_{x1} \\ f_{y1} \\ f_{z1} \\ f_{\varphi 1} \\ f_{x2} \\ f_{y2} \\ f_{z2} \\ f_{\varphi 2} \end{bmatrix}
$$

Dieser Zusammenhang gilt nicht nur auf Element- sondern auch auf Systemebene sowie ebenfalls für die Verlagerungen $\underline{v}$; allgemein lassen sich lokale Größen durch die mit der Matrix $\underline{\underline{\lambda}}$ transformierten globalen Größen formulieren:

$$\underline{f} = \underline{\underline{\lambda}} \cdot \underline{\tilde{f}} \tag{8.3}$$

$$\underline{v} = \underline{\underline{\lambda}} \cdot \underline{\tilde{v}} \tag{8.4}$$

Zu beachten ist, daß im Beispiel der Zahnradstufe die asymmetrische Transformationsmatrix $\underline{\underline{\lambda}}_{12}^{(Z)}$ eine Drehung der gesamten Zahnradstufe um die x-Achse mit dem Winkel γ bewirkt. Streng genommen findet also hier kein Bezug zu einem einzigen globalen Koordinatensystem statt, sondern eine Verallgemeinerung für eine höhere Anzahl von FHGn, die nach wie vor drehrichtungserhaltend vorliegen: Eine positive Drehung um φ_1 bewirkt im Sinne der Übersetzungsrichtung eine positive Drehung φ_2 (gleichartige Beanspruchung der Zahnfeder).

$$
\underline{\underline{\lambda}}_{12}^{(Z)} =
\left[
\begin{array}{cccc|cccc}
\begin{matrix}
1 & 0 & 0 & 0 \\
0 & c & +s & 0 \\
0 & -s & c & 0 \\
0 & 0 & 0 & 1
\end{matrix}
& \underline{\underline{0}} \\
\hline
\underline{\underline{0}} &
\begin{matrix}
1 & 0 & 0 & 0 \\
0 & c & -s & 0 \\
0 & +s & c & 0 \\
0 & 0 & 0 & 1
\end{matrix}
\end{array}
\right]
=
\left[
\begin{matrix}
\underline{\underline{\lambda}}_1 & \underline{\underline{0}} \\
\underline{\underline{0}} & \underline{\underline{\lambda}}_2
\end{matrix}
\right]
\tag{8.5}
$$

$$s = \sin \gamma$$
$$c = \cos \gamma$$

Die Orthogonalität von $\underline{\underline{\lambda}}$ folgt aus der Arbeit A einer Kraft, die als Skalar nicht vom Koordinatensystem abhängig sein darf.

$$A = \underline{f}^T \cdot \underline{v} = \overline{\underline{f}}^T \cdot \overline{\underline{v}} \tag{8.6}$$

Mit den Gln. (8.3,4) folgt:

$$\underline{f}^T \cdot \underline{v} = (\underline{\underline{\lambda}} \, \overline{\underline{f}})^T \cdot \underline{\underline{\lambda}} \cdot \overline{\underline{v}} = \underline{\underline{\lambda}}^T \cdot \overline{\underline{f}}^T \cdot \underline{\underline{\lambda}} \cdot \overline{\underline{v}} \tag{8.7}$$

Damit Gl. (8.7) erfüllt ist, muß gelten: $\quad \underline{\underline{\lambda}}^T = \underline{\underline{\lambda}}^{-1}$ $\hfill$ (8.8)

Konsequenterweise sind damit die Gln. (8.3,4) umkehrbar, so daß die Drehung mit der transponierten Transformationsmatrix die Darstellung der globalen Koordinaten durch lokale wiedergibt (kontragradiente Transformation).

$$\overline{\underline{f}} = \underline{\underline{\lambda}}^T \cdot \underline{f} \tag{8.9}$$

$$\overline{\underline{v}} = \underline{\underline{\lambda}}^T \cdot \underline{v} \tag{8.10}$$

8.2 Transformation von Element-Matrizen

Um die gesamte Elementbeziehung bzgl. der neuen Koordinaten zu formulieren, wird der auf die Dynamik übertragbare Fall der Statik mit den Gln. (8.3,4) formuliert; im lokalen Koordinatensystem gilt:

$$\underline{f}^{(E)} = \underline{\underline{K}}^{(E)} \, \underline{v}$$

$$\underline{\underline{\lambda}} \, \overline{\underline{f}}^{(E)} = \underline{\underline{K}}^{(E)} \, \underline{\underline{\lambda}} \, \overline{\underline{v}}$$

Vormultiplizieren mit der Inversen $\underline{\underline{\lambda}}^{(E)-1}$ ergibt:

$$\underline{f}^{(E)} = \underline{\underline{\lambda}}^T \, \underline{\underline{K}}^{(E)} \, \underline{\underline{\lambda}} \, \underline{v} = \underline{\underline{K}}^{(E)} \, \underline{v}$$

Damit kann das Bildungsgesetz nicht nur für eine Element-Federmatrix, sondern allgemein für die global benötigten Elementmatrizen $\overline{\underline{\underline{G}}}^{(E)}$ angegeben werden, wobei wiederum Hin- und Rücktransformation durchführbar sind. Die Matrix $\underline{\underline{\lambda}}$ enthält die in Kap. 8.3 erläuterten Richtungskosinus.

$$\overline{\underline{\underline{G}}}^{(E)} = \underline{\underline{\lambda}}^T \, \underline{\underline{G}}^{(E)} \, \underline{\underline{\lambda}} \tag{8.11}$$

$$\underline{\underline{G}}^{(E)} = \underline{\underline{\lambda}} \, \overline{\underline{\underline{G}}}^{(E)} \, \underline{\underline{\lambda}}^T \tag{8.12}$$

Dies gilt nicht nur auf Element- sondern auch auf Systemebene, so daß jede System-KPs-Matrix $\underline{\underline{G}}_{ab}$ (2-er KPe a und b) mit den Gln. (8.13,14) transformiert werden kann.

$$\overline{\underline{\underline{G}}}_{ab} = \underline{\underline{\lambda}}_{ab}^T \, \underline{\underline{G}}_{ab} \, \underline{\underline{\lambda}}_{ab} \tag{8.13}$$

$$\underline{\underline{G}}_{ab} = \underline{\underline{\lambda}}_{ab} \, \overline{\underline{\underline{G}}}_{ab} \, \underline{\underline{\lambda}}_{ab}^T \tag{8.14}$$

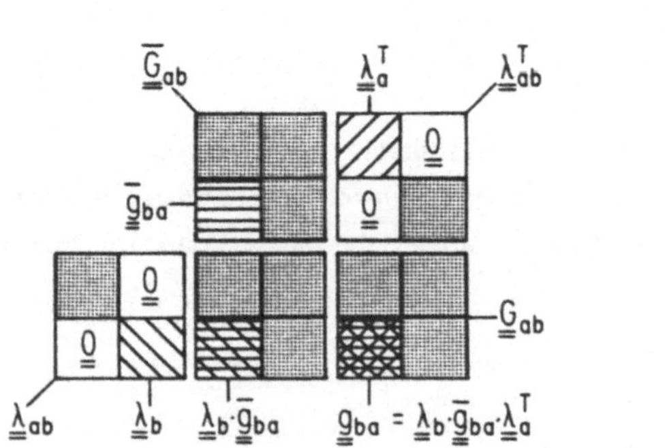

Das FALK'sche Schema zeigt exemplarisch das Ansprechen der Transformation (8.14) auf KPs-Submatrizen. Für die 8-FHGe-Stufe folgt nach dem Ausmultiplizieren von Gl. (8.11) die Gl. (8.15), mit der in der xy-Ebene verallgemeinerten Element-Zahnradstufe $\underline{K}_{12}^{(Z)}$. Eine Verschiebung in der yz-Ebene koppelt nun alle y- und z-FHGe. Die Axialrichtung x ist mit Null besetzt, weil bereits das Ausgangsmodell zum einen keine Axialkopplungen aufwies und die Drehung um x bzw. φ die diesbezüglichen FHG-Submatrizen nicht verändert: Die Federzahlen k_{xx} behalten den Wert Null, die Federzahlen $k_{\varphi\varphi}$ enthalten nach wie vor die Kopplungen des Torsionsmodells.

$$(8.15)$$

$$\underline{K}_{12}^{(Z)} = k^{(Z)}
\begin{array}{ccc|c|ccc|c}
x_1 & y_1 & z_1 & \varphi_1 & x_2 & y_2 & z_2 & \varphi_2 \\
\hline
0 & 0 & 0 & 0 & 0 & 0 & 0 & 0 \\
 & s^2 & -sc & -sR_1 & 0 & s^2 & sc & sR_2 \\
 & & c^2 & cR_1 & 0 & -sc & -c^2 & -cR_2 \\
\hline
 & & & R_1^2 & 0 & -sR_1 & -cR_1 & -R_1R_2 \\
\hline
 & & & & 0 & 0 & 0 & 0 \\
\text{symmetrisch} & & & & & s^2 & sc & sR_2 \\
 & & & & & & c^2 & cR_2 \\
\hline
 & & & & & & & R_2^2
\end{array}$$

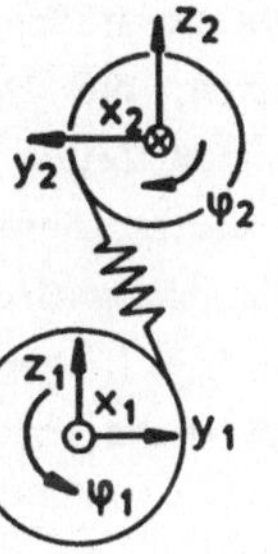

Schließlich erzeugt die Transformation gegenüber den 2 FHGn pro KP neben der Null-besetzten x-FHG-Submatrix die y-FHG-Submatrix, mit einer in y-Richtung zusätzlich wirkenden translatorischen Feder. Zu beachten ist, daß bei y im Gegensatz zu z die Nebendiagonalen positiv sind, da die FHGe y_1 und y_2 in entgegengesetzter Richtung vereinbart sind (Bild 8.2a).

8.3 Richtungskosinus

Die Lage der KPs-Koordinatensysteme bei der 8-FHGe-Zahnradstufe von Gl. (8.11) hat den Vorteil, daß allgemein die Lösungen eine Drehrichtungserhaltung des Torsions-FHGs aufweisen, wodurch die Drehwinkel bei einer graphischen Darstellung nicht in verwirrender Weise die Vorzeichen wechseln. Dies ist auch im Sinne der Übersetzungsreduktion (Kap. 10.3.1), da diese mit der drehrichtungserhaltenden, vorzeichenbehafteten Übersetzung durchzuführen ist.

Eine derartige ergebnisorientierte Anpassung bereitet jedoch beim Superponieren der Elemente zu den Gesamtmatrizen Schwierigkeiten, da hierfür ein bestimmtes: das globale Koordinatensystem nötig ist. Für die Ergebnisauswertung, deren Kernstück die Übersetzungsreduktion darstellt, ist es also notwendig, die KPe gesondert zu transformieren. Durch Drehung des KP-2-Koordinatensystems der Matrix (8.15) wird ein für das gesamte Element einheitliches Koordinatensystem erreicht. Wie aus <u>Bild 8.2</u> ersichtlich, muß das KP-2-Koordinatensystem mit dem Winkel $\varphi_2^* = 180^\circ$ um z_2 gedreht werden.

Eine allgemein gültige Beschreibung der Transformationsmatrix erhält man durch Einführung der R i c h t u n g s k o s i n u s, die den Winkel der FHGe zwischen lokalem und globalem System enthalten. Die Glieder $\cos(\underline{x},\overline{\underline{x}})$ bewirken die Darstellung der lokalen $\underline{x}$ -Koordinaten als transformierte globale $\overline{\underline{x}}$ -Koordinaten; die beiden Koordinatenangaben entsprechen auch der Matrixindizierung gemäß Zeilen und Spalten (x steht z.B. in der ersten Zeile von $\underline{\underline{\lambda}}$ 3 mal unverändert). Diese Vereinbarung gilt für die 'Rück'-Transformation globaler Größen als lokale Größen gemäß den Gln. (8.3,4,12,14). Da $\cos \gamma = \cos (360^\circ - \gamma)$, gilt $\cos(\underline{x},\overline{\underline{x}})$ sowohl für die spitzen als auch für die stumpfen Winkel. Die für 3 räumliche translatorische FHGe allgemeine $\underline{\underline{\lambda}}$ -Matrix ergibt sich dann zu:

$$\underline{\underline{\lambda}} = \begin{bmatrix} \cos(x,\overline{x}) & \cos(x,\overline{y}) & \cos(x,\overline{z}) \\ \cos(y,\overline{x}) & \cos(y,\overline{y}) & \cos(y,\overline{z}) \\ \cos(z,\overline{x}) & \cos(z,\overline{y}) & \cos(z,\overline{z}) \end{bmatrix} \qquad \underline{\underline{x}} = \underline{\underline{\lambda}}\,\overline{\underline{x}} \qquad (8.16)$$

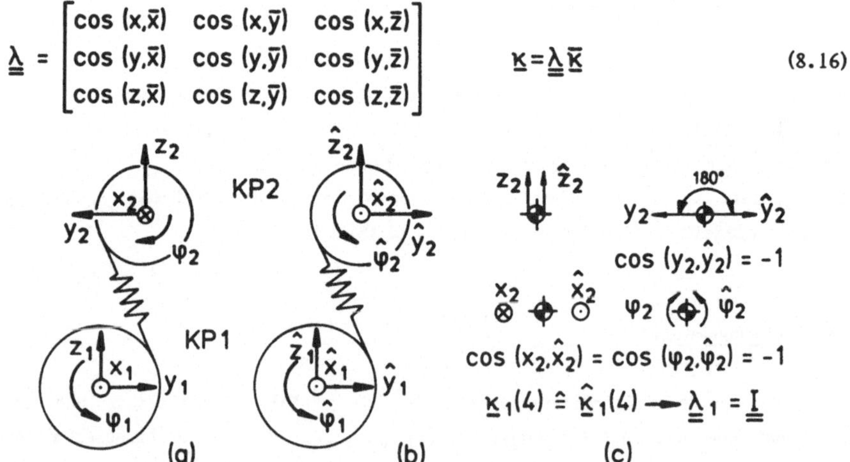

Bild 8.2: Einheitliches Element-Koordinatensystem durch Drehung des KP 2
(a) Drehrichtungserhaltende KPs-Koordinaten $\underline{\kappa}_{12}(4)$
(b) Elementeinheitliche Koordinaten $\hat{\underline{\kappa}}_{12}(4)$; s. Gl.(8.19)
(c) Lage der FHGe am KP 2 für die Richtungskosinus $\cos(\underline{\kappa},\hat{\underline{\kappa}})$

Gl. (8.2) und folgende entsprechen mit $\cos(90°{\pm}\gamma) = {\mp}\sin\gamma$ ebenfalls Gl. (8.16). Angewandt auf die Zahnradstufe wird die yz-Ebene des KPs 2 betrachtet (Bild 8.2), bei dem das Koordinatensystem des KPs 1 als globales Koordinatensystem aufzufassen ist (elementeinheitlich). In einer Erweiterung von $\underline{\lambda}$ wird zusätzlich der Torsions-FHG mit $\cos(\varphi,\hat{\varphi})$ für den KP 1 in Gl. (8.17) mitgeführt. Mit der Diagonalmatrix (8.18) kann $\underline{K}_{12}^{(Z)}$ über Gl. (8.11) in das elementeinheitliche Koordinatensystem transformiert werden; Gl. (8.19) entspricht Bild 8.2b:

$$
\underline{\lambda}_2 =
\begin{array}{cccc}
x & y & z & \varphi
\end{array}
\left[
\begin{array}{ccc|c}
-1 & 0 & 0 & 0 \\
0 & -1 & 0 & 0 \\
0 & 0 & +1 & 0 \\
\hline
0 & 0 & 0 & -1
\end{array}
\right]
\tag{8.17}
$$

$$
\underline{\lambda} = \mathrm{diag}\,(1,\,1,\,1,\,1\,|\,-1,-1,+1,-1) \tag{8.18}
$$

$$
\hat{\underline{K}}_{12}^{(Z)} = k^{(Z)}
\begin{array}{cccccccc}
\hat{x}_1 & \hat{y}_1 & \hat{z}_1 & \hat{\varphi}_1 & \hat{x}_2 & \hat{y}_2 & \hat{z}_2 & \hat{\varphi}_2
\end{array}
\left[
\begin{array}{cccc|cccc}
0 & 0 & 0 & 0 & 0 & 0 & 0 & 0 \\
  & s^2 & -sc & -sR_1 & 0 & -s^2 & sc & -sR_2 \\
  &   & c^2 & cR_1 & 0 & sc & -c^2 & cR_2 \\
  &   &   & R_1^2 & 0 & sR_1 & -cR_1 & R_1R_2 \\
\hline
  &   &   &   & 0 & 0 & 0 & 0 \\
  & \text{symmetrisch} & & & & s^2 & -sc & sR_2 \\
  &   &   &   &   &   & c^2 & -cR_2 \\
  &   &   &   &   &   &   & R_2^2
\end{array}
\right]
\tag{8.19}
$$

Die Orientierung der FHGe ist nur bei den translatorischen FHGn (siehe die entsprechenden Submatrizen für $\hat{y}$ und $\hat{z}$) ein Kriterium für die Vorzeichen der Nebendiagonalelemente (hier beide negativ). Bei der Torsion hingegen sind trotz gleicher Orientierung die Nebendiagonalen positiv, da die Zahnräder bei positiver Drehung in beiden Fällen ein Stauchen der Feder bewirken; vgl. Kap. 7.2.

8.4 Transformation bei 6 Freiheitsgraden

Bei 6 FHGn je KP erweitert sich die Transformationsmatrix um die fehlenden Rotationen. Wie bereits in Bild 8.2 zu erkennen, sind die rechtsorientierten Drehachsen mit den Richtungen der entsprechenden translatorischen FHGe identisch (z.B. φ und x), weshalb sich dieselben Richtungskosinus ergeben. Die Transformationsmatrix für einen KP a setzt sich formal aus je 3*3 Richtungskosinus-Matrizen $\underline{\lambda}_{tr}$ für die 3 translatorischen FHGe x,y,z sowie $\underline{\lambda}_{ro}$ für die 3 rotatorischen FHGe φ,ψ,ξ zusammen.

$$\underline{\lambda}_a = \begin{bmatrix} \underline{\underline{\lambda}}_{a,tr} & \underline{0} \\ \underline{0} & \underline{\underline{\lambda}}_{a,ro} \end{bmatrix} = \begin{bmatrix} \underline{\underline{\lambda}}_{(a)} & \underline{0} \\ \underline{0} & \underline{\lambda}_{(a)} \end{bmatrix} \tag{8.20}$$

Für Matrizen mit 2 KPn folgt die Blockdiagonalmatrix:

$$\underline{\lambda}_{ab} = \begin{bmatrix} \underline{\lambda}_a & \underline{0} \\ \underline{0} & \underline{\lambda}_b \end{bmatrix} = \begin{bmatrix} \begin{matrix} \underline{\lambda}_{a,tr} & \underline{0} \\ \underline{0} & \underline{\lambda}_{a,ro} \end{matrix} & \underline{0} \\ \underline{0} & \begin{matrix} \underline{\lambda}_{b,tr} & \underline{0} \\ \underline{0} & \underline{\lambda}_{b,ro} \end{matrix} \end{bmatrix} \tag{8.21}$$

Sind an einem Element verschiedene KPs-Koordinatensysteme vereinbart (vgl. Bild 8.2), so existieren verschiedene Richtungskosinusmatrizen $\underline{\lambda}_1, \underline{\lambda}_2, \underline{\lambda}_3 \ldots$, die für das beliebig im Raum angeordnete Element (E) an den KPn 1,2,3... die Richtungskosinus zum Global-Koordinatensystem enthalten. Die Transformation am Element, die analog auf KPs-Ebene gilt, lautet:

$$\underline{\lambda}^{(E)}_{123\ldots} = \begin{bmatrix} \begin{matrix} \underline{\lambda}_{(1)} & \underline{0} \\ \underline{0} & \underline{\lambda}_{(1)} \end{matrix} & \underline{0} & \underline{0} \\ \underline{0} & \begin{matrix} \underline{\lambda}_{(2)} & \underline{0} \\ \underline{0} & \underline{\lambda}_{(2)} \end{matrix} & \underline{0} \\ \underline{0} & \underline{0} & \underline{\lambda}_{(3)} \cdots \end{bmatrix} = \begin{bmatrix} \underline{\lambda}_1 & \underline{0} & \underline{0} \\ \underline{0} & \underline{\lambda}_2 & \underline{0} \\ \underline{0} & \underline{0} & \underline{\lambda}_3 \\ & & & \ddots \end{bmatrix} \tag{8.22}$$

Dieser allgemeine Fall wird vor allem bei der Rücktransformation globaler Ergebnisse verwendet, da die Belastungsarten nur in den lokalen Wellen-Koordinatensystemen direkt vorliegen. Damit ist aber bei Übersetzungselementen die

KPs-orientierte Transformation nötig, da die KPe verschiedenen Wellen angehören und speziell der Torsions-FHG zumeist nicht die gleiche Orientierung aufweist. Bei gleichgerichteten KPs-Koordinaten innerhalb eines Elementes vereinfacht sich dieser Fall, da dann mit $\underline{\lambda}_{(E)} = \underline{\lambda}_{(1)} = \underline{\lambda}_{(2)} = \underline{\lambda}_{(3)} \ldots$ folgt:

$$
\underline{\lambda}^{(E)} =
\begin{array}{c}
\text{KP} \quad 1 \qquad 2 \qquad 3 \\
\left[
\begin{array}{ccc}
\begin{matrix} \underline{\lambda}_{(E)} & \underline{0} \\ \underline{0} & \underline{\lambda}_{(E)} \end{matrix} & \underline{0} & \underline{0} \\
\underline{0} & \begin{matrix} \underline{\lambda}_{(E)} & \underline{0} \\ \underline{0} & \underline{\lambda}_{(E)} \end{matrix} & \underline{0} \\
\underline{0} & \underline{0} & \underline{\lambda}_{(E)}
\end{array}
\right]
\end{array}
\qquad (8.23)
$$

Mit dem gemeinsamen Bezug der Elemente zum globalen Koordinatensystem können die Systemmatrizen aufaddiert werden. (8.23) wird also primär vor dem Superponieren der Elemente zu den Systemmatrizen benötigt.

Die als lokale Koordinatensysteme zu vereinbarenden Wellen können beim Programmsystem ASDY - wie Bild 8.3 zeigt - mit beliebigen Raumwinkeln vereinbart werden, indem 2 Hilfspunkte P_1 und P_2 in globalen Koordinaten $\bar{x}$ sowohl die Lage als auch die positive Drehrichtung des lokalen, wellenbezogenen Torsions-FHGs festlegen. Eine Einschränkung wird bei den lokalen Koordinatensystemen der Wellen bzgl. der allgemeinen Drehung (nicht bzgl. der räumlichen Lage) gemacht: Die lokale y-Achse liegt zur globalen $\bar{x}\bar{y}$-Ebene parallel. Somit ergibt sich der Richtungskosinus $c(y,\bar{z})$ stets zu Null. Für eine senkrecht stehende Welle wird gemäß Bild 8.3 die Transformation nach Gl. (8.24) festgelegt, wobei die 2 Vorzeichenkombinationen für die 2 möglichen Drehrichtungen stehen. Mit den in Bild 8.3 angegebenen Abkürzungen erhält man die Matrix (8.25) der Richtungskosinus für den allgemeinen Fall, ausgedrückt in globalen Absolut-Koordinaten der Hilfspunkte, die man zweckmäßig - aber nicht notwendig - auch als KPe der Struktur vereinbaren wird. Zu beachten ist, daß die Hilfspunkte selbst keineswegs transformiert werden, sondern daß diese die räumliche Winkellage der lokalen Koordinatensysteme festlegen. Dies hat auch nichts mit einer absoluten Festlegung eines bestimmten lokalen Koordinatensystems (z.B. für einen KP) zu tun, wie sich aus der beliebig wählbaren Lage der Hilfspunkte auf der Wellenachse ersehen läßt.

y // $\bar{x}\bar{y}$-Ebene

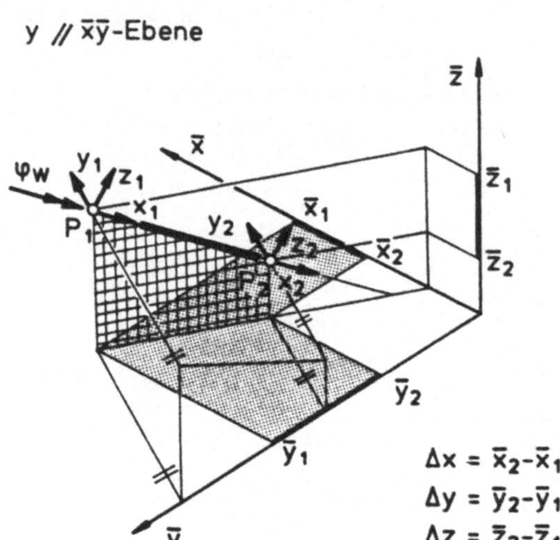

x $\perp$ $\bar{x}\bar{y}$-Ebene
y // $\bar{y}$-Achse

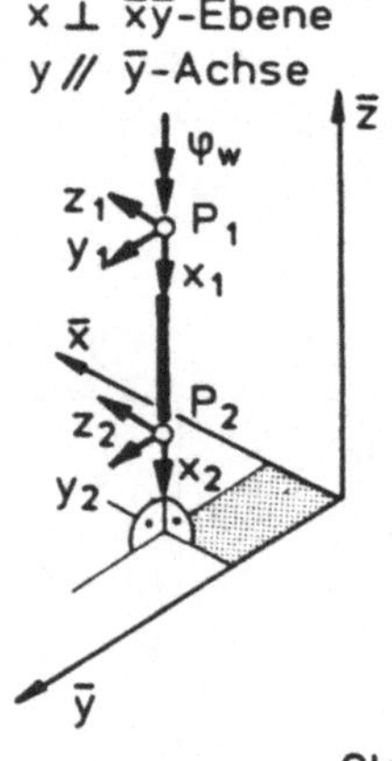

$$\Delta x = \bar{x}_2 - \bar{x}_1$$
$$\Delta y = \bar{y}_2 - \bar{y}_1$$
$$\Delta z = \bar{z}_2 - \bar{z}_1$$

Global: $\bar{\underline{k}}(6)$
Lokal: $\underline{k}(6)$

$$L_{xyz} = |\underline{P}_1 - \underline{P}_2| = \sqrt{(\Delta\bar{x})^2 + (\Delta\bar{y})^2 + (\Delta\bar{z})^2} \quad, \quad \text{wahre Länge im Raum}$$

$$L_{xy} = \sqrt{(\Delta\bar{x})^2 + (\Delta\bar{y})^2} \quad, \quad \text{Projektion in } \bar{x}\bar{y}\text{-Ebene}$$

$$L_z = \sqrt{(\Delta\bar{x}\cdot\Delta\bar{z})^2 + (\Delta\bar{y}\cdot\Delta\bar{z})^2 + L_{xy}^4} = L_{xy}\cdot L_{xyz}$$

$$\underline{\underline{\lambda}} = \begin{bmatrix} c(x,\bar{x}) & c(x,\bar{y}) & c(x,\bar{z}) \\ c(y,\bar{x}) & c(y,\bar{y}) & 0 \\ c(z,\bar{x}) & c(z,\bar{y}) & c(z,\bar{z}) \end{bmatrix}$$

Bild 8.3:

Wellen als vereinbarte lokale Koordinatensysteme

$$\underline{\underline{\lambda}}_\perp = \begin{bmatrix} 0 & 0 & \pm 1 \\ 0 & 1 & 0 \\ \mp 1 & 0 & 0 \end{bmatrix} \qquad (8.24)$$

$$\underline{\underline{\lambda}}_\| = \begin{bmatrix} \dfrac{\Delta x}{L_{xyz}} & \dfrac{\Delta y}{L_{xyz}} & \dfrac{\Delta z}{L_{xyz}} \\[3mm] -\dfrac{\Delta y}{L_{xy}} & \dfrac{\Delta x}{L_{xy}} & 0 \\[3mm] -\dfrac{\Delta z\cdot\Delta x}{L_z} & -\dfrac{\Delta z\cdot\Delta y}{L_z} & \dfrac{L_{xy}}{L_{xyz}} \end{bmatrix} \qquad (8.25)$$

9 Gesamt-Systemmatrizen

9.1 Struktureller Aufbau

Die Überlagerung der Elementmatrizen zu der Gesamtmatrix (Kap.7) basierte
neben der Kompatibilität auf dem Kräfte- und Momentengleichgewicht; wie bei
der Gesamtfedermatrix führt dieses Prinzip bei den Dämpfungen, die geschwin-
digkeits-proportional angenommen werden können, sowie bei den beschleunigungs-
proportionalen Massenkräften auf das gleiche Superpositionsprinzip. Besonders
plausibel ist diese Elementaddition im Fall der Massenmatrix bei Verwendung
von konzentrierten Massen ('lumped mass system'), die stets an den KPn selbst
wirken (Absolutwirkung) und aus den Anteilen der angekoppelten Elemente aufaddiert werden. Bereits auf Elementebene werden deshalb bei den Matrizenmethoden die 3 Systemmatrizen:

$$\underline{K} \text{ Gesamtfedermatrix} \qquad \text{Federzahlen} \qquad k_{FV} \left.\begin{array}{c} \\ \\ \\ \end{array}\right\} \quad \underline{G} \text{ Systemmatrizen}$$
$$\underline{R} \text{ Gesamtdämpfungsmatrix} \qquad \text{Dämpfungszahlen} \quad r_{FV} \qquad\qquad g_{FV} \text{ Systemzahlen}$$
$$\underline{M} \text{ Gesamtmassenmatrix} \qquad \text{Trägheitszahlen} \qquad m_{FV}$$

getrennt behandelt. Diese werden wegen des modularen Aufbaues für allgemeine
Formulierungen mit $\underline{G}$ bezeichnet; darin enthalten sind die System-Matrizenele-
mente oder Systemzahlen g_{FV}. Die Struktur der Systemmatrizen ist in Bild 9.1
skizziert. Der grundlegende Aufbau einer Systemmatrix wird gegliedert durch

- E l e m e n t e b e n e   und
- S y s t e m e b e n e .

Die Systemebene setzt sich grundsätzlich aus additiven Anteilen der Elementebene zusammen (Kap.7.3). Die Superposition der Elemente richtet sich nach
der KPs-Rasterung der Gesamtmatrix also den 6 FHGn entsprechend jeweils
6*6 = 36 Systemzahlen. Die in diesem Raster enthaltenen System-KPs-Matrizen
$\underline{g}_{ab}$, die immer die Kopplungen zwischen den 2 KPn a und b im Gesamtsystem
angeben, bestehen aus addierten Element-KPs-Matrizen $g_{ab}^{(E)}$ derjenigen Elemente, welche die KPe a,b in der Gesamtstruktur enthalten bzw. an diese gekoppelt sind.

Die KPs-identischen Element-KPs-Matrizen $g_{aa}^{(E)}$ enthalten in den Hauptdiagonalelementen g_{SS} die Absolutfesselungen des Systems; die Hauptdiagonale selbst
darf weder negativ sein noch Null-Elemente enthalten. Dies erklärt sich z.B.

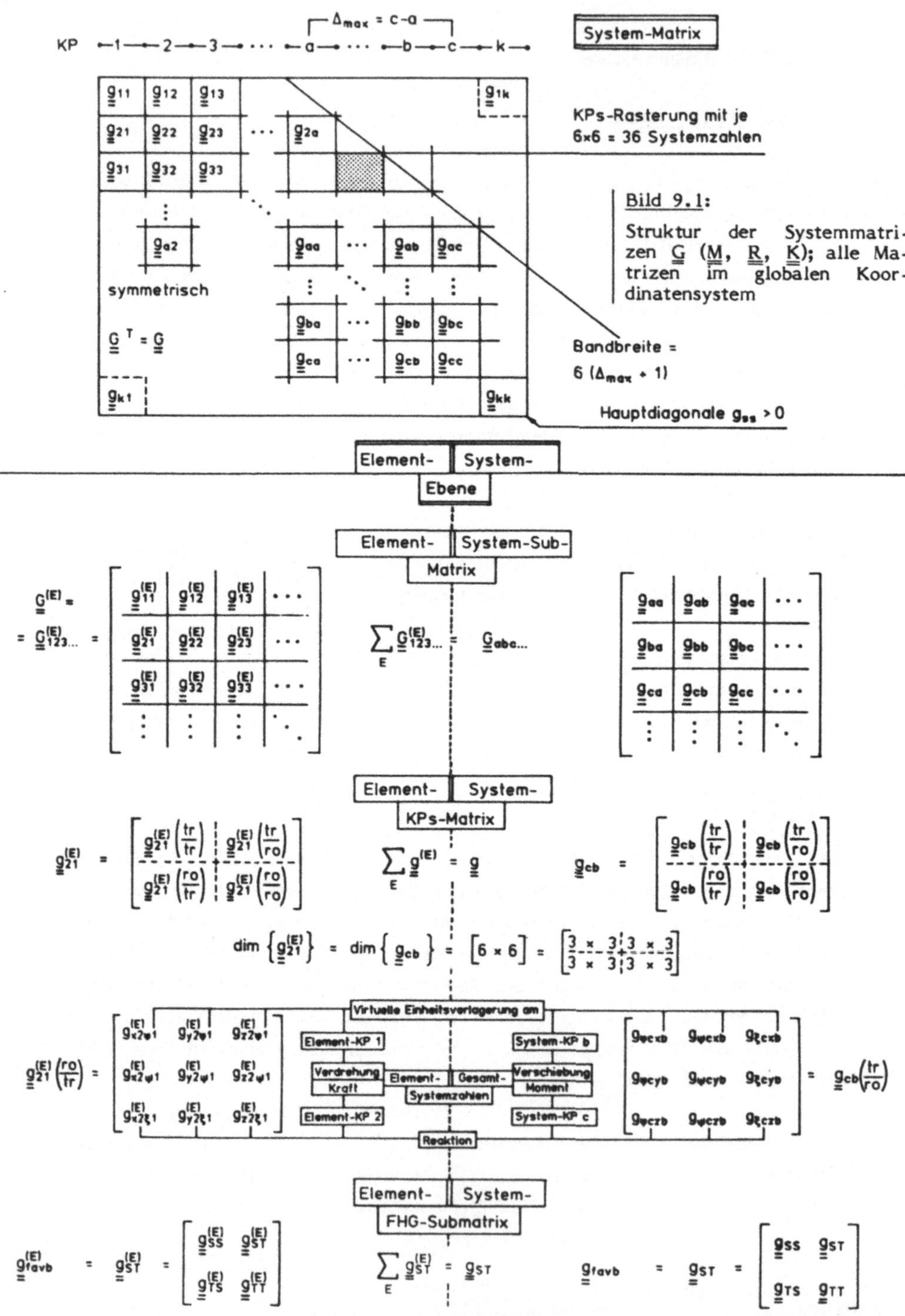

System-Matrix
KP
$\Delta_{max} = c - a$
KPs-Rasterung mit je 6×6 = 36 Systemzahlen
symmetrisch
$\underline{\underline{G}}^T = \underline{\underline{G}}$
Bild 9.1:
Struktur der Systemmatrizen $\underline{\underline{G}}$ ($\underline{\underline{M}}$, $\underline{\underline{R}}$, $\underline{\underline{K}}$); alle Matrizen im globalen Koordinatensystem
Bandbreite = 6 (Δ_{max} + 1)
Hauptdiagonale $g_{ss} > 0$
Element- System- Ebene
Element- System-Sub- Matrix
Element- System- KPs-Matrix
Virtuelle Einheitsverlagerung am
Element-KP 1
System-KP b
Verdrehung Kraft
Element- Gesamt- Systemzahlen
Verschiebung Moment
Element-KP 2
System-KP c
Reaktion
Element- System- FHG-Submatrix

bei der Massenwirkung durch stets vorhandene Trägheit. Bei der Federwirkung würden negative Steigungen von Federkennlinien negativen Hauptdiagonalelementen entsprechen, wie diese zwar beispielsweise bei Tellerfedern anzutreffen sind, bei schwingungsfähigen technischen Strukturen jedoch zu einer Art implosionsartiger Instabilität führen würden. Negative Dämpfungen sind bei mechanischen Strukturen eher denkbar, wie sich aus fallenden Reibungskennlinien ersehen läßt; in diese Kategorie ist auch der Zerspanungsprozeß bei Werkzeugmaschinen einzustufen, bei dem oftmals die entdämpfende Wirkung des Prozesses die Instabilität bewirkt.

Für den nicht unerheblichen Speicherplatzbedarf der Systemmatrizen ist neben der Gesamt-FHGe-Anzahl die Bandbreite entscheidend. Gelingt es, im Zuge der Idealisierung bei der Numerierung der KPe die maximale KPs-Differenz Δ_{max}, die an den Elementen entsteht, klein zu halten, so brauchen alle außerhalb dieses Bandes vorhandenen Nullelemente nicht betrachtet zu werden. Wird ein Element vereinbart, das den 1-ten KP mit dem letzten KP k verbindet (z.B. kreisförmig geschlossener Balken), so belegen die Submatrizen $\underline{g}_{1k}$ bzw. $\underline{g}_{k1}$ die Gesamtmatrix denkbar ungünstig. Bei Antriebsstrukturen ist dieses Problem jedoch nicht relevant, da die Enden üblicherweise nicht verbunden sind. Je verzweigter die Struktur - der Biegekraftfluß ist einzubeziehen - desto höher muß die KPs-Differenz angesetzt werden; im Falle eines unverzweigten Torsionskraftflusses einer realen Antriebsstruktur muß wegen des zumeist verzweigten Biegekraftflusses mit einer minimalen KPs-Differenz von 2, also einer Bandbreite von 18 gerechnet werden.

Die Element-Matrizen $\underline{G}^{(E)}$ können eine unterschiedliche KPs-Anzahl aufweisen, da sie entweder direkt an einem KP oder zwischen 2 bzw. mehreren KPn die Elementeigenschaften enthalten. Die lokalen Element-KPs-Nummern 1,2,3... werden beim Aufaddieren in $\underline{G}$ an den bei der Idealisierung festgelegten, globalen KPs-Nummern aufaddiert, also allgemein an der System-KPs-Matrix $\underline{g}_{ab}$ auf Systemebene.

Bild 9.1 zeigt exemplarisch die KPs-Matrix $\underline{g}_{12}^{(E)}$ auf Elementebene und $\underline{g}_{cb}$ auf Systemebene. Durch die 3 rotatorischen und 3 translatorischen FHGe je KP entstehen die partitionierten Matrizen mit den 4 Kombinationen der Systemzahlen, von denen auf Elementebene die Systemverhältnisse aus Verdrehung am KP1 und Kraft am KP2 aufgeführt sind. Auf Systemebene ist mit Verschiebung am KP b bei Momenten am KP c ebenfalls dieser modulare Aufbau enthalten, wenn-

gleich dort die Gesamt-Systemzahlen g_{FV} 2-er Stellen F und V aus aufaddierten Elementanteilen $g_{FV}^{(E)}$ der identischen Stellen bestehen.

Die Bedeutung der FHG-Submatrizen für die physikalische Transparenz wurde
speziell bei der Element-Federmatrix der 4-FHGe-Stufe bereits erläutert. Bei
den Federsteifigkeiten sind auf Elementebene alle FHG-Submatrizen singulär
und damit verbunden auch die Elementmatrizen selbst; im Gesamtsystem einer
gefesselten Struktur sind hingegen sämtliche Unterdeterminanten positiv. Im
Falle des ungefesselten Torsions-FHGs von Antriebsstrukturen wird die Gesamt-
federmatrix singulär, so daß sich eine Submatrix findet, deren Determinante
verschwindet.

9.2 Physikalische Dimensionen und Einheiten

Die Formulierung der physikalischen Dimensionsprodukte bei den Systemverhältnissen in Kap. 6.1 führte vorteilhaft die fundamentalen Basisdimensionen der
Kinetik in einer sehr allgemeinen, qualitativen Weise ein, deren Quantifizierung in physikalische Einheiten bei den zu behandelnden, stark gekoppelten Strukturen unerläßlich ist. Die Einheiten führen beim Gesamtproblem zu zahlreichen
Varianten, die sich in matrizennumerischer Systematik konsistent strukturieren.

Für den praktischen Umgang sind die physikalischen Einheiten bereits bei der
Dateneingabe für ein Rechenprogramm aufzuarbeiten, da nicht alle Datenein-
gaben nur aus Längeneinheiten bestehen können. Die quantitativen Gegebenheiten können dort nur in Verbindung mit den Einheiten hergestellt werden und
müssen auf dieser Ebene physikalisch verständlich sein; die starken Kopplungen
sind folglich auch in den Einheiten enthalten. Von entscheidender Bedeutung
ist schließlich die Interpretation und Verwertung der Ergebnisse (Größenwerte),
die speziell im dynamischen Fall nur aus einer konsequenten Verknüpfung des
Zahlenwertes mit der zugehörigen physikalischen Einheit zum angestrebten Ziel
einer quantitativen Aussage der betrachteten Struktur führt.

Innerhalb des zu verwendenden MKS-Systems der SI-Einheiten muß den translatorischen und rotatorischen Weggrößen völlig gleichwertig eine Einheit zugeordnet werden. Das Weglassen der Winkeleinheit 1 Radiant = rad = $\frac{m}{m}$ gegenüber der translatorischen Einheit m führt bereits beim Aufstellen der Systemmatrizen zu nicht konsistenten Einheiten. Formuliert man z.B. bei der Feder-

einheit $\frac{N}{rad}$ einfach N, so steht eine Quasikraft in der Federmatrix, die nicht als Federsteifigkeit erkannt werden kann. Nachteilig kann sich dies deshalb auswirken, weil derartige Mischeinheiten aus Rotation und Translation mitunter nicht besonders anschaulich sind und vor allem bei der praktischen Umsetzung derartiger Koppeleinheiten der physikalische Zusammenhang erkennbar sein muß. Hierzu sollte man sich klarmachen, daß:

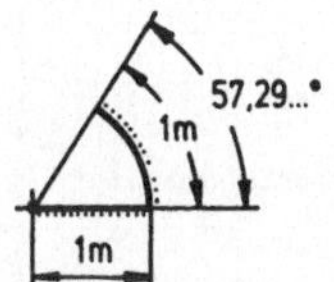

$$1 \text{ rad} = \frac{1\text{m Bogenlänge am Umfang}}{1\text{m Radius}} \text{ des Einheitskreises}$$

entspricht; die 2 Längen-Dimensionen stehen wegen klein angenommener Drehung orthogonal zueinander. Der Radius kann immer als Hebelarm interpretiert werden, wie er auch beim Drehmoment als Nm vorkommt. Andererseits kann aber Nm auch das translatorische Potential (elastische oder potentielle Energie) bezeichnen; diesmal mit der translatorischen Weggröße m. Wegen klein angenommener Drehwinkel φ wird der Weg am Hebelarm R als Translation y aufgefaßt; vgl. Gl. (6.29). Nur die konsequente Unterscheidung zwischen dem translatorischen Weg und dem dazu orthogonalen Hebelarm kann alle bei Matrizen-Multiplikationen mitunter verwickelten Konfigurationen von Einheiten korrekt wiedergeben, d.h. mit Bezeichnung von Rotation (ro) und Translation (tr) abgeleitet und für die technische Anwendung interpretiert werden.

Die Dimensionen der Systemzahlen g_{FV} lassen sich nach <u>Bild 9.2</u> entsprechend der Verschiebungsmethode über die Einheiten der Systemverhältnisse aus Belastungsgrößen zu Verlagerungsgrößen (bzw. deren Ableitungen) bilden. Hierbei entsprechen wegen des Satzes von MAXWELL die Kopplungen zwischen Translationen zu Rotationen denen von Rotationen zu Translationen.

<u>Bild 9.3</u> zeigt die Einheiten der 3*3-Submatrizen innerhalb der 6*6-KPs-Submatrizen sowohl auf Element- als auch auf Systemebene für Federsteifigkeit, Dämpfung und Masse. Wegen der Matrizensymmetrie treten bei den 4 Submatrizen $\underline{g}_{ab}$ nur 3 verschiedene Einheiten auf. Diese Einheiten gelten nicht nur für die aufgeführten inneren Systemverhältnisse, sondern ganz allgemein entsprechend Bild 6.2 mit gegebenenfalls vorzunehmender Kehrwertbildung. Für die technische Verwendung sind die Einheiten gemäß den Kraft- und Bewegungsgrößen vorteilhaft zu verwenden; die Basis-Dimensionen hingegen weisen vom Gesamtbild eine übersichtlichere Struktur auf.

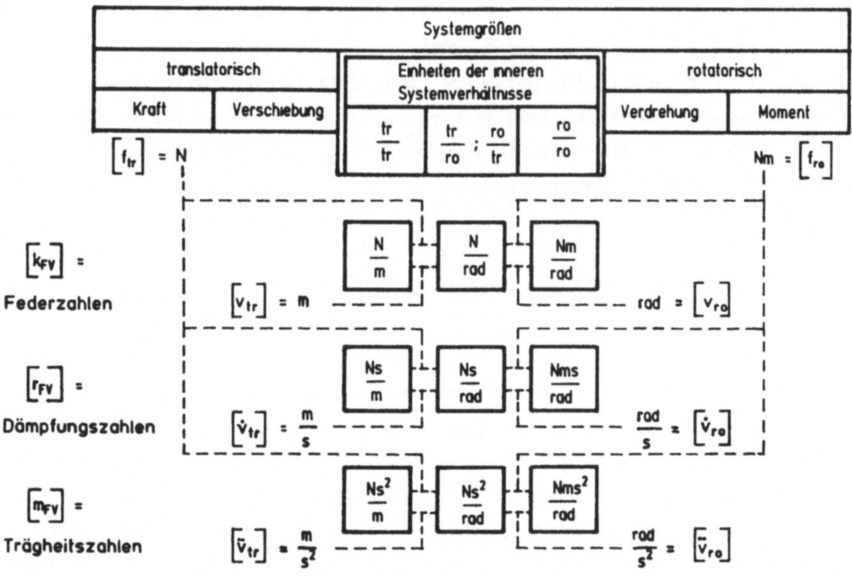

Bild 9.2: Physikalische Einheiten entsprechend der MVM im MKS-System

Bild 9.3:

Die auf Element- und Systemebene enthaltenen Einheiten innerhalb einer 6*6-KPs-Matrix

		1 KP mit 6 FHGn		1 KP mit 6 FHGn	
		x,y,z	φ,ψ,ξ	x,y,z	φ,ψ,ξ
Systemzahlen		tr	ro	tr	ro
Feder-zahlen	$\left[k_{FV}\right]$ =	$\dfrac{N}{m}$	$\dfrac{N}{rad}$ =	$\dfrac{kg}{s^2}$	$\dfrac{kgm}{s^2}$
		$\dfrac{N}{rad}$	$\dfrac{Nm}{rad}$	$\dfrac{kgm}{s^2}$	$\dfrac{kgm^2}{s^2}$
Dämpfungs-zahlen	$\left[r_{FV}\right]$ =	$\dfrac{Ns}{m}$	$\dfrac{Ns}{rad}$ =	$\dfrac{kg}{s}$	$\dfrac{kgm}{s}$
		$\dfrac{Ns}{rad}$	$\dfrac{Nms}{rad}$	$\dfrac{kgm}{s}$	$\dfrac{kgm^2}{s}$
Trägheits-zahlen	$\left[m_{FV}\right]$ =	$\dfrac{Ns^2}{m}$	$\dfrac{Ns^2}{rad}$ =	kg	kgm
		$\dfrac{Ns^2}{rad}$	$\dfrac{Nms^2}{rad}$	kgm	kgm^2
Einheiten gemäß		Kraft- und Bewegungsgröße		kinetischen Basis-Dimensionen M,L,T	

10   Statische Analyse

10.1   Lösung der Statik, Randbedingungen

Nach Aufstellung der Gesamt-Federmatrix $\underline{K}$ steht mit dem gesuchten Verlagerungsvektor $\underline{v}$ bei vorgegebenen äußeren Lasten $\underline{F}$, die nur als Einzelknotenlasten angenommen seien, das statische Gleichungssystem (10.1) bereit; formal führt $\underline{K}^{-1}$ auf die gesuchten Verlagerungen $\underline{v}$ aller FHGe.

$$\underline{K} \cdot \underline{v} = \underline{F} \tag{10.1}$$

$$\underline{K}^{-1} \cdot \underline{F} = \underline{v} \qquad \text{bzw.} \qquad \underline{H} \cdot \underline{F} = \underline{v} \tag{10.2}$$

$$\underline{K}^{-1} = \underline{H} \qquad \underline{H}^{-1} = \underline{K} \tag{10.3}$$

Die inverse Federmatrix $\underline{K}^{-1}$ wird als Nachgiebigkeitsmatrix (eigentlich Feder-Nachgiebigkeitsmatrix) bezeichnet, wie sie durch die MKM ableitbar wäre. Während die Einheiten von $\underline{H}$ die gestürzten Einheiten von $\underline{K}$ enthalten, sind die Nachgiebigkeitszahlen (Matrixelemente) keineswegs so einfach zu bilden, wie sich aus der aufwendigen Inversionsvorschrift ersehen läßt; eine bandförmige Federmatrix $\underline{K}$ ergibt schließlich eine vollbesetzte Nachgiebigkeitsmatrix $\underline{H}$. Die Inversion wird vorteilhaft mittels CHOLESKY-Zerlegung umgangen, wenngleich dort ebenfalls $\underline{K}$ nicht singulär sein darf. Diese Abwandlung des GAUSS'schen Eliminationsverfahrens für quadratische, symmetrische Matrizen führt auf:

$$\underline{K} = \underline{R}^{T} \cdot \underline{R} \tag{10.4}$$

mit der Rechtsdreiecksmatrix $\underline{R}$, deren unterhalb der Hauptdiagonalen liegende Elemente Null sind. Für Gl. (10.1) kann mit Gl. (10.4) geschrieben werden:

$$\underline{R}^{T} \cdot \underline{R} \cdot \underline{v} = \underline{F} \tag{10.5}$$

Die Substitution von $\underline{R} \cdot \underline{v}$ durch den Hilfsvektor $\underline{y}$ liefert 2 Gleichungssysteme:

$$\underline{R}^{T} \cdot \underline{y} = \underline{F} \tag{10.6}$$

$$\underline{R} \cdot \underline{v} = \underline{y} \tag{10.7}$$

Diese Systeme lassen sich wegen der Dreiecksform von $\underline{R}$ und $\underline{R}^T$ durch eine pro Zeile zu ermittelnde Unbekannte lösen. Beginnend mit y_1, also Vorwärtseinsetzen, liefert den Vektor $\underline{y}$, der in Gl. (10.7) beginnend mit v_n, also Rückwärtseinsetzen, zu den gesuchten Verlagerungen $\underline{v}$ führt. Die geforderte positive Definitheit von $\underline{H}$ muß bei Antriebsstrukturen wegen des potentiell ungefesselten Torsions-FHGs betrachtet werden, da dann die Federmatrix $\underline{K}$ singulär ist. Aus physikalisch-technischer Sicht trifft dies zu für:

- nicht tragfähige Konstruktion,
- Mechanismus,
- Getriebe,
- ungefesseltes System.

Eine Lösung des statischen Gleichungssystems ist dann von der Theorie her nicht möglich. Schließlich erzeugt eine infinitesimal kleine Kraft bei diesen Fällen - wegen vorkommender unendlicher Nachgiebigkeiten - eine unendliche Verschiebung. Bei der MFE wird folglich in der Statik eine Fesselung benötigt, die z.B. über das sog. reduzierte Gleichungssystem mittels Nullsetzen der geforderten Auflager-Knotenvariablen (die dort keine Verlagerungen aufweisen) zu erreichen ist, wie dies z.B. eine Element-Federmatrix mit einem KP automatisch erfüllt. Für Antriebsstrukturen bieten sich nun 2 Vorgehensweisen für die Randbedingungen der freien Enden des statischen Torsionskraftflusses an:

I) Starre Fesselung und Torsionsmomenteneinleitung
II) Quasi-ungefesseltes System mit Gleichgewichtsgruppe.

Ad I) Für den praxisnahen Fall wird man am Motor das Nennmoment aufbringen und am Ende des Torsions-Kraftflusses eine starre Lagerung vorsehen, indem entweder dieser FHG gestrichen oder mit einer hohen Federsteifigkeit festgelegt wird. Die Darstellung der Verformungen enthält damit entsprechend <u>Bild 10.1a</u> nur positive Winkel. Verschiedene zu vergleichende Torsionsdiagramme weisen somit immer denselben Nullpunkt als Bezugspunkt auf.

Ad II) Die beiden Enden werden z.B. mit Nennmoment am Motor und am anderen Ende der Übersetzung entsprechend symmetrisch belastet. Diese im Hinblick auf die Dynamik konsistentere Methode nutzt das numerisch unkritische Vorhandensein der Singularität aus, denn bereits die Maschinengenauigkeit von Rechnern verursacht de facto eine von Null verschiedene Determinante von $\underline{K}$ (Kriterium der Singularität), so daß die meisten Algorithmen bzgl. Singularität gutmütig reagieren, indem die numerischen Unschärfen als Art Quasifesselung wirken. Bei zahlreichen Rechenläufen wurden trotz theoretischer Singularität richtige Ergebnisse erzielt.

Eine sicherheitshalber eingeführte Fesselung des Systems gewährleistet schließlich den in <u>Bild 10.1b</u> gezeigten Effekt der Potentialgleichheit bzgl. der Nullstelle, wenn die äußere Belastung eine Gleichgewichtsgruppe bildet. Die Fesselungs-Federsteifigkeit wird z.B. um 4 Zehnerpotenzen kleiner gewählt als die kleinste auf der Hauptdiagonalen der Gesamt-Federmatrix befindliche.

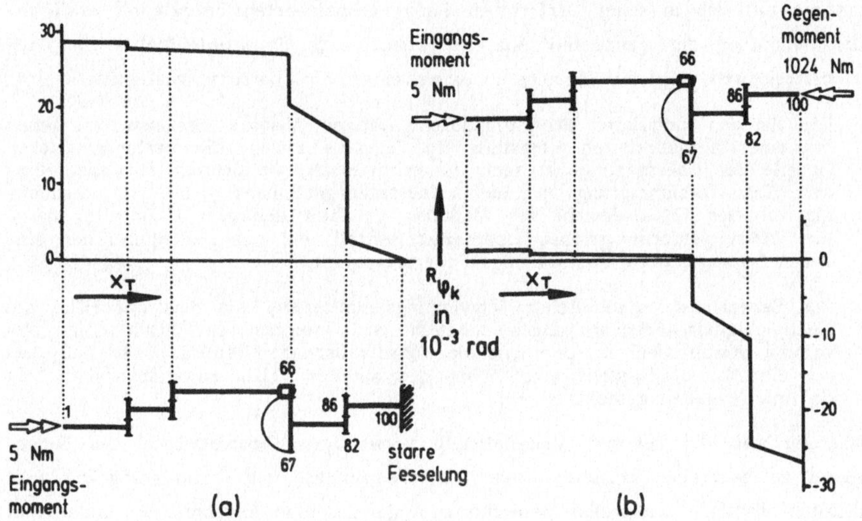

<u>Bild 10.1:</u>   Darstellung statischer Torsionswinkel (übersetzungsreduziert) über der Torsionslänge x_T (Schneckengetriebe von Kap. 14):
(a) Einseitig starr festgelegte Antriebsstruktur und
(b) Belastende Gleichgewichts-Gruppe

Das Nennmoment am Motor und das der Gesamtübersetzung entsprechende Gegenmoment am anderen Ende ergeben zusammen mit der numerisch stabilisierenden 'Fesselung' eine Verformungskurve, die mit den positiven und negativen Winkeln einen der 1-ten Torsions-Eigenschwingungsform ähnlichen Verlauf darstellt. Vergleichbar mit den Eigenformen gibt die Nullstelle der Statik die statische Potentialsymmetrie an; der linke und rechte Teil der Struktur weisen dann gleiches elastisches Potential auf. Besonders nachgiebige Elemente im Bereich dieses Nulldurchgangs sind dann oftmals dafür prädestiniert, daß dort Torsionsschwingungsknoten bzw. Hauptverformungszonen zu liegen kommen, die aber wegen der zusätzlichen, noch unbekannten Massenwirkungen nicht genau angegeben werden können. Parametervariationen können hier vorteilhaft bzgl. ihrer ausgewogenen Potentialverteilung beurteilt werden, da die Nullstelle hierauf empfindlich reagiert und zusätzlich die freien Enden ihren Maximalwinkel ändern.

10.2 Potential zur Analyse des elastischen Verhaltens

Das in der Mechanik verwendete elastische Potential ist der gespeicherten potentiellen Energie gleichzusetzen; dementsprechend ist die Einheit Nm des Potentials mit der in einer verformten Feder gespeicherten Energie zu erklären. Die Bedeutung der genaueren Analyse tatsächlicher Potentialaufnahme bei Antriebsstrukturen zeigt sich bereits an einem einzelnen Übersetzungselement:

- Die für den modularen Programmaufbau nötigen Absolut-Torsionswinkel geben bei einer aufgebrachten Belastung im Ergebnis sowohl die verformungslosen Anteile der Übersetzung als auch die ermittelten, verformten Torsionen wieder. Der Torsionssprung an jedem Übersetzungselement - dies ist unabhängig von der FHGe-Anzahl des Modells - enthält demnach 2 Anteile, nämlich einen verformungslosen Übersetzungsanteil und einen aufgrund der elastisch beanspruchten Übersetzungs-Federsteifigkeit.

- Zur Berechnung tatsächlicher Schwingungsamplituden, wie dies mit Hilfe des Nachgiebigkeits-Frequenzganges möglich ist, interessieren letzlich die absoluten Amplituden entsprechend der physikalischen 'Realität', so daß dort nur die Absolut-Torsionswinkel neben den anderen FHGn anwendbar sind; beide Anteile gehen gemeinsam ein.

Während also die bei der Modellbildung verwendeten Absolutwinkel das Endergebnis zu beurteilen erlauben, führt nur die Analyse und Optimierung der tatsächlich elastisch wirkenden Bereiche zum gewünschten Ergebnis im Sinne einer Reduzierung dynamisch nachgiebig wirkender Bereiche (Schwachzonen). Inneres und äußeres Potential sind im Potential Π enthalten:

$$\Pi = \Pi_i + \Pi_a \tag{10.8}$$

Π_a Das durch äußere Lasten $\underline{F}$ verursachte äußere Potential; hierin sind im allgemeinen Fall enthalten: Anfangsverzerrungen, Volumen- und Oberflächenlasten sowie die von außen wirkenden Knoteneinzellasten; letztere seien nur betrachtet.

Π_i Inneres Potential, das mit den Schnittgrößen $\underline{f}$ zu identifizieren ist; das eigentlich interessierende elastische Elementverhalten ist hiermit angesprochen, das auch gemäß FHGn (der kleinsten Komponente) oder auch KPs-mäßig interpretiert bzw. zusammengesetzt werden kann.

Mit dem allgemein gültigen Zusammenhang von Gl. (10.9) läßt sich der elastische Elementbeitrag (10.10) am inneren Potential matrizengemäß formulieren:

$$\int (\underline{\underline{K}} \cdot \underline{v})^T \, d\underline{v} = \frac{1}{2} \, \underline{v}^T \underline{\underline{K}} \cdot \underline{v} + \text{konst} \tag{10.9}$$

$$\Pi^{(E)} = \frac{1}{2} \underline{v}^{(E) \cdot T} \underline{\underline{K}}^{(E)} \cdot \underline{v}^{(E)} - \underline{v}^{(E)} \cdot \underline{F}^{(E)} \tag{10.10}$$

Der durch äußere Lasten an einem Element entstehende Anteil $\underline{v}^{(E)}\underline{F}^{(E)}$ ist vom Gesamtpotential $\Pi^{(E)}$ des Elementes abzuziehen, da am Element nur das innere Potential die zur konstruktiven Optimierung zu verwendenden elastischen Anteile enthält.

Die Anwendung bzgl. Antriebsstrukturen sei nun an der 4-FHGe-Stufe ausgeführt, indem die am Element (Z) durch die Statikrechnung ermittelten Verlagerungen $\underline{v}^{(Z)} \epsilon \ \underline{v}$ (des Gesamtsystems) als bekannter Element-Verlagerungsvektor Verwendung finden. Das Element-Potential folgt dann zu:

$$\Pi_i^{(Z)} = \frac{1}{2} \cdot \underline{v}^{(Z) \cdot T} \cdot \underline{\underline{K}}^{(Z)} \cdot \underline{v}^{(Z)} - \underline{v}^{(Z)} \cdot \underline{F}^{(Z)} \tag{10.11}$$

Die Berechnung im KPs-Koordinatensystem $\underline{k}(2)$ gewährleistet die Identifizierung der sich ergebenden Summanden nach Belastungsarten. Mit den in beiden Fällen einer Länge entsprechenden Abkürzungen:

$$\Delta\varphi = \varphi_1 \cdot R_1 - \varphi_2 \cdot R_2 \tag{10.12}$$

$$[\Delta\varphi] = [\Delta z] = m$$

$$\Delta z = z_1 - z_2 \tag{10.13}$$

folgt: $\quad \Pi_i^{(Z)} = \frac{1}{2} \cdot k^{(Z)} \cdot (\Delta\varphi^2 + \Delta z^2) - \underline{v}^{(Z)} \cdot \underline{F}^{(Z)} \qquad [\Pi_i] = Nm \quad (10.14)$

Dieser Zusammenhang ist aus mehreren Gründen wichtig:

- Die Summanden können wie bei der Element-Herleitung streng komponentenweise als jeweils einfache Feder interpretiert werden. 2 an einer derartigen Feder vereinbarte gleichartige FHGe (auch verschiedener Richtung) ergeben jeweils einen quadratischen Summanden.

- Die quadratische Form bewirkt ein vom Koordinatensystem unabhängiges Potential Π_i, so daß verschieden vereinbarte Richtungen den aufsummierten Skalar nicht verändern; die einzelnen Summanden hingegen ändern sich in Abhängigkeit vom gewählten Koordinatensystem, weshalb nur im $\underline{k}$-System die Summanden mit Belastungsarten zu verbinden sind. So kann z.B. die lokale φ-Richtung im globalen System $\underline{\bar{k}}$ aus überlagerten Komponenten der 3 rotatorischen globalen FHGe bestehen, während die Torsion alleine nur im $\underline{k}$-System bei φ zu finden ist.

- Da die Anteile komponentengemäß getrennt nach FHGn aufaddiert werden, läßt sich das Prinzip vom $\underline{k}(2)$-System auf das $\underline{k}(6)$-System erweitern, so daß ganz allgemein für das Elementpotential eines 6-FHGe-Übersetzungselementes gilt:

$$\Pi_i^{(Z)} = \frac{1}{2} \cdot k^{(Z)} \cdot (\Delta x^2 + \Delta y^2 + \Delta z^2 + \Delta\varphi^2 + \Delta\psi^2 + \Delta\xi^2) - \underline{v}^{(Z)} \cdot \underline{F}^{(Z)} \tag{10.15}$$

- Für Antriebsstrukturen kommt der Abkürzung $\Delta\varphi$ in den Gln. (10.12) oder (10.15) eine für die konstruktive Umsetzung der Ergebnisse entscheidende Bedeutung zu. Die Differenz ($\varphi_1 R_1 - \varphi_2 \cdot R_2$) berücksichtigt die an verschiedenen Hebelarmen vereinbarten Absolut-Koordinaten (nicht im Sinne von global), wodurch im Falle einer verformungslosen Drehung $\Delta\varphi$ zu Null wird, da dann an der Verzahnungsfeder $k^{(Z)}$ keine Relativ- sondern nur eine Absolutverschiebung erfolgt (<u>Bild 10.2</u>).

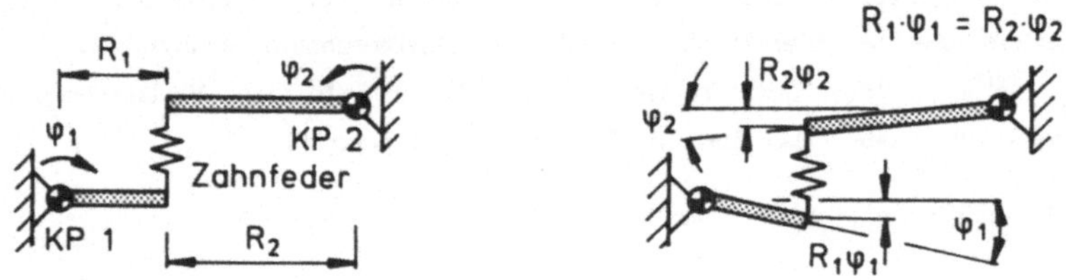

<u>Bild 10.2</u>:   Verformungslose Starrkörperverschiebung an der Zahnradstufe

Die Ermittlung der Absolutwinkel φ erfährt somit bei genauerer Betrachtung des ursächlichen Verformungsverhaltens eine Relativierung. Das naheliegende Umsetzen dieses Zusammenhanges führt zu der bei Antriebsstrukturen notwendigen Übersetzungsreduktion, ohne die keine Optimierung des Nachgiebigkeits-Verhaltens möglich ist.

10.3   Darstellung der Verformungen

10.3.1 Übersetzungsreduktion und statisches Torsionsdiagramm

Die in Kap. 10.2 erörterte Bedeutung des Torsions-FHGs legt es nahe, die berechneten statischen Verformungen bzw. die ähnlich interpretierbaren dynamischen Verformbarkeiten der an einer Gesamtstruktur berechneten Torsions-FHGe graphisch aufzutragen, um das Gesamtverhalten bzgl. nachgiebig wirkender Elemente analysieren zu können; die im 6-FHGe-Modell berechneten Torsionen enthalten nicht nur das Torsionsmodell, sondern aufgrund der starken Kopplungen alle Rückwirkungen sämtlicher restlicher FHGe der gesamten Struktur. Dies führt auf das bereits von EISELE, SCHULZ /12/ eingeführte Torsionsdiagramm, das im folgenden genauer betrachtet sei, da damit eine duale Betrachtung der bei Antriebsstrukturen berechneten Verformungen erforderlich wird.

Die statischen und dynamischen Torsionsdiagramme können als eigentliches Arbeitsmedium zur konstruktiven Umsetzung der berechneten Ergebnisse bezeichnet werden. Zusätzlich liegt die Bedeutung in der Unabhängigkeit von der im Modell verwendeten FHGe-Anzahl (je KP). Sowohl das Torsionsmodell als auch das 6-FHGe-Modell bzw. Zwischenstufen anderer FHGe-Anzahl lassen sich gegenüberstellen und in ihrer Aussagekraft vergleichen; meßtechnisch ermittelte Torsionsdiagramme lassen schließlich eine vergleichende Wertung zu, wie mit dem Torsionsmodell TONA in /68/ gezeigt wird.

Die Bedeutung der Torsionswinkel kommt dann am effektivsten zur Geltung, wenn die Torsions-FHGe entlang des Torsionskraftflusses von Bild 3.1c im 'aufgeklappten' Zustand betrachtet werden (vergleichbar mit einem Torsionsbalken), denn damit läßt sich der statische Torsions-Kraftfluß einer unverzweigten Antriebsstruktur als kontinuierlicher, nicht an jeder Welle verzweigender Strang mit einem unverzweigten Kurvenzug darstellen. Der aufgeklappte Kraftfluß von Bild 3.1c läßt sich direkt als Abszisse zur graphischen Darstellung nutzen, wenn an der Ordinate gemäß Bild 10.3 die Torsionswinkel φ angetragen werden. Ein Torsionszweig wird somit modellmäßig als Torsionskette dargestellt, wenngleich alle räumlichen Kopplungen einer starken, allseitigen Verzweigung entsprechen.

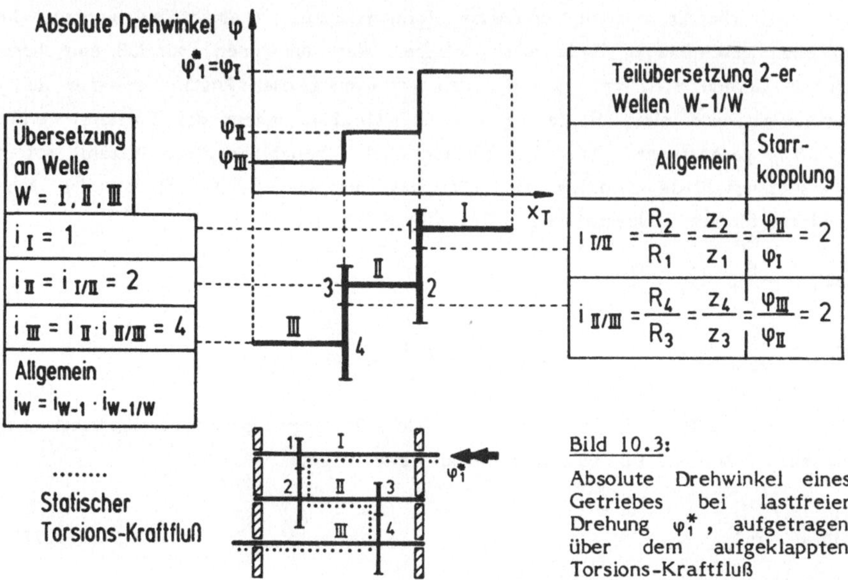

Bild 10.3:

Absolute Drehwinkel eines Getriebes bei lastfreier Drehung φ_1^*, aufgetragen über dem aufgeklappten Torsions-Kraftfluß

Wird zunächst am ungefesselten Getriebe ein Torsionswinkel φ_1^* am Eingang eingeprägt, dann ergibt sich der eingezeichnete Kurvenverlauf, der keineswegs als Verformungsdiagramm bezeichnet werden kann. Die sich einstellenden Drehwinkel erzeugen wegen fehlender Kräfte kein Potential.

- Da keine Kräfte wirken, verformt sich die Struktur nicht und die Torsionswinkel bleiben an einer Welle konstant (horizontale Geraden)

- Die Vertikalsprünge an den Übersetzungselementen enthalten genau die Übersetzungen also z.B. $\quad \varphi_I = i_{I/II} \cdot \varphi_{II}$

- Da sich die Teilübersetzungen kumulierend aufmultiplizieren, wird z.B. trotz der beiden identischen Übersetzungen der absolute Torsionssprung mit zunehmender Übersetzung kleiner; obwohl

$$i_{I/II} = i_{II/III} = 2 \qquad \text{ist} \qquad \varphi_I - \varphi_{II} \neq \varphi_{II} - \varphi_{III}$$

- gleichbleibende Teilübersetzungen ergeben somit für die Winkelsprünge eine geometrische Reihe, wie sie ähnlich bei der Schaltstufenauslegung mit Hilfe des Stufensprungs für die Drehzahlen verwendet wird.

In einem Verformungsdiagramm soll die Steigung einer Verformungskurve ein Maß für die Verformung wiedergeben. Dies wird in Bild 10.3 nur bei den verformungslosen Wellen durch die horizontale Gerade vermittelt. Demgemäß täuschen die Sprünge an den Übersetzungen Verformungen vor, obwohl es sich um reine kinematische Hebelkopplungen mit Starrkörpereigenschaften handelt. Das Fehlen von Potential muß folglich durch eine modifizierte Darstellung erkennbar sein. Hierfür müssen reduzierte Torsionswinkel $^R\varphi$ eingeführt werden, die im oben geschilderten Falle alle denselben Wert annehmen, so daß eine horizontale Gerade z.B. bei $\varphi = \varphi_1^*$ den verformungslosen Zustand erkennen läßt. Formuliert wird diese Forderung mit Gl. (10.16), indem das Torsionspotential $\Pi_T = 0$ gesetzt wird. Dies gilt für ein Modell beliebiger FHGe-Anzahl, sofern Übersetzungs-FHGe enthalten sind. Mit den neu eingeführten Winkeln $^R\varphi$ folgt zunächst für nur 2 Übersetzungs-KPe, also KP 1 und KP 2:

$$^R\varphi_1 \cdot R_1 - {}^R\varphi_2 \cdot R_2 = 0 \tag{10.16}$$

$$^R\varphi_1 = \frac{R_2}{R_1} \cdot {}^R\varphi_2 \qquad\qquad \frac{R_2}{R_1} = i_{1/2} = \frac{i_2}{i_1}$$

Der Term R_2/R_1 entspricht den in Bild 10.3 vereinbarten Teilübersetzungen zwischen 2 Wellen. Für eine allgemeine Welle W gilt:

$$^R\varphi_{W-1} = i_{W-1/W} \cdot {}^R\varphi_W \tag{10.17}$$

Zur Verallgemeinerung für alle Übersetzungselemente einer Antriebsstruktur kann mit der Erweiterung i_{W-1} der in Bild 10.3 erläuterte Zusammenhang zwischen den aktuellen Wellenübersetzungen i_W und i_{W-1} über den an den jeweiligen Übersetzungselementen herrschenden Teilübersetzungen $i_{W-1/W}$ hergestellt werden.

$$i_{W-1/W} = \frac{i_W}{i_{W-1}} \qquad i_{W-1} \cdot {}^R\varphi_{W-1} - i_{W-1} \cdot i_{W-1/W} \cdot {}^R\varphi_W = 0 \qquad (10.18)$$

oder

$$i_{W-1} \cdot (\varphi_{W-1} - i_{W-1/W} \cdot \varphi_W) = 0 \qquad (10.19)$$

Teilübersetzung des betrachteten Übersetzungselementes = Übersetzung von $\dfrac{KP\ 1}{KP\ 2}$

Gesamtübersetzung der Antriebsstruktur bis zum betrachteten Übersetzungselement = Übersetzung am KP 1

Gl. (10.19) enthält die Ü b e r s e t z u n g s r e d u k t i o n , die sich anschaulicher durch Gl. (10.20) ausdrücken läßt; die knappste Darstellung erhält man mit Gl. (10.21): Jeder Torsions-FHG φ_k ist mit der an dem betrachteten KP zugehörigen, von der Welle abhängigen Übersetzung zu multiplizieren.

$$i_{W-1} \cdot \varphi_{W-1} - i_W \cdot \varphi_W = 0 \qquad (10.20)$$

$${}^R\varphi_k = \varphi_k \cdot i_k \qquad (10.21)$$

Die Bezugswelle für i_k ist beliebig wählbar. Zu empfehlen sind entweder die Eingangs- oder die Ausgangsseite, so daß z.B. an der Motorwelle $i_M = 1$ gilt. Die Auswirkungen der Übersetzungsreduktion sind an Gl. (10.19) zusammen mit <u>Bild 10.4</u> erkennbar, indem nunmehr ein am Ausgang starr gefesseltes Getriebe mit M_T am Eingang belastet wird. Der Vergleich zwischen den

- Absolutwinkeln φ_k und den
- übersetzungsreduzierten Torsionswinkeln ${}^R\varphi_k$

verdeutlicht den Einfluß der Übersetzungen:

- Die übersetzungsreduzierten S p r ü n g e an den Übersetzungselementen geben die tatsächliche Federwirkung wieder, die erfahrungsgemäß mit stetiger Untersetzung tendenziell größer wird. Die Absolutwinkel verhalten sich genau umgekehrt.

- Ein ähnlicher Effekt tritt bei den W e l l e n auf, deren Federwirkung erst durch die reduzierten Winkel wiederum an zunehmend untersetzten Wellen hervortritt. Dies erklärt sich durch die graphische Steigungsänderung der Wellenverformungen aufgrund der jeweiligen Wellenübersetzung; vgl. i_{W-1} in Gl. (10.19).

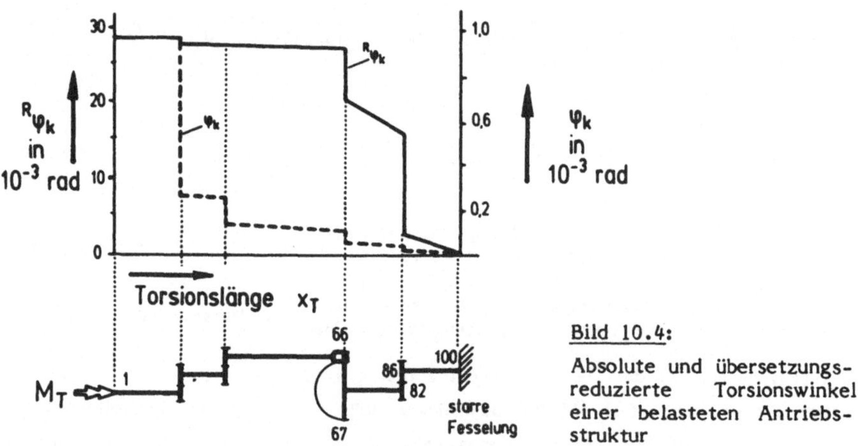

Bild 10.4:

Absolute und übersetzungsreduzierte Torsionswinkel einer belasteten Antriebsstruktur

10.3.2 Anteile der Freiheitsgrade an Verformungen

Während einerseits zur übersichtlicheren Darstellung statischer Verformungen im Torsionsdiagramm die Übersetzungs-FHGe übersetzungsreduziert aufgetragen werden (von den 6 FHGn der ·für den statischen Torsionskraftfluß maßgebliche FHG φ), müssen andererseits diejenigen FHGe, die über ihre Kopplungen an den Torsionsverformungen beteiligt sind, in ihrem Einfluß analysierbar sein. In anderen Worten: Welchen Anteil haben im allgemeinen Fall gemäß Bild 10.5 die 12 FHGe eines Übersetzungselementes am Torsionssprung $i_1\varphi_1 - i_2\varphi_2$? Dies kann auch als umgekehrte Problemstellung der Elementherleitung aufgefaßt werden, da nunmehr die Ursachen für eine Torsionsverformung interessieren. Der Einfluß sämtlicher 12 FHGe ist dann vorhanden, wenn die Element-Federmatrix des Übersetzungselementes voll besetzt ist, so daß jede Belastung alle Verlagerungen bewirkt und umgekehrt. Für alle Verzahnungselemente trifft dies im allgemeinen Fall zu, während beispielsweise an einer einzelnen Welle zwischen 2 Wellen-KPn durch Biegung keine Erhöhung der Torsion bewirkt werden kann, da in diesem Fall die beiden Belastungsarten entkoppelt sind. Bei einer Welle innerhalb einer Antriebsstruktur ist diese Kopplung im allgemeinen Fall wiederum vorhanden. Eine radiale Wellenbelastung hat demnach zur Folge, daß die selbe Welle tordiert wird.

Zur Ermittlung der FHG-Anteile am Übersetzungssprung $i_1 \varphi_1 - i_2 \varphi_2$ ist ein Gleichungs-System gesucht, das die Anteile der 12 möglichen Ursachen (FHGe) komponentenweise liefert. Geht man zunächst von dem bekannten Verlagerungsvektor $\underline{v}$ des Gesamtsystems aus, so sind φ_1 und φ_2 im lokalen KPs-Verlagerungsvektor $\underline{v}_{12}$ als Teil in $\underline{v}$ enthalten, wobei die Elementverlagerungen $\underline{v}_{12}^{(E)}$ wegen der erfüllten Kompatibilität mit $\underline{v}_{12}$ gleichzusetzen sind.

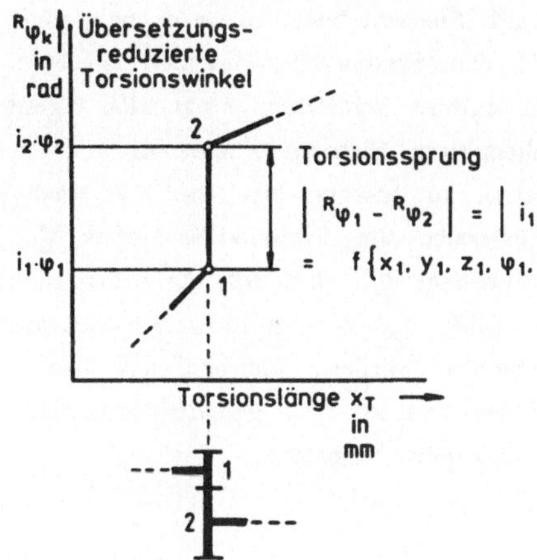

$$\left| {}^R\varphi_1 - {}^R\varphi_2 \right| = \left| i_1 \cdot \varphi_1 - i_2 \cdot \varphi_2 \right| = f\left\{\underline{x}_{12}(6)\right\} =$$
$$= f\left\{x_1, y_1, z_1, \varphi_1, \psi_1, \xi_1, x_2, y_2, z_2, \varphi_2, \psi_2, \xi_2\right\}$$

<u>Bild 10.5:</u>
Übersetzungsreduzierter Torsionssprung an einem Übersetzungselement aufgrund eingekoppelter Nachgiebigkeiten aller FHGe

$$\varphi_1 \in \underline{v}_1 \tag{10.22}$$

$$\varphi_2 \in \underline{v}_2 \tag{10.23}$$

$$\underline{v}_{12} \in \underline{v} \tag{10.24}$$

$$\underline{v}_{12} = \begin{bmatrix} \underline{v}_1 \\ \underline{v}_2 \end{bmatrix} = \underline{v}_{12}^{(E)} \tag{10.25}$$

Da sich eine Verlagerung als Summe der gesuchten Anteile ergeben soll und somit die aufsummierten Anteile vorliegen, wird das Prinzip der MVM invertiert, denn die MKM liefert - vgl. Statiklösung - mit der Nachgiebigkeits-Matrix $\underline{H}$ und den Kräften $\underline{F}$ die Verlagerungen $\underline{v}$; Gl. (10.2).

Mit der System-KPs-Nachgiebigkeitsmatrix $\underline{H}_{12}$, sowie noch zu diskutierenden

KPs-Kräften $\underline{f}_{12}$ folgt das Verlagerungs-Gleichgewicht zu:

$$\underline{\underline{H}}_{12} \cdot \underline{f}_{12} = \underline{v}_{12} \qquad (10.26)$$

Dies entspricht der Umkehrung des Kräfte-Gleichgewichts

$$\underline{\underline{K}}_{12} \cdot \underline{v}_{12} = \underline{f}_{12} \qquad (10.27)$$

Dieser KPs-gemäße Zusammenhang gilt auf Systemebene und nicht auf Element-ebene, denn dort existiert $\underline{\underline{H}}^{(E)} = \underline{\underline{K}}^{(E)-1}$ nicht wegen singulärem $\underline{\underline{K}}^{(E)}$. Während also die Schnittgrößen (Kap. 10.4) auf Elementebene zu berechnen sind, muß die Ermittlung der FHG-Anteile mit den System-KPs-Matrizen erfolgen. Die Aussage über einen bestimmten FHG enthält schließlich stets alle Eigenschaften sämtlicher an diesen FHG angekoppelten Elemente, wie aus der Superposition aller Elemente zur Gesamtmatrix zu ersehen ist. Die KPs-Nachgiebigkeitsmatrix $\underline{\underline{H}}_{12}$ kann somit durch Inversion der System-KPs-Matrix $\underline{\underline{K}}_{12}$, die in $\underline{\underline{K}}$ global enthalten ist, berechnet werden; $\underline{\underline{K}}_{12}$ darf folglich selbst nicht ungefesselt sein. Hierzu müssen die in __Bild 10.6__ gezeigten System-KPs-Matrizen der System-Submatrix $\underline{\underline{K}}_{12}$ näher betrachtet werden. Während $\underline{\underline{K}}_{12}^{(E)}$ bzgl. jeden FHGs singulär ist, muß bei $\underline{\underline{K}}_{12}$ nur der Torsions-FHG genauer betrachtet werden, denn die Gesamtmatrix $\underline{\underline{K}}$ ist diesbezüglich singulär.

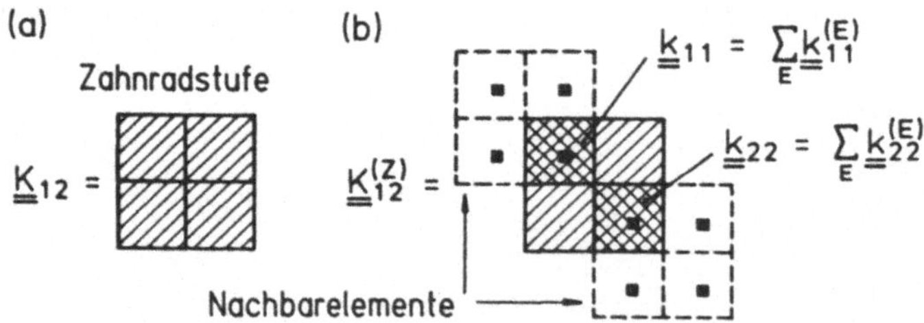

__Bild 10.6:__ KPs-Matrizen auf (a) Element- und (b) Systemebene

Die bei $\underline{\underline{K}}_{12}$ aufaddierten Submatrizen der benachbarten Elemente bewirken für das Ersatzsystem $\underline{\underline{K}}_{12}$ eine Absolutfesselung, denn die Kopplungs-KPs-Matrizen $\underline{\underline{k}}_{12}$ und $\underline{\underline{k}}_{21}$ stammen unverändert von der Elementmatrix $\underline{\underline{K}}_{12}^{(Z)}$; damit wirken die aufaddierten Nachbarelementsteifigkeiten als Absolutfedern, von denen wiederum entscheidend ist, ob zumindest eine der Torsionsfedersteifigkeiten $k_{\varphi 1}$ oder $k_{\varphi 2}$ aufaddiert wird, da dann insgesamt wegen der stets vorhandenen Fesselung der anderen FHGe auch die Torsion gefesselt ist (für das Ersatzsystem). Nimmt man beispielsweise Wellenelemente als benachbarte Elemente an, so addiert sich jeweils eine fesselnd wirkende Torsionsfeder auf. Tatsächlich singulär wäre $\underline{K}_{12}$ somit nur, wenn sowohl am KP 1 als auch am KP 2 des Übersetzungselementes keine weiteren Elemente angekoppelt würden. Dies ist nur ausnahmsweise der Fall, denn dies bedeutet, daß das Übersetzungselement für sich allein einer Gesamtstruktur entspricht; für Untersuchungen realer Antriebsstrukturen trifft dies jedoch nicht zu.

Schließlich fehlt noch zur Bildung der additiven Terme der linken Seite von Gl. (10.26) der Belastungsvektor $\underline{f}_{12}$, der sich gravierend von $\underline{f}^{(E)}$ unterscheidet, da dort die Schnittgrößen vom freigeschnittenen Element vorliegen, während $\underline{H}_{12}$ das bereits erörterte gefesselte Ersatzsystem bildet. Dieses gefesselte System muß folglich durch äußere Ersatzlasten $\underline{f}_{12}$ an den KPn dergestalt belastet werden, daß sich genau die am Gesamtsystem bereits ermittelten Verlagerungen $\underline{v}_{12}$ einstellen. Zugehörig ist folglich die System-KPs-Matrix $\underline{K}_{12}$.

$$\underline{f}_{12} = \underline{K}_{12} \cdot \underline{v}_{12} - \underline{F}_{12} \tag{10.28}$$

Tatsächliche äußere Lasten $\underline{F}_{12}$, die an den KPn angreifen könnten, sind abzuziehen. Die am Ersatzsystem $\underline{K}_{12}$ ermittelten Ersatzlasten $\underline{f}_{12}$ bewirken nun Verlagerungen, die ebenso entstehen, wenn statt dessen das Gesamtsystem mit der tatsächlichen äußeren Last $\underline{F}$ belastet wird.

Da nun alle Größen von Gl. (10.26) bekannt sind, können die entsprechenden Zeilen, in denen alle gesuchten Nachgiebigkeitsanteile zu den Torsionswinkeln φ_1 und φ_2 enthalten sind, explizit formuliert werden. Der Übersichtlichkeit halber sei dies zunächst an der 4-FHGe-Stufe gezeigt. Die 2-te und 4-te Zeile von Gl. (10.26) formulieren sich - im $\underline{\kappa}^{(2)}$-System - gemäß Gl. (10.29). Bildet man die Differenz mit den übersetzungsreduzierten Torsionswinkeln, so folgt der Torsionssprung nach Gl. (10.30).

Für die Analyse ist nur der Betrag der Winkeldifferenz maßgeblich. Die einzelnen Summanden leisten positive oder negative Anteile; im Fall einer negativen Differenz von Gl. (10.30) entsprechen somit die negativen Anteile einer tatsächlichen Erhöhung der (negativen) Differenz; die Multiplikation mit $\mathrm{sgn}(\Delta^R\varphi)$ ermöglicht die Ermittlung der positiven und negativen Anteile am Absolutsprung.

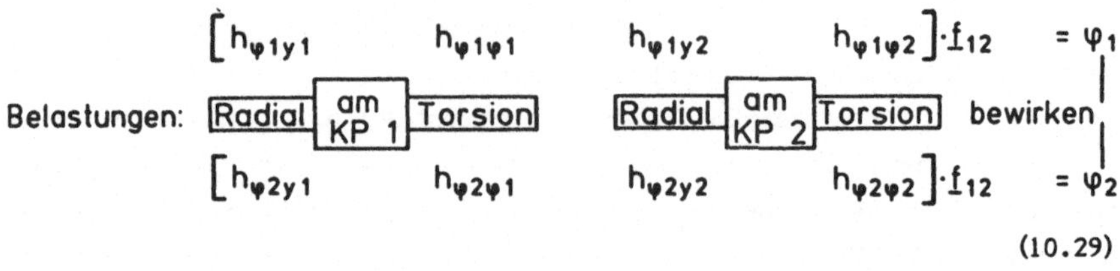

$$\Delta \,(^{R}\varphi_{12}) = \left| \, i_1 \cdot \varphi_1 - i_2 \cdot \varphi_2 \, \right| = \tag{10.30}$$

$$= f_{y1} \cdot (i_1 \cdot h_{\varphi 1 y1} - i_2 \cdot h_{\varphi 2 y1}) + f_{\varphi 1} \cdot (i_1 \cdot h_{\varphi 1 \varphi 1} - i_2 \cdot h_{\varphi 2 \varphi 1}) +$$

$$+ \, f_{y2} \cdot (i_1 \cdot h_{\varphi 1 y2} - i_2 \cdot h_{\varphi 2 y2}) + f_{\varphi 2} \cdot (i_1 \cdot h_{\varphi 1 \varphi 2} - i_2 \cdot h_{\varphi 2 \varphi 2}) \cdot \mathrm{sgn}\,(\Delta^{R}\varphi)$$

Für das 6-FHGe-Modell folgen die Nachgiebigkeitsanteile wegen des komponentengemäßen Aufbaus analog; im lokalen $\underline{x}(6)$-System sind diese nunmehr mit allen Belastungsarten in Verbindung zu sehen. Der streng komponentenweise Aufbau kann vorteilhaft für Modellvergleiche genutzt werden. So entsprechen die Torsionsanteile genau dem Torsionsmodell, das im Falle einer starren Verzahnung keinen Anteil zum übersetzungsreduzierten Torsionssprung beiträgt. Umgekehrt entsprechen die Torsionsbeiträge aufgrund realer Verzahnungsnachgiebigkeit auch bei 6 FHGn diesen beiden Termen, wiederum aufgeteilt in die beiden Wellen. Auch die Radialanteile von Gl. (10.30) sind enthalten. In den anderen Anteilen wirken sich die in jeder Welle enthaltenen Biege-, Lager-, Kipp- und Axial-Nachgiebigkeiten aus. Bzgl. Gl. (10.31) wird zur physikalischen Interpretation zweckmäßig von den KPs-Ersatzlasten $\underline{f}_{12}$ als Verformungsursache ausgegangen; z.B. weisen die Nachgiebigkeitszahlen $h_{\varphi 1 z1}$ und $h_{\varphi 2 z1}$ dann große Werte auf, wenn der KP 1 (Zahnrad 1) auf einer biegeweichen Welle mit nachgiebigen Lagern sitzt, denn eine radiale Kraft in z1-Richtung wirkt sich dann an beiden Zahnrädern in großen Anteilen bei den Torsionswinkeln φ_1 bzw. φ_2 aus. Somit sind speziell die maßgeblichen Biege- und Lagernachgiebigkeiten von Wellen in den Nachgiebigkeitszahlen der Zahnräder enthalten, denn im gekoppelten Gesamtsystem $\underline{K}$ bewirkt eine nachgiebige Wellenkonfiguration insgesamt am interessierenden Zahnrad-KP eine hohe Nachgiebigkeit.

Im Falle einer Geradverzahnung läßt sich andererseits beobachten, daß beide Axialanteile Null sind, da trotz wirksamer Axialkräfte in den Wellen keine Verdrehung der Zahnräder bewirkt wird.

$$\Delta \left(^{R}\varphi_{12}\right) = \left| i_1 \cdot \varphi_1 - i_2 \cdot \varphi_2 \right| =$$

$$= \text{sgn}\left(\Delta^{R}\varphi_{12}\right) \sum_{k=1,2} \sum_{f=1}^{6} f_{fk} \left(i_k \cdot h_{\varphi afk} - i_b \cdot h_{\varphi bfk}\right) =$$

$$
\begin{aligned}
= \text{sgn}\left(\Delta^{R}\varphi_{12}\right) \cdot \Big[& f_{x1} \cdot \left(i_1 \cdot h_{\varphi 1x1} - i_2 \cdot h_{\varphi 2x1}\right) + && \text{— Axial} \\
& f_{y1} \cdot \left(i_1 \cdot h_{\varphi 1y1} - i_2 \cdot h_{\varphi 2y1}\right) + && \\
& f_{z1} \cdot \left(i_1 \cdot h_{\varphi 1z1} - i_2 \cdot h_{\varphi 2z1}\right) + && \text{Radial} \\
& f_{\psi 1} \cdot \left(i_1 \cdot h_{\varphi 1\psi 1} - i_2 \cdot h_{\varphi 2\psi 1}\right) + && \\
& f_{\xi 1} \cdot \left(i_1 \cdot h_{\varphi 1\xi 1} - i_2 \cdot h_{\varphi 2\xi 1}\right) + && \text{Kippen} \\
& f_{\varphi 1} \cdot \left(i_1 \cdot h_{\varphi 1\varphi 1} - i_2 \cdot h_{\varphi 2\varphi 1}\right) + && \text{Torsion} \\
& f_{\varphi 2} \cdot \left(i_2 \cdot h_{\varphi 1\varphi 2} - i_2 \cdot h_{\varphi 2\varphi 2}\right) + && \\
& f_{x2} \cdot \left(i_2 \cdot h_{\varphi 1x2} - i_2 \cdot h_{\varphi 2x2}\right) + && \text{— Axial} \\
& f_{y2} \cdot \left(i_2 \cdot h_{\varphi 1y2} - i_2 \cdot h_{\varphi 2y2}\right) + && \\
& f_{z2} \cdot \left(i_2 \cdot h_{\varphi 1z2} - i_2 \cdot h_{\varphi 2z2}\right) + && \text{Radial} \\
& f_{\psi 2} \cdot \left(i_2 \cdot h_{\varphi 1\psi 2} - i_2 \cdot h_{\varphi 2\psi 2}\right) + && \\
& f_{\xi 2} \cdot \left(i_2 \cdot h_{\varphi 1\xi 2} - i_2 \cdot h_{\varphi 2\xi 2}\right) \Big] && \text{Kippen}
\end{aligned}
\tag{10.31}
$$

am KP 1 ... am KP 2

Da die beiden KPe auf 2 Wellen liegen, liefert das Aufspalten des Torsionssprunges in KPs-Anteile den Zusammenhang mit dem Anteil der Wellen, in denen vor allem die Wellenbiegung und Lagernachgiebigkeiten ursächlich für die starken Kopplungen zwischen radialen Nachgiebigkeiten und der Torsionsrichtung wirken.

Nun lassen sich aber die Nachgiebigkeitsanteile nicht auf einfache Weise z.B. innerhalb des Torsionsdiagramms einzeichnen, denn die einzelnen Summanden können sowohl positiv als auch negativ und vom Betrag durchaus größer als der Gesamtsprung sein. Gl. (10.31) sagt nichts über die Vorzeichen und den Betrag der einzelnen Summanden aus, auch wenn die Summe den bereits bekannten Torsionssprung ergibt. Somit läßt sich innerhalb des Sprunges (Bild 10.5) nicht direkt einzeichnen, welcher Anteil von welchem FHG bzw. KP herrührt.

Die an wellenüberschreitenden Übersetzungselementen durchführbare Analyse legt in Torsionsdiagrammen unmittelbar die nachgiebigen Wellen im Vergleich zu allen anderen Bauteilen offen. Die geschilderte Methode läßt sich auch ganz allgemein auf andere FGHe oder Baugruppen anwenden, denn die 2 FHGe der 2 KPe können beliebig innerhalb der Gesamtstruktur gewählt werden; so bietet sich z.B. an, die Nachgiebigkeitsanteile zwischen 2 Zahnrädern auf einer Welle zu analysieren, um sowohl den Einfluß der 2 benachbarten Wellen als auch der Welle selbst bzgl. der beiden Torsionswinkel zu diskutieren. Das gleiche gilt für die Biegung usw. Eine im Gesamtsystem nachgiebig wirkende und deshalb zu optimierende Welle muß für die konstruktive Detailarbeit mit Hilfe einer wellenbezogenen Darstellung analysiert und optimiert werden.

10.3.3 Wellenbezogene Verformungsdarstellung

Während im Torsionsdiagramm die gesamte Struktur bzgl. nachgiebig wirkender Baugruppen alleine mit Hilfe des Torsions-FHGs $^R\psi$ entlang des statischen Torsionskraftflusses analysiert werden kann, müssen zur detaillierten, konstruktiven Optimierung der als nachgiebig identifizierten Baugruppen die räumlichen Verlagerungen dargestellt werden. Dies führt auf die wellenbezogene Darstellung, in der alle Belastungsarten derart darzustellen sind, daß möglichst wenig Diagramme dieser 6-dimensionalen Verformungen entstehen. Die Verebnung führt allerdings in jedem Fall zu Kompromissen bzgl. der Anschaulichkeit. In einer Ebene (z.B. xy) lassen sich Verformungen gemäß Bild 10.7 darstellen:

y bzw. z: Durchsenkung aus

- Wellenbiegung, radialer Lagerfederung oder Querkraftbelastung

ξ bzw. ψ: Querschnitts-Drehung (Kippen) aus

- Ableitung der Durchsenkung (z' bzw. y') bei Wellenverlagerung
- Kippen scheibenförmiger Bauteile wie
  Zahnräder, Kupplungen, Riemenscheiben, Lager (speziell Innenring)

x: Axialverformung aus

- primär axialer Lagerfederung und
- sekundär Längsverformung von
  Wellenbauteilen bzw. der Wellen selbst

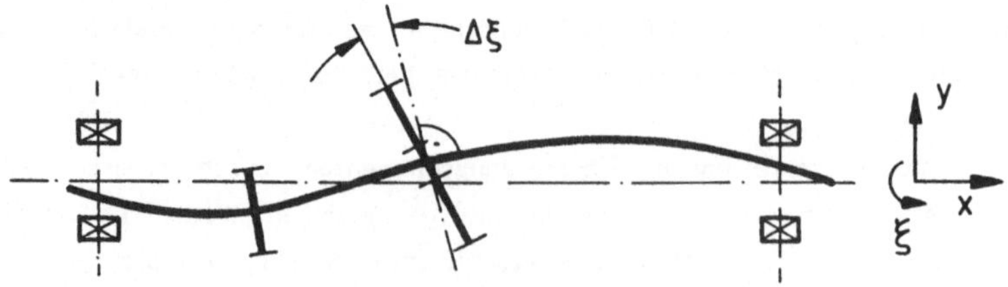

Bild 10.7: Ebene Darstellung der 3 Verformungskomponenten x,y,ξ (bzw. x,z,ψ)

Die Torsion ist bereits im Torsionsdiagramm entlang des vollständigen statischen Torsionskraftflusses vorhanden, so daß sich die wellenbezogene Darstellung erübrigt. An den außerhalb des Kraftflusses liegenden freien Enden von Wellen treten bei statischer Belastung keine Torsionswinkeländerungen auf. Für evtl. interessierende Absolutwinkel φ muß die Übersetzungsreduktion mit i_k^{-1} rückgängig gemacht werden. Eine Darstellung der verbleibenden 5 FHGe x, y, z, ψ, ξ enthält folgende Zusammenhänge:

- Die 2 Biegungsebenen an Wellenbauteilen (ohne Nabenbauteile) werden durch:

$$y, \xi \quad \text{mit} \quad y' = \xi \quad \text{sowie durch}$$
$$z, \psi \quad \text{mit} \quad z' = \psi \quad \text{beschrieben.}$$

- Kippungen in ψ- und ξ-Richtung von Nabenbauteilen bzw. Scheiben können in den 2 Biegungsebenen zusätzlich eingebracht werden.

- Axialverschiebungen x erscheinen in beiden Ebenen auf gleiche Weise.

- Die Verformungslinie (verformte Wellenachse) ist im allgemeinen Fall eine räumlich um die Wellenachse gewundene Linie, deren ebene Darstellung nur eine spezielle Ansicht wiedergibt.

Für die Auswahl geeigneter Ansichten der verformten Wellenachse sind die konstruktiv umsetzbaren Belange bzgl. Beseitigung von Schwachzonen entscheidend. Da an Übersetzungselementen die Kopplungsrichtungen zu den benachbarten Wellen ausschließlich über die Richtung der Übersetzungssteifigkeit erfolgen, wird zweckmäßigerweise in diesen Ebenen (Wellen-Querschnitt) die Wirkung der Wellen-Nachgiebigkeiten analysiert. Trägt man an den Übersetzungselementen zusätzlich (und nur dort) die geometrisch addierte Gesamtverlagerung an, so erhält man einen Vergleich zwischen kopplungswirksamer Richtung des Übersetzungselementes und der Maximalverlagerung.

10.4 Statische Schnittgrößen

Das Aufstellen der Element-Federmatrizen an 2 KPn a,b gemäß Gl. (7.7) für die 4-FHGe-Zahnradstufe wurde für die Federzahlen mit jeweils einer virtuellen Verschiebung und der jeweils betrachteten Reaktion durchgeführt. Dadurch ergibt sich in jeder Zeile die Reaktion (Kraftgröße) eines FHGs auf die möglichen Verlagerungen. Während diese Reaktionen für die Elementherleitung komponentenweise als äußere Kräfte und Momente aufgefaßt wurden, entsprechen diese im Gesamtsystem den i n n e r e n Kräften und Momenten des betrachteten Elementes, die bis auf die Vorzeichen die S c h n i t t g r ö ß e n

darstellen, wie aus der Vereinbarung der Kraftrichtungen in Bild 7.5 zu entnehmen. Dementsprechend müssen an einem FHG eines KPs die aufsummierten Schnittgrößen aller an diesen FHG angekoppelten Elemente zu Null werden,
denn dies entspricht einer Aufhebung des Schnittprinzips; tatsächlich angreifende
Lasten sind abzuziehen.

$$\sum_{E} \underline{f}_a^{(E)} = \underline{F}_a \tag{10.32}$$

Während dieser Unterschied zwischen inneren und äußeren Lasten auseinander-
zuhalten ist, sind die am Gesamtsystem ermittelten Verlagerungen $\underline{v}_a$ wegen
der Kompatibilität (7.18) identisch gleich mit den Element-Verlagerungen $\underline{v}_a^{(E)}$;
diese erfüllen damit - da bereits zur Bildung von $\underline{K}$ verwendet - die Element-
Gleichung wie z.B. (7.2), in der $\underline{K}_{ab}^{(E)}$ ebenfalls bekannt ist. Somit können die
interessierenden Schnittgrößen $\underline{f}_{ab}^{(E)}$ nach Lösung des Gesamtsystems an jedem
Element berechnet werden. Gl. (10.32) lautet dann modifiziert für ein Element:

$$\underline{K}_{ab}^{(E)} \cdot \underline{v}_{ab}^{(E)} - \underline{F}_{ab}^{(E)} = \underline{f}_{ab}^{(E)} \tag{10.33}$$

Da Schnittgrößen nur in wellenbezogenen Belastungsrichtungen anzugeben sinnvoll
ist, muß eine Rücktransformation vom globalen $\underline{g}(6)$-System ins wellenbezogene
$\underline{k}(6)$-System erfolgen.

An Elementen mit V e r z a h n u n g e n (Z) kann durch die im Vektor
$\underline{f}_{12}^{(Z)}$ enthaltenen Komponenten mit Hilfe der Übersetzungshebelarme die räumlich
wirkende Kraft auf die Verzahnung ermittelt werden. An W e l l e n ist der
Biegemomentenverlauf, an L a g e r n sind die Kräfte bestimmbar. Der letzte Schritt zur statischen Festigkeitsauslegung ist dann vollzogen, wenn die Span-
nungen $\underline{\sigma}^{(E)}$ an den Elementen über eine Verknüpfung aus Schnittgrößen $\underline{f}^{(E)}$ und
noch aufzustellenden Element-Spannungsmatrizen $\underline{Z}^{(E)}$ berechnet werden, wie
dies z.B. bei ZIENKIEWICZ /85/ erörtert wird.

$$\underline{\sigma}^{(E)} = \underline{Z}^{(E)} \cdot \underline{f}^{(E)} \tag{10.34}$$

11 Dynamische Analyse

11.1 Reelles Eigenwertproblem

11.1.1 Eigenwerte und Eigenvektoren des konservativen Systems

Gemäß der MVM werden aus den Element-Federmatrizen $\underline{K}^{(E)}$ und Element-Massenmatrizen $\underline{M}^{(E)}$ die beiden Systemmatrizen $\underline{K}$ und $\underline{M}$ (Federsteifigkeiten und Massen) superponiert, wobei davon ausgegangen wird, daß die statische Federmatrix $\underline{K}$ auch für die Dynamik Gültigkeit hat, da die Schwingungsamplituden im engeren Bereich des Betriebspunktes als linear betrachtet werden können.

Mit $\underline{K}$ und $\underline{M}$ läßt sich das konservative System formulieren, bei dem eine im System enthaltene Schwingungsenergie konstant bleibt, da weder Energie unter Verlust weggedämpft wird noch innere Energiequellen enthalten sind. Die beiden Systemmatrizen sind dementsprechend symmetrisch. Wegen stets vorhandener Massenwirkung ist $\underline{M}$ stets positiv definit; dies bedingt eine von Null verschiedene Determinante. Als notwendige, wenn auch nicht hinreichende Bedingung sind somit stets positive Hauptdiagonalelemente erforderlich. Gemäß Gl. (11.1) werden freie Schwingungen ohne äußere Kraft beschrieben.

$$\underline{M}\cdot\ddot{\underline{v}} + \underline{K}\cdot\underline{v} = \underline{0} \tag{11.1}$$

Geeignete Lösungsansätze sind:

$$\underline{v} = \hat{\underline{v}}\cdot e^{j\omega t} \tag{11.2}$$

$$\ddot{\underline{v}} = -\omega^2\cdot\hat{\underline{v}}\cdot e^{j\omega t} \tag{11.3}$$

Dies führt zum allgemeinen, symmetrischen und damit reellen Matrizen-Eigenwertproblem:

$$(\underline{K} - \omega_e^2\cdot\underline{M})\cdot\Phi_e = \underline{0} \tag{11.4}$$

oder

$$\underline{K}\cdot\Phi_e = \lambda_e\cdot\underline{M}\cdot\Phi_e \tag{11.5}$$

Bei n FHGn der zunächst als quadratisch angenommenen n*n Systemmatrizen ergeben sich maximal e = 1...n Eigenvektoren $\underline{\Phi}_e$ bei den zugehörigen Eigenwerten λ_e, die über den Zusammenhang:

$$\lambda_e = \omega_e^2 = (\, 2 \cdot \pi \cdot f_e \,)^2 \qquad\qquad [\omega_e] = \frac{rad}{s} \,, \quad [f_e] = Hz = \frac{1}{s} \qquad (11.6)$$

zu den Eigenkreisfrequenzen ω_e und den Eigenfrequenzen f_e des Systems führen, wodurch die frequenzmäßige Lösung offensichtlich wird. Die zeitliche Lösung erhält man demnach geschlossen als sinusförmige Schwingungen bestimmter Frequenzen im Gegensatz zu beispielsweise numerisch integrierten Zeitverläufen. Die Lösungen v(t) des Gesamtsystems lassen sich als Superposition der Eigenschwingungsanteile darstellen, wie sie in den Eigenvektoren $\underline{\Phi}_e$ enthalten sind; die Anteile p_e jeder Eigenschwingung müssen hierzu berücksichtigt werden. Bei geeignet normierten Eigenvektoren, die nicht die Dimension 1 aufweisen, reduziert sich p_e zu 1.

$$v(t) \;=\; \sum_{e=1}^{n} p_e \cdot \underline{\Phi}_e \cdot e^{j \omega t} \qquad\qquad (11.7)$$

Die Eigenvektoren $\underline{\Phi}_e$ - zunächst mit der Dimension 1 angenommen - bilden als Spalten einer Matrix die M o d a l m a t r i x $\underline{\Phi}$, die durch ihre verallgemeinerten Orthogonaleigenschaften entscheidende Bedeutung hat und die entkoppelte - eben die modale - Beschreibung des in physikalischen Koordinaten stark gekoppelten DGLs-Systems ermöglicht; auf diese Weise wird eine Datenreduktion erreicht, die erst eine konstruktive Umsetzung erlaubt.

Das vorläufige Ausklammern der Dämpfung begründet sich physikalisch-technisch in den real niedrigen Dämpfungen (vgl. Kap. 4) mit dem damit verbundenen geringen Einfluß sowohl auf die Eigenfrequenzen als auch auf die Eigenvektoren (beliebiger Normierung), so daß die Dämpfung modal berücksichtigt werden kann.

Während bei der Statikrechnung mit $|\underline{K}| \neq 0$ eine positiv definite Federmatrix entsprechend einer gefesselten Struktur vorliegen muß, kann prinzipiell im dynamischen Fall wegen vorhandener Massenwirkung ein ungefesseltes System mit semidefiniter Federmatrix $\underline{K}$ zugelassen werden, wenngleich gewisse Besonderheiten zu beachten sind.

11.1.2 Starrkörperverschiebung bei Antriebsstrukturen

Bei ungefesselten Strukturen, wie z.B. bei einem Weltraum-Fahrzeug, treten bei 0 Hz - dem Grenzfall der Dynamik - in den 6 möglichen FHGn Starrkörperverschiebungen auf, da sich die Struktur bei dieser Frequenz starr verhält. Verlagerungen ohne jegliche Verformungen innerhalb der Struktur sind die Folge. Bei Antriebsstrukturen speziell an Werkzeugmaschinen entspricht der Torsions-FHG im Fall von Hauptantrieben ebenfalls einem ungefesselten FHG:

- An der Zerspanungsstelle treten zwar Z e r s p a n k r ä f t e auf, welche oftmals der äußeren Anregung der Antriebsstruktur gleichzusetzen sind, aber mechanisch gesehen entspricht dies nicht einer Federfesselung; der Zerspanprozeß wirkt primär entdämpfend oder dämpfend und sei nicht weiter betrachtet.

- Auf der Antriebsseite stellt bei Hauptantrieben das M a g n e t f e l d des Elektromotors eine nachgiebige Feder dar; deren quantitativer Einfluß liegt effektiv in der Größenordnung des ungefesselten Systems und keineswegs bei der einer Einspannstelle. Bei Antrieben mit Lageregelung - also v.a. bei Vorschubantrieben - bewirkt der Lageregelkreis zumeist eine Fesselungs-Federsteifigkeit, die nicht mehr vernachlässigt werden kann.

- Die restlichen Bereiche der Antriebsstruktur sind torsionsmäßig nicht gefesselt; insbesondere gilt dies für die L a g e r , deren Rollreibung (in φ-Richtung) bei der Dämpfung und nicht bei der Federsteifigkeit einzubringen ist.

Werkzeugmaschinen-Antriebsstrukturen, die mit n FHGn idealisiert werden, liefern somit bei den n Eigenwerten λ, die 1-te Eigenfrequenz mit 0 Hz, so daß n-1 elastische Eigenformen verbleiben. Die Torsions-Starrkörperverschiebung enthält keine auf Verformung (Potential) beruhenden Verdrehungen, sondern diese enthalten im Fall der Absolutwinkel exakt die Übersetzungen. Die übersetzungsreduzierten Torsionswinkel weisen hingegen alle den gleichen Wert auf. Speziell bei verzweigten Antriebsstrukturen kann dies zu einer sehr effizienten Überprüfung der vom Rechenprogramm durchzuführenden Übersetzungsreduktion verwendet werden, da falsche Übersetzungen große Differenzen bei Eigenvektorkomponenten erzwingen, die primär Fehler bei der Idealisierung offenlegen.

Diese transparente Plausibilitätsprüfung beim torsionsmäßig ungefesselten System ist somit auch bei gefesselten Antriebsstrukturen im 1-ten Schritt zu empfehlen. Die nur um die Übersetzung sich unterscheidenden Torsionskomponenten ermöglichen bei geeigneter Eigenvektor-Normierung eine einfache Ermittlung der reduzierten, polaren Massenträgheitsmomente an allen Stellen der Struktur (s. Gln. (11.14,68) und Bild 13.4).

11.1.3   Lösung des Eigenwertproblems

11.1.3.1 Überblick

Algorithmen zur matrizennumerischen Lösung des Eigenwertproblems sind den anspruchsvollen Kapiteln der numerischen Mathematik zuzuordnen, vor allem wenn Effizienz bzgl. Speicherplatzbedarf sowie numerische Stabilität bei größten Systemen gefordert wird.

Bei maßgeblichen Arbeiten auf dem Gebiet der Dynamik von Antriebsstrukturen konnte bis vor wenigen Jahren noch nicht auf entsprechende Algorithmen zurückgegriffen werden, so daß diese Schwierigkeiten teilweise auf Kosten der Modellbildung umgangen wurden, indem Kopplungen vereinfacht oder vernachlässigt wurden und die Modellbildung entweder nicht konsistent oder nur zu grob in ein Gesamtsystem eingebracht wurde. Die rapide Entwicklung sowohl von Hard- als auch Software stellt bereits zur Zeit in Aussicht, daß das gegenüber dem Torsionsmodell (TONA) erheblich im Aufwand gesteigerte 6-FHGe-Modell (ASDY) auf 16-Bit-PC-Rechnern implementierbar wird, da bereits leistungsfähige FORTRAN 77 Compiler große Arbeitsspeicher adressieren können (derzeit ca. 1 MByte) und zugleich die Algorithmen auf maximale Speicherplatzeinsparung bei völlig zufriedenstellender Genauigkeit und numerischer Stabilität zur Verfügung stehen bzw. weiter entwickelt werden. Der Speicherplatzmangel stellt somit nicht mehr das noch vor wenigen Jahren dominante Problem dar.

Von der Rechenzeit aus betrachtet sind vor allem mit Arithmetik-Prozessoren Rechenzeiten zu erwarten, die für die Lösung des reellen Eigenwertproblems bei Antriebsstrukturen selbst bei PC-Rechnern wohl weit weniger als eine Stunde brauchen werden. Mit dem Einsatz von Kondensations- und Komponentenmethoden lassen sich zusätzlich die Systemmatrizen erheblich reduzieren, so daß der gesteigerte Programmaufwand nicht an der Rechenbarkeit scheitert.

Für die Bewältigung des Eigenwertproblems ist für diverse Algorithmen die Gestalt der Systemmatrizen eine wichtige Einflußgröße, da der erforderliche Speicherplatz demgemäß vereinbart werden muß. Zu unterscheiden sind:

- Vollbesetzte Matrizen
- Bandmatrizen
- Skyline-Matrizen
- Sparse-Matrizen

Während die Algorithmen für voll besetzte Matrizen die bei Antriebsstrukturen meist bandförmige Gestalt der Systemmatrizen nicht ausnutzen, richtet sich bei Bandmatrizen der maximal benötigte Speicherplatz neben der FHGe-Anzahl sehr stark nach der größten in der Idealisierung vorkommenden KPs-Differenz, womit bereits der Großteil der unnötig besetzten Matrixelemente (mit dem Wert Null) nicht mehr abgespeichert zu werden braucht. Eine Verfeinerung der Bandmatrizen stellen die Skyline-Matrizen dar, bei denen das am weitesten von der Hauptdiagonale entfernte, von Null verschiedene Element in jeder Zeile die Begrenzung der Matrix ergibt. Da die maximale KPs-Differenz nicht auf einfache Weise minimiert werden kann, existieren hierfür Umordnungsalgorithmen, die wiederum bei den Sparse-Matrizen überflüssig sind, da hier nur noch die tatsächlich von Null verschiedenen Matrizenelemente mit Hilfe von Lokalisierungsfeldern abgespeichert werden. Gegenüber den Bandmatrizen kann im Fall von Antriebsstrukturen der Speicherplatz größenordnungsmäßig um ca. $\frac{1}{3}$ gegenüber Bandmatrizen reduziert werden. Allerdings steigt hier der Aufwand zu der dann doch umfangreichen Handhabung und Organisation von Hilfsfeldern stark an, da die diversen Routinen unterschiedliche Matrixstrukturen bedingen. Bedeutend wird dies im Fall der Subspace-Iteration, bei der durch blockweises Vorgehen an Submatrizen ein sequenzielles Abarbeiten der Systemmatrizen vorgenommen wird, so daß der Arbeitsspeicher nicht mit den kompletten Systemmatrizen belegt zu werden braucht.

Bzgl. der detaillierten Darstellung der Algorithmen sei hier auf das umfangreiche Schrifttum /65,66,78/ verwiesen; die Algorithmen für reelle Eigenschwingungen haben zwischenzeitlich einen derart hohen Standard bzgl. numerischer Stabilität erreicht, daß die Verwendung unproblematisch ist; numerische Feinheiten sind dem Gebiet der Informatik zuzuordnen. Für ASDY sind zwei Algorithmen wahlweise einstellbar, einer für vollbesetzte Matrizen, wie z.B. ähnlich im Programm TONA zu finden, und Bandmatrizen-Algorithmen, die am LRZ München als Bibliotheksroutinen angeboten werden /87/.

11.1.3.2 Bandmatrizen-Algorithmen

Die Lösung des Eigenwertproblems umfaßt die Ermittlung von Eigenwerten und der zugehörigen Eigenvektoren des betrachteten Systems. Folgende Forderungen werden von den am LRZ München verfügbaren, ausgewählten Routinen erfüllt:

- Ausschließliche Benutzung von symmetrischen Bandmatrizen ohne zusätzliche Definition vollbesetzter Matrizen (dies ist vor allem bei der CHOLESKY-Zerlegung zu beachten).

- Semidefinite Steifigkeitsmatrizen müssen zugelassen sein, um ungefesselte Strukturen berechnen zu können.

- Ein frei wählbarer, geringer Anteil aller Eigenwerte (z.B. 20 von 300 möglichen) kann berechnet werden.

- Die Routine zur Berechnung der Eigenvektoren muß die bisher genannten Forderungen ebenso erfüllen.

Die NAG-Programmbibliothek /87/ enthält Routinen, die diesen Erfordernissen mit der praktisch nicht einschränkend wirkenden Ausnahme mehrfacher Eigenwerte gerecht werden. Die Berechnung von Eigenvektoren zu mehrfachen Eigenwerten (Routine F$\emptyset$2 SDF) liefert nur identische, also mehrfache Eigenvektoren, so daß z.B. bei 2 identischen Eigenwerten für den 2-ten Eigenwert der bereits zum 1-ten Eigenwert gehörige Eigenvektor wiederum für den 2-ten Eigenvektor berechnet wird. Einerseits sind zwar beim 6-FHGe-Modell stark überlagerte, also frequenzmäßig eng (im Prozentbereich) beisammen liegende Eigenschwingungen zu beobachten, andererseits liegt erfahrungsgemäß die Identifikationsmöglichkeit von 2 zu beinahe identischen Eigenwerten gehörenden Eigenvektoren im Bruchteil eines Promills der Eigenfrequenz, so daß die Wahrscheinlichkeit quasiidentischer Eigenwerte sehr gering ist (auch von der Rechnergenauigkeit abhängig). Im Falle tatsächlich 2-er fälschlicherweise identisch ermittelter Eigenvektoren kann aus physikalischen Gründen auf einfachste Weise durch betragsmäßig kleinste Änderungen von Federn oder Massen eine kleine Frequenzabstandsänderung erzwungen werden, mit der die verschiedenen Eigenvektoren dann wieder identifiziert werden können. Der quantitative Einfluß dieser Manipulation liegt bei weitem unterhalb jener der beim Idealisieren immer vorhandenen Fehler. 5 Routinen sind insgesamt erforderlich:

Routine F$\emptyset$1 BUF:	Zerlegung der Massenmatrix
Routine F$\emptyset$1 BVF:	Übergang vom allgemeinen zum speziellen Eigenwertproblem
Routine F$\emptyset$1 BWF:	Tri-Diagonalisierung
Routine F$\emptyset$2 BFF:	Ausgewählte Eigenwerte $\lambda_{\bullet}$
Routine F$\emptyset$2 SDF:	Eigenvektor $\underline{u}_{\bullet}$ (vgl. 11.2.2.3) zu einem gegebenen Eigenwert $\lambda_{\bullet}$

11.1.4 Mehrfache und eng benachbarte Eigenwerte

Die modale, also entkoppelte Beschreibung liefert per definitionem keine gekoppelten Eigenschwingungen, auch dann nicht, wenn Eigenfrequenzen identisch zusammenfallen. Identische Eigenfrequenzen bedingen bei der modalen Beschreibung stets verschiedene, orthogonale, also entkoppelte Eigenvektoren, auch wenn sich dies nur, wie im Fall eines zylindrischen Balkens, durch eine andere räumliche Lage der ansonsten vom Betrag her gleichen Biegeeigenformen auswirkt. Man kann folglich nicht von gekoppelten Eigenschwingungen sprechen, sondern von frequenzmäßig zusammenfallenden oder eng benachbarten Eigenschwingungen, die eine starke Überlagerung bewirken. Die Analyse gemessener Frequenzgänge zur Bestimmung der modalen Parameter bei identischen bzw. in der Regel nur beliebig eng benachbarten Eigenfrequenzen bereitet gravierende Schwierigkeiten; das rechnerische Pendant hingegen läßt sich erheblich einfacher überprüfen, wie beispielsweise durch einen allseitig ungefesselten Balken:

- Bei 0 Hz existiert ein 6-facher Eigenwert entsprechend den 6 Starrkörperverschiebungen. Physikalisch hat dies unendliche Nachgiebigkeit zur Folge, wodurch eine infinitesimal kleine Kraft einen unendlichen Weg bewirkt.

- Alle Biegeeigenschwingungen liefern jeweils exakt doppelte Eigenwerte; die zugehörigen Eigenvektoren dürfen aber nicht identisch sein.

- Durch Manipulation von Länge und Durchmesser, die zunächst durch die analytische Lösung ermöglicht wird, können zusätzlich 3-fache Eigenwerte mit innerhalb der Rechnergenauigkeit liegenden, identischen bzw. zumindest beinahe zusammenfallenden Eigenfrequenzen erreicht werden. Beispielsweise können die beiden 2-ten Biegeeigenschwingungen mit der 1-ten Torsion frequenzmäßig zusammenfallen; vgl. Bild 11.5.

- Mit Hilfe systemnormierter Eigenvektoren (nur mit diesen) lassen sich die Systemverhältnisse quantifizierend vergleichen, so daß bei Testläufen angegeben werden kann, bei welcher Differenz 2-er beinahe identischer Eigenwerte noch verschiedene Eigenvektoren vom Algorithmus aufgelöst werden.

11.2 Normierung von Eigenvektoren

11.2.1 Eigenvektoren der Dimension 1

Die Eigenvektoren sind Lösungen eines homogenen, linearen Systems, weshalb aus mathematischer Sicht eine beliebige Normierung erfolgen darf. Anzustreben sind jedoch physikalisch transparente Normierungen, die den technischen Anforderungen gerecht werden. Mit üblichen, speziell zur Dimension 1 führenden

Normierungen kann dieser Anspruch auf einfache Weise nicht erfüllt werden, so daß eine ingenieurgemäß erforderliche Quantifizierung nicht ermöglicht, ja sogar in gewissem Umfange verhindert wird.

Zunächst seien diese zu Eigenvektoren der Dimension 1 führenden Normierungen aufgeführt. Die Gln. (11.8a-d) unterscheiden sich nur formal, sie ergeben also identische Eigenvektoren. Bzgl. der matrizengemäßen Formulierung sei darauf hingewiesen, daß die Normierungen implizit formuliert sind, weshalb in den Gleichungen die der formulierten Vorschrift entsprechenden Eigenvektoren bereits enthalten sind; will man vorhandene Eigenvektoren gemäß einer anderen Vorschrift umnormieren, so sind in den Normierungsvorschriften zusätzlich Normierungsfaktoren einzuführen, die für jeweils einen Eigenvektor $\underline{\Phi}_e$ einen konstanten Faktor darstellen, vgl. Kap. 11.4.

$$\underline{\underline{\Phi}}^T \, \underline{\underline{\Phi}} = \underline{\underline{I}} \qquad\qquad (11.8a)$$

$$\underline{\Phi}_e^T \, \underline{\Phi}_e = 1 \qquad\qquad (11.8b)$$

$$\sum_n \Phi_{e,n}^2 = 1 \qquad\qquad (11.8c)$$

$$\sqrt{\sum_n \Phi_{e,n}^2} = 1 \qquad\qquad (11.8d)$$

$$\dim \Phi_{e,n} = 1$$

Diese identischen Normierungen entsprechen einer Art geometrischer Mittelwertbildung, wie dies Gl. (11.8d) deutlich macht. Zu finden ist auch die Normierung auf die pro Eigenvektor maximale Komponente, welcher der Wert 1 zugewiesen wird.

$$\Phi_{e,max} = 1 \qquad\qquad (11.9)$$

Noch willkürlicher erscheint die Normierung (11.10), bei der z.B. die jeweils 1-te Eigenvektor-Komponente den Wert 1 annimmt.

$$\Phi_{e,1} = 1 \qquad\qquad (11.10)$$

Die Dimension 1 läßt den fehlenden quantifizierenden Zusammenhang mit Schwingungsamplituden missen. Eigenvektoren geben dynamische Verformbarkeiten, also latente Eigenschaften des Systems wieder, die letzlich Aufschluß über die zu erwartenden Amplituden oder in datenreduzierender Weise über Systemverhältnisse (vgl. Bild 6.2) geben sollen. Es müßte also zumindest eine Dimension bzgl. Weg, Geschwindigkeit oder Beschleunigung enthalten sein. Auch die vollkommen gleichwertigen Amplituden mit dem Wert 1 bei unterschiedlichen Eigenvektoren täuschen irreführenderweise eine Gleichberechtigung der Eigenschwingungen vor, die real keineswegs gegeben ist, so daß von der Optimierung der tatsächlich nachgiebig wirkenden Eigenvektoren das Augenmerk auf völlig irrelevante Eigenvektoren abgelenkt wird. Dies steht auch im Zusammenhang mit der allgemein gültigen Vorstellung, daß Schwingungs-Weg-Amplituden bei den Resonanzen mit zunehmender Frequenz tendenziell kleiner werden. Hier sei an die Resonanzamplitude des Nachgiebigkeits-Frequenzganges von Gl. (6.25) erinnert, in die neben der Dämpfung die Federsteifigkeit k und nicht etwa der Wert 1 multiplikativ eingeht. Der entscheidende Einfluß der inneren Systemverhältnisse k, d, m auf die äußeren Systemverhältnisse N, B, U ist ebenfalls in der abstrakteren Ebene der modalen Beschreibung anzuwenden; dementsprechend findet sich z.B. die Federsteifigkeit des Einmassenschwingers auch an räumlich ausgedehnten Strukturen; die dort vorhandene Frequenzabhängigkeit und die räumliche Abhängigkeit von Erreger- und Bewegungsstelle (äußere Systemverhältnisse) kann schließlich über systemnormierte Eigenvektoren quantitativ hergestellt werden. Die starke Abhängigkeit der Amplituden von Art und Baugröße einer Struktur ist somit in Eigenvektoren einzubeziehen.

Essentielle Unterschiede bestehen zwischen den Eigenschwingungen beispielsweise eines Kraftwagens, einer Werkzeugmaschine oder eines Flugzeuges, selbst wenn Eigenfrequenzen dieser unterschiedlichen Objekte identisch sind. Auch baugleiche Strukturen verschiedener Leistungsklassen weisen diese Unterschiede auf, selbst wenn der qualitative Verlauf der Eigenformen übereinstimmt. Gefragt ist schließlich nicht nur nach den Verhältnissen von Schwingungsamplituden innerhalb einer Eigenschwingung (nur diese Information enthält ein Eigenvektor der Dimension 1), sondern letztlich muß der Zusammenhang mit absoluten Bewegungsgrößen angegeben werden können, wie dies mit Systemnormierungen ermöglicht wird; die Eigenschaften des Systems werden hierbei über eine der Systemmatrizen in die Eigenvektoren eingebracht.

11.2.2 Systemnormierte Eigenvektoren, äußere Kenn-Systemverhältnis-Wurzeln

Als Systemnormierungen von Eigenvektoren seien diejenigen Normierungsvorschriften bezeichnet, bei denen notwendigerweise eine der Systemmatrizen $\underline{K}$, $\underline{M}$ oder $\underline{R}$ (Dämpfungsmatrix) enthalten ist. Im Gegensatz zu den Normierungen der Dimension 1 enthalten nun die Normierungsvorschriften die allgemeine, quadratische Form, die einen Skalar C ergibt und als Energieausdruck interpretiert werden kann (vgl. Potential):

$$\underline{\Phi}_e^T \, \underline{G} \, \underline{\Phi}_e = C \tag{11.11}$$

Von den zahlreich verbleibenden Varianten werden vorteilhaft jene verwendet, bei denen der direkte Zusammenhang mit den dynamischen Systemverhältnissen, bestehend aus Bewegungsgrößen sowie Erregerkraft hergestellt werden kann (Kap. 6.1.2), oder anders gesehen: Die modalen Federsteifigkeiten, Massen und Dämpfungen können damit in einen einfachen Zusammenhang gebracht werden (Kap. 11.5); also mit:

- Nachgiebigkeit
- Beweglichkeit
- Beschleunigbarkeit

Während in den Systemmatrizen $\underline{G}$ jeweils 3 verschiedene Einheiten vorkommen (gemäß den Kombinationen aus Translation und Rotation; vgl. Kap. 9.2), enthalten die als Quasi-Verschiebungen und -Verdrehungen aufzufassenden systemnormierten Eigenvektoren nur jeweils die rein translatorischen und rotatorischen Kombinationen aus Last- und Bewegungsgröße. Die entsprechenden Einheiten stehen unter der Wurzel; diese ist in ihrer physikalischen Bedeutung nicht unmittelbar einsichtig und wird letztlich nur im Zusammenhang mit den entsprechenden Frequenzgang-Darstellungen (Kap. 11.5.5) plausibel, also stehen beispielsweise die eine Nachgiebigkeits-Einheit unter der Wurzel enthaltenden Eigenvektoren mit dem Nachgiebigkeits-Frequenzgang in direktem Zusammenhang.

Die modale Beschreibung bildet ein kompliziertes System auf einfache Kenn-Systeme ab; mit einer endlichen Anzahl von $e = 1 \ldots n$ Kenn-Systemen wird die Struktur in einem interessierenden Frequenzbereich ohne Informationsverlust beschrieben. Dementsprechend sind die systemnormierten Eigenvektoren mit ihren unter der Wurzel stehenden Systemverhältnis-Einheiten allgemein als Kenn-Systemverhältnis-Wurzeln zu bezeichnen. Eine wichtige Eigenschaft ermöglicht die Umrechnung der 3 Normierungen mit der zugehörigen Eigenkreisfrequenz.

Die Bezeichnung der Normierungen entsprechend der verwendeten Systemmatrizen (z.B. Massennormierung im Fall der Massenmatrix) kann nicht konsistent gehalten werden, da letztlich mit jeder Systemmatrix jede der Kenn-Systemverhältnis-Wurzeln erreicht werden kann, indem z.B. die rechte Seite der Vorschrift (11.11) angepaßt wird. Zweckmäßiger ist die Bezeichnung nach dem Ergebnis, also nach der physikalisch interpretierbaren Eigenschaft der Eigenvektoren, die aufgrund ihrer technisch-praktikablen Bedeutung mit separaten Symbolen bezeichnet werden, so daß schließlich Konsistenz besteht bzgl. Symbol, Normierungsbezeichnung und physikalischer Einheit bzw. Bedeutung.

So wie in den Gln. (6.25-27) die inneren Systemverhältnisse (z.B. Federsteifigkeit) in das Resonanzverhalten (z.B. Nachgiebigkeit) des Einmassenschwingers eingehen, erbringt beim Viel-FHGe-System erst das Einbeziehen von Systemmatrizen (z.B. Federmatrix) den Zusammenhang mit den äußeren Systemverhältnissen (z.B. Nachgiebigkeits-Frequenzgang). Die Systemeigenschaften, die als solche direkt in Systemmatrizen enthalten sind, werden dadurch zweckmäßig in den systemnormierten Eigenvektoren einbezogen. Aus nicht nur formaler Sicht ist auf die vereinfachenden Formulierungen der modalen Parameter in Bild 11.4 hinzuweisen; dort sind für die 3 System-Normierungen jeweils die 3 Systemmatrizen aufgeführt, während zunächst diejenigen Matrizen Verwendung finden, die unmittelbar zu den physikalischen Einheiten führen. Folgende Charakteristika der Systemnormierungen sind hervorzuheben:

- Einfache Ausdrücke für modale Federn und Massen (Kap. 11.5.2);

- direkter Zusammenhang mit Resonanzüberhöhungen beim Frequenzgang von Systemverhältnissen (Kap. 11.5.4);

- quantifizierende Bewertung verschiedener Eigenschwingungen untereinander;

- Umrechnung der 3 Systemnormierungen über die Eigenfrequenz (Kap. 11.4);

- Interpretation der Eigenschwingungen bzgl. Feder- und Massenwirkung, dies entspricht den reduzierten Federn und Massen der Maschinendynamik;

- Art und Baugröße der Struktur sind quantitativ enthalten (Kap. 14);

- Vergleichbarkeit verschiedener Lösungskonzepte gleicher Problemstellungen;

- Quantifizierung der Änderung von Eigenfrequenzen gegenüber der Änderung tatsächlicher Amplituden der Struktur.

11.2.2.1 Nachgiebigkeits-Normierung

Bei der Nachgiebigkeits-Normierung (11.12) kann analog zu den statischen Verformungen die Wegamplitude $\underline{v}_e$ als Verformungsamplitude bezeichnet werden,
so daß mit der Belastungsamplitude $\underline{F}_e$ der Zusammenhang mit der Nachgiebigkeit in Form von Kenn-Nachgiebigkeits-Wurzeln $\underline{n}_e$ vorliegt. Die Nachgiebig-
keits-Modalmatrix $\underline{n}$ enthält die Eigenvektoren $\underline{n}_e$ als Spaltenvektoren.

$$\underline{n}_e^T \, \underline{\underline{K}} \, \underline{n}_e \; = \; 1 \qquad \begin{aligned} \left[n_{e,tr}\right] &= \sqrt{\frac{m}{N}} \; = \; \sqrt{\frac{s^2}{kg}} \\[2ex] \left[n_{e,ro}\right] &= \sqrt{\frac{rad}{Nm}} \; = \; \sqrt{\frac{s^2}{kgm^2}} \end{aligned} \qquad (11.12)$$

11.2.2.2 Beweglichkeits-Normierung

Zur Beweglichkeits-Normierung wird die Dämpfungs-Matrix $\underline{\underline{R}}$ verwendet. Die
Einheiten verdeutlichen den Quotienten aus Geschwindigkeitsamplitude $\underline{\dot{v}}_e$ zur
Belastungsamplitude $\underline{F}_e$, weshalb $\underline{b}_e$ die Kenn-Beweglichkeits-Wurzeln enthält,
die wiederum spaltenweise in der Beweglichkeits-Modalmatrix $\underline{b}$ stehen.

$$\underline{b}_e^T \, \underline{\underline{R}} \, \underline{b}_e \; = \; 2\,D_e \qquad \begin{aligned} \left[b_{e,tr}\right] &= \sqrt{\frac{m}{Ns}} \; = \; \sqrt{\frac{s}{kg}} \\[2ex] \left[b_{e,ro}\right] &= \sqrt{\frac{rad}{Nms}} \; = \; \sqrt{\frac{s}{kgm^2}} \end{aligned} \qquad (11.13)$$

11.2.2.3 Beschleunigbarkeits-Normierung

Mit der Vorschrift (11.14) wird speziell bei den Translationen der Zusammenhang
mit der Masse (Trägheit) deutlich. Der Kehrwert führt wegen des Verhältnisses
aus Beschleunigungsamplitude $\underline{\ddot{v}}_e$ zum Belastungsvektor $\underline{F}_e$ auf Kenn-Beschleunigbarkeits-Wurzeln $\underline{u}_e$, die als Spaltenvektoren in der Beschleunigbarkeits-Mo-
dalmatrix $\underline{u}$ zusammengefaßt sind.

$$\underline{u}_e^T \, \underline{\underline{M}} \, \underline{u}_e \; = \; 1 \qquad \begin{aligned} \left[n_{e,tr}\right] &= \sqrt{\frac{m}{Ns^2}} \; = \; \sqrt{\frac{1}{kg}} \\[2ex] \left[n_{e,ro}\right] &= \sqrt{\frac{rad}{Nms^2}} \; = \; \sqrt{\frac{1}{kgm^2}} \end{aligned} \qquad (11.14)$$

11.3   Entkopplung durch Diagonalisieren

11.3.1   Verallgemeinerte Orthogonalität der Eigenvektoren

Die Sonderstellung der Modalmatrix wird deutlich, wenn man deren verallgemeinerte Orthogonaleigenschaften auf die Matrizen-Schwingungs-DGL anwendet. Die damit durchführbaren Orthogonal-Transformationen erlauben die technologisch und für die physikalische Interpretation wesentliche Entkopplung eines Systems. Es ist allerdings darauf hinzuweisen, daß 2 verschiedene Eigenvektoren $\underline{\Phi}_e$ und $\underline{\Phi}_g$ nicht direkt einander orthogonal sind. Es ist also zu beachten:

$$\underline{\Phi}_e^T \cdot \underline{\Phi}_g \neq 0 \tag{11.15}$$

Erst das Einbeziehen von Systemmatrizen - ähnlich den Systemnormierungen für 2 identische Eigenvektoren in Kap. 11.2 - liefert für 2 verschiedene Kenn-Systemverhältnis-Wurzeln die Orthogonalbedingung Null. Von den 9 möglichen Kombinationen aus Kenn-Systemverhältnis-Wurzeln und Systemmatrizen seien die 3 für die modalen Parameter K_e, R_e, M_e entscheidenden aufgeführt (hierzu vergleiche man auch Bild 11.4):

$$\underline{n}_e^T \cdot \underline{\underline{K}} \cdot \underline{n}_g = 0 \tag{11.16}$$

$$\underline{b}_e^T \cdot \underline{\underline{R}} \cdot \underline{b}_g = 0 \tag{11.17}$$

$$\underline{u}_e^T \cdot \underline{\underline{M}} \cdot \underline{u}_g = 0 \tag{11.18}$$

11.3.2   Entkopplung des konservativen Systems

Die mit einer Modalmatrix durchführbare Orthogonaltransformation auf die Lösungsansätze (11.2,3) angewandt entspricht einer Entwicklung der DGLn nach Eigenfunktionen bei analytischen Modellen. Der dynamische Verlagerungsvektor und dessen Ableitungen lassen sich entsprechend mit der Modalmatrix in den sog. modalen Koordinaten oder Hauptkoordinaten $\underline{p}$ bzw. $\ddot{\underline{p}}$ ausdrücken. Zu der wichtigen Eigenschaft der Entkopplung gelangt man durch Darstellung der Lösungsvektoren:

$$\underline{v} = \hat{\underline{v}} \cdot e^{j\omega t} \tag{11.2}$$

in einer Linearkombination der Modalmatrix mit neuen, diese Entkopplung enthaltenden, Koordinaten $\underline{p}$, die als m o d a l e Koordinaten oder Hauptkoordinaten bezeichnet werden, wie dies bereits aus Gl. (11.7) ersichtlich ist.

$$\underline{v} = \underline{\underline{\Phi}} \cdot \underline{p} \qquad \underline{p} = \underline{\underline{\Phi}}^T \cdot \underline{v} \tag{11.19}$$

$$\underline{\ddot{v}} = \underline{\underline{\Phi}} \cdot \underline{\ddot{p}} \qquad \underline{\ddot{p}} = \underline{\underline{\Phi}}^T \cdot \underline{\ddot{v}} \tag{11.20}$$

Die modalen Koordinaten lassen sich mit $\underline{\underline{\Phi}}^T$ ins physikalische Koordinatensystem zurücktransformieren. Substitution der physikalischen Koordinaten im konservativen System sowie zusätzliche Linksmultiplikation mit $\underline{\underline{\Phi}}^T$ ergibt:

$$\underbrace{\underline{\underline{\Phi}}^T \underline{\underline{M}} \underline{\underline{\Phi}}}_{\underline{\underline{M}}_e \text{ Masse}} \underline{\ddot{p}} + \underbrace{\underline{\underline{\Phi}}^T \underline{\underline{K}} \underline{\underline{\Phi}}}_{\underline{\underline{K}}_e \text{ Feder}} \overbrace{\underline{p}}^{\text{Modale Koordinaten}} = 0 \qquad\text{Modale} \tag{11.21}$$

Im Gegensatz zu Gl. (11.1), bei der die physikalischen Koordinaten $\underline{v}$ starke Kopplungen der FHGe untereinander enthalten, indem jede Zeile des Matrizen-DGLs-Systems die verschiedensten Koordinaten enthält, ist nun das DGLs-System vollständig entkoppelt. Die Ausdrücke:

$$\underline{\underline{\Phi}}^T \underline{\underline{G}} \underline{\underline{\Phi}} \tag{11.22}$$

mit den Systemmatrizen $\underline{\underline{G}}$ sind Diagonalmatrizen wie dies die Normierungsvorschriften (11.12-14) zeigen; diese werden gemäß ihrer orthogonal-transformierten, physikalischen Eigenschaften in den nunmehr modalen Koordinaten als modale Massen M_e und modale Federsteifigkeiten K_e bezeichnet. Gl. (11.21) läßt sich auch schreiben:

$$M_e \cdot \ddot{p}_e + K_e \cdot p_e = 0 \tag{11.23}$$

Dies ist die Gleichung eines Einmassenschwingers für jeweils eine Eigenschwingung e; jeder der e = 1...n Eigenschwingungen ist damit nur noch eine Gleichung eines Einmassenschwingers zugeordnet; vgl. Kap. 6.

Die Lösung von n Einmassenschwingern bei n zugeordneten Eigenfrequenzen ersetzt nun die im Frequenzbereich unendlich vielen Lösungen (für jeden infinitesimal kleinen Frequenzschritt) eines n-fach gekoppelten DGLs-Systems. Die nähere Betrachtung des modalen Einmassenschwingers sowie dessen Erweiterung auf das bedämpfte, zwangserregte System führt auf die Frequenzgang-Darstellung.

11.3.3   <u>Entkopplung des freien, bedämpften Systems</u>

Mit der Dämpfungsmatrix $\underline{R}$ (geschwindigkeits-proportionale Dämpfungskräfte) formuliert sich das vollständige Matrizen-DGLs-System zu:

$$\underline{M}\,\underline{\ddot{v}} + \underline{R}\,\underline{\dot{v}} + \underline{K}\,\underline{v} = \underline{0} \tag{11.24}$$

Die beim konservativen System entkoppelnd wirkende Modalmatrix sei nun auch auf die Gl. (11.24) angewandt:

$$\underline{\Phi}^T \underline{M} \underline{\Phi}\, \underline{\ddot{p}} + \underline{\Phi}^T \underline{R} \underline{\Phi}\, \underline{\dot{p}} + \underline{\Phi}^T \underline{K} \underline{\Phi}\, \underline{p} = \underline{0} \tag{11.25}$$

Mit der zu Gl. (11.21) analogen Vereinbarung:

$$R_e = \underline{\Phi}_e^T\, \underline{R}\, \underline{\Phi}_e \qquad \text{bzw.} \qquad \underline{R}_e = \underline{\Phi}^T\, \underline{R}\, \underline{\Phi} \tag{11.26}$$

folgt:

$$\underline{M}_e\, \underline{\ddot{p}} + \underline{R}_e\, \underline{\dot{p}} + \underline{K}_e\, \underline{p} = \underline{0} \tag{11.27}$$

oder

$$M_e\, \ddot{p}_e + R_e\, \dot{p}_e + K_e\, p_e = 0 \tag{11.28}$$

Diagonalisierbare Dämpfung ist hierbei vorauszusetzen:

$$\underline{R}_e = \text{diag}\,(R_e) \tag{11.29}$$

Dies wirkt zwar für die Eigenschaften der Dämpfungsmatrix $\underline{R}$ einschränkend, andererseits liefert die Diagonalform der modalen Dämpfungsmatrix $\underline{R}_e$ denjenigen Fall der Lösung, der vorteilhaft zum reellen Eigenwertproblem führt. Weist die transformierte Dämpfungs-Matrix $\underline{R}_e$ von Gl. (11.26) Nebendiagonalen auf, die zusätzlich z.B. durch Kreiselmomente asymmetrisch sein können, so werden die Eigenschwingungen komplex. Die Struktur schwingt dann nicht mehr in Phase, der Realteil - s. Gl. (6.1) - bringt einen 'laufenden' Anteil ein, so daß die Schwingungsknoten ihre Lage ändern. Eine reelle Eigenform kann beispielsweise bei Wellenbewegungen des Wassers beobachtet werden.

Wenn im allgemeinen Fall durch Gl. (11.26) keine Diagonalform von $\underline{R}_{\bullet}$ und damit keine reelle Lösung erreicht werden kann, so stellt sich die Frage, wie $\underline{R}$ hierfür beschaffen sein muß und inwieweit dies die Lösung speziell bzgl. realer Antriebsstrukturen beeinflußt. Hierfür ist es zweckmäßig, die Bildung der System-Dämpfungsmatrix $\underline{R}$ zu erörtern. Während die Feder- und Massenwirkungen der Struktur elementweise formuliert und in den Gesamtmatrizen superponiert werden, stößt diese Methode bei der Dämpfung auf Probleme, die aber aufgrund der technischen Gegebenheiten umgangen werden können. Die elementweise Dämpfungsformulierung ist vor allem dort sehr ungenau, wo die größten Beiträge zum Gesamtsystem enthalten sind, nämlich in den formschlüssigen Verbindungen, bei denen die Dämpfung unter anderem stark von den Fertigungstoleranzen abhängt.

Neben dieser bisher ungelösten Modellproblematik sind diese Elementbeiträge $D < 0,1$ bzgl. des Kopplungseinflusses gering, so daß derartig gekoppelte, modale Dämpfungsmatrizen $\underline{R}_{\bullet}$ im Vergleich zur Hauptdiagonalen nur sehr kleine Werte auf den Nebendiagonalen enthalten. Die einzelnen Eigenschwingungen sind somit nur schwach über die Dämpfung gekoppelt (bzw. komplex), wodurch bei der Frequenzgang-Berechnung nur im Phasengang größere Fehler entstehen.

Pragmatisch gesehen steht der Aufwand zur elementweisen - immer sehr ungenauen - Aufstellung der Dämpfungsmatrix mit dem damit verbundenen zusätzlichen hohen Aufwand bei der Lösung in keinem vernünftigen Verhältnis zu den dann tatsächlichen schwachen Kopplungen der Eigenschwingungen bei Dämpfungen von $D_{\bullet} < 0,1$.

Diese Betrachtung gilt dann nicht mehr, wenn lokal starke Dämpfungen wirken, wie dies bei der Auslegung von Hilfsmassendämpfern der Fall ist; Dämpfungsgrade von $D = 0,2$ und mehr sind dann zu realisieren, die eine derart starke Änderung gegenüber reellen Eigenformen bewirken, daß damit das Auslegungsziel in Frage gestellt ist. Die zur Auslegung nötigen Kenn-Nachgiebigkeiten des reellen Systems werden dann durch den Dämpfer allzu stark verändert. Aufgrund des erheblich gesteigerten Berechnungs-Umfangs für die komplexen Eigenformen wird man zweckmäßigerweise an einem stark kondensierten, reellen Modell die gezielte Hilfsmassendämpferauslegung mittels dann iterativer, komplexer Analysen durchführen.

Die günstigste Verfahrensweise zur Bestimmung der Dämpfungsmatrix entspricht einer Umkehrung gegenüber den Federn und Massen. Für eine pro Eigenschwingung vorgegebene modale Dämpfung soll es möglich sein, die Dämpfungsmatrix in physikalischen Koordinaten aufzustellen, wodurch an jedem FHG die Relativ- und Absolutdämpfungen bestimmbar sind und die mathematisch aufgeprägten Eigenschaften folglich physikalisch interpretiert werden können. Die frei wählbare Vorgabe modaler Dämpfungen kommt auch der Verfahrensweise bei der experimentellen Modalanalyse entgegen, bei der die Dämpfung ebenfalls modal angenommen wird.

11.3.4 Dämpfungsmatrizen in physikalischen Koordinaten

CAUGHEY /8/ hat nachgewiesen, daß sich Dämpfungsmatrizen $\underline{R}$ für beliebige modale Dämpfungen R_e über Reihenentwicklungen berechnen lassen und diese zu diagonalisierten, modalen Dämpfungen führen, mit der speziellen Eigenschaft, daß R_e beliebig eingestellt werden kann. Es können demnach Dämpfungsmatrizen aufgestellt werden, die den Gln. (11.26) und (11.17) genügen und in denen die verallgemeinerte - jedoch nicht die spezielle - Orthogonalität formuliert ist.

$$\underline{\Phi}_e^T \, \underline{R} \, \underline{\Phi}_e = R_e \tag{11.26}$$

$$\underline{\Phi}_e^T \, \underline{R} \, \underline{\Phi}_g = 0 \tag{11.17}$$

Nach WILSON und PENZIEN /79/ lassen sich 2 Methoden anwenden, die für beliebig gewählte modale Dämpfungen zu diagonalisierbaren Dämpfungsmatrizen führen. Nach der 1-ten Methode wird mit der CAUGHEY-Reihe die Dämpfungsmatrix bestimmt:

$$\underline{R} = \underline{M} \cdot \sum_{k=0}^{n} a_k \cdot (\underline{M}^{-1} \cdot \underline{K})^k \tag{11.30}$$

Die nötigen Koeffizienten a_k lassen sich aus dem linearen Gleichungssystem:

$$R_e = \frac{1}{2} \sum_{k=0}^{n} a_k \cdot \omega_e^{2k-1} \tag{11.31}$$

bestimmen. Bricht man die CAUGHEY-Reihe nach dem 2-ten Term (k=1) ab, so ergibt sich die Proportionaldämpfung, die auch als RAYLEIGH-Dämpfung bezeichnet wird. Die System-Dämpfungsmatrix $\underline{\underline{R}}$ folgt zu:

$$\underline{\underline{R}} = a_0 \cdot \underline{\underline{M}} + a_1 \cdot \underline{\underline{K}} \tag{11.32}$$

Die modalen Dämpfungen R_e ergeben sich zu:

$$R_e = \frac{a_0}{\omega_e} + a_1 \cdot \omega_e \tag{11.33}$$

Physikalisch zu interpretieren sind die 2 Terme von Gl. (11.33) nach der Frequenzabhängigkeit:

- Umgekehrt frequenzproportional gemäß äußeren, absoluten Dämpfungen z.B. Reibung in einem Medium, Lagerstellen.

- Direkt frequenzproportional gemäß innerer, relativer Dämpfung durch Materialdämpfung (Verlustfaktor), Dämpfung im System.

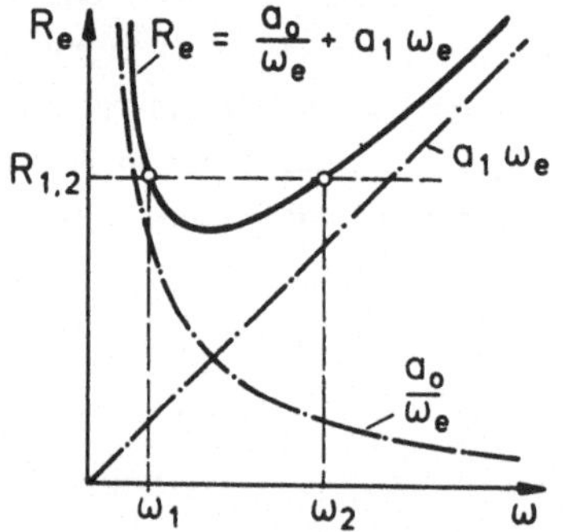

Bild 11.1:

Zwangsweise festgelegte, modale Dämpfung durch den Proportionalansatz (11.33)

Die in Bild 11.1 dargestellte Frequenzabhängigkeit nach Gl. (11.33) verdeutlicht, daß bei maximal 2 Eigenfrequenzen ω_1 und ω_2 die modalen Dämpfungen (hier $R_1 = R_2$) beliebig gewählt werden können. Werden mehr als 2 Hauptschwingungen mit beliebigen modalen Dämpfungen belegt (siehe Nachgiebigkeits-Frequenzgang), dann können mit der Proportionaldämpfung keine Dämpfungszahlen (physikalische Dämpfungsmatrix) erzeugt werden, wodurch in einem größeren Frequenzbereich auch nicht näherungsweise konstante oder beliebige modale Dämpfungen realisiert werden können.

Nach /79/ kann für jede Eigenschwingung eine Dämpfungsmatrix $\underline{\underline{R}}_{(e)}$ - nicht zu verwechseln mit $\underline{R}_e$ von Gl. (11.29) - im physikalischen Koordinatensystem mit Hilfe des zugehörigen Eigenvektors angegeben werden. Mit den vorteilhaft zu verwendenden Kenn-Beschleunigbarkeits-Wurzeln $\underline{u}_e$ ergibt sich mit der frei wählbaren modalen, LEHR'schen Dämpfung D_e:

$$\underline{\underline{R}}_{(e)} = \frac{2D_e \cdot \omega_e}{M_e} \, \underline{\underline{M}} \, \underline{\Phi}_e \cdot (\, \underline{\underline{M}} \, \underline{\Phi}_e \,)^T = 2D_e \omega_e \cdot \underline{\underline{M}} \, \underline{u}_e \cdot (\, \underline{\underline{M}} \, \underline{u}_e \,)^T \qquad (11.34)$$

$$\left[\underline{\underline{R}}_{(e)} \right] = \frac{Ns}{m} \, ; \, \frac{Ns}{rad} \, ; \, \frac{Nms}{rad}$$

Die gesamte Dämpfungsmatrix $\underline{R}$ folgt durch Superposition der maximal n Matrizen $\underline{\underline{R}}_{(e)}$:

$$\underline{R} = \sum_{e=1}^{n} \underline{\underline{R}}_{(e)} \qquad (11.35)$$

Gl. (11.34) ist wegen des geringeren matrizennumerischen Aufwandes effizienter als Gl. (11.30). Die bei Gl. (11.34) notwendigen Eigenvektoren stellen keinen Nachteil dar, da nach der Lösung des Eigenwertproblems zu verwenden.

Im Gegensatz zur Proportionaldämpfung, die soviele Matrizenglieder erzeugt, wie in Feder- und Massenmatrix enthalten, sind die durch (11.30) bzw. (11.35) erzeugten Dämpfungsmatrizen im allgemeinen vollbesetzt. Die Interpretation der entsprechenden Kopplungen ergibt dann Schwierigkeiten, da FHGe bzw. KPe dämpfungsgemäß mit Relativkopplungen belegt sind, wo dies konstruktiv nicht möglich ist; allerdings überwiegen tatsächlich die Glieder nahe der Hauptdiagonalen.

11.3.5   Interpretation diagonalisierbarer Dämpfungsmatrizen

Wegen der bei schwachen Dämpfungen günstigerweise zu verwendenden modalen Dämpfungen R_e kann durch eine Transformation - z.B. (11.35) - ins physikalische Koordinatensystem eine Interpretation der dann vorhandenen System-Dämpfungsmatrix $\underline{R}$ erfolgen, wodurch die aufgeprägte Dämpfungsstruktur des Schwingungssystems deutlich wird.

Dies gilt prinzipiell für alle 3 Systemmatrizen; bei $\underline{\underline{M}}$ und $\underline{\underline{K}}$ trifft diese Problemstellung jedoch kaum zu, da in umgekehrter Weise aus Elementen die Sy-

stemmatrizen superponiert werden. Wie schon erwähnt, besteht die Dämpfungsmatrix analog zur Federmatrix aus Absolut- und Relativbeziehungen. Da nur
die Gesamt-Dämpfungsmatrix vorliegt, können zwar die an den FHGn wirksamen Dämpfungen bestimmt werden, aber eine elementweise Interpretation kann
nicht mehr erfolgen, denn nach der Superposition der Systemmatrizen sind die
Elementanteile an den FHGn quasi verschmolzen.

Die Hauptdiagonale r_{SS} enthält demnach pro Dämpfungszahl alle stets positiven Absolutdämpfungen $r_{SS}^{(a)}$ an dieser Koordinate (FHG) S sowie additiv überlagert alle wiederum positiven Relativanteile aller besetzten Nebendiagonalglieder $r_{S(S+i)}$ dieser Zeile S, unabhängig von deren Richtung bzgl. des Hauptdia-
gonalen-FHGs. Die Absolutdämpfungen folgen somit durch Abziehen aller Be-
träge der Nebendiagonalelemente zu:

$$r_{SS}^{(a)} = r_{SS} - \sum_{i=1}^{n} \left| r_{S(S+i)} \right| \qquad (11.36)$$

Die aus verschiedenen Elementen resultierenden Relativdämpfungen zwischen
FHGn lassen sich direkt an den Nebendiagonalelementen ablesen, wobei die der
MVM entsprechenden Indizes der FHGe die Kopplungen wiedergeben.

11.4 Umrechnung systemnormierter Eigenvektoren

Wie zu zeigen, lassen sich die 3 Systemnormierungen mit dem jeweils zugehöri-
gen Eigenwert umrechnen. Für die Kenn-Nachgiebigkeits-Wurzeln $\underline{n}_e$ und die
Kenn-Beschleunigbarkeits-Wurzeln $\underline{u}_e$ folgt dies direkt aus dem konservativen
System von Gl. (11.5). Setzt man für die Eigenvektoren gemäß Gl. (11.46):

$$a_e \cdot \underline{n}_e^T \cdot \underline{\underline{K}} \cdot a_e \cdot \underline{n}_e = \lambda_e \cdot \underline{u}_e^T \cdot \underline{\underline{M}} \cdot \underline{u}_e \qquad (11.37)$$

die beiden sich nur um den Normierungsfaktor a_e (je Eigenschwingung) unterscheidenden systemnormierten Eigenvektoren ein, so erhält man den Normierungsfaktor wegen der modalen Größen $K_e = M_e = 1$ entsprechend den Gln.
(11.12) und (11.14) sowie (11.21) zu:

$$a_e^2 = \lambda_e$$

Damit ergibt sich die Umrechnung der Kenn-Nachgiebigkeits-Wurzeln $\underline{n}_e$ in Kenn-Beschleunigbarkeits-Wurzeln $\underline{u}_e$ bzw. umgekehrt:

$$\underline{u}_e = \omega_e \cdot \underline{n}_e \qquad\qquad \text{bzw.} \qquad\qquad \underline{n}_e = \frac{1}{\omega_e}\,\underline{u}_e \qquad\qquad (11.38)$$

Für die Kenn-Systemverhältnisse, die aus dem Produkt 2-er Kenn-Systemverhältnis-Wurzeln der Stellen F und V bestehen - s. Gl. (11.62) - folgt:

$$U_{e,FV} = \omega_e^2 \cdot N_{e,FV} \qquad\qquad \text{bzw.} \qquad\qquad N_{e,FV} = \frac{1}{\omega_e^2}\,U_{e,FV} \qquad\qquad (11.39)$$

Der Zusammenhang mit den Kenn-Beweglichkeits-Wurzeln kann über die Gln. (6.14,15) hergestellt werden, wenn zunächst die modale, LEHR'sche Dämpfung D_e an Stelle von D sowie einerseits die mit den Kenn-Beweglichkeits-Wurzeln $\underline{b}_e$ orthonormierten Systemmatrizen $\underline{R}$ statt d und andererseits $\underline{M}$ an Stelle von m Verwendung finden.

$$2D_e \cdot \omega_e = \frac{\underline{b}_e^T\,\underline{\underline{R}}\,\underline{b}_e}{\underline{b}_e^T\,\underline{\underline{M}}\,\underline{b}_e} \qquad\qquad (11.40)$$

Die beweglichkeitsnormierten Eigenvektoren $\underline{b}_e$ erfüllen nun ebenso das Eigenwertproblem, womit wiederum durch Einsetzen unterschiedlicher systemnormierter Eigenvektoren der Normierungsfaktor beispielsweise zwischen $\underline{n}_e$ und $\underline{b}_e$ berechnet werden kann:

$$a_e^2 \cdot \underline{n}_e^T\,\underline{\underline{K}}\,\underline{n}_e = \lambda_e \cdot \underline{b}_e^T\,\underline{\underline{M}}\,\underline{b}_e \qquad\qquad (11.41)$$

$$a_e^2 = \sqrt{\lambda_e}\,\frac{\underline{b}_e^T\,\underline{\underline{R}}\,\underline{b}_e}{2D_e} \qquad\qquad (11.42)$$

Gl. (11.42) begründet die Normierungsvorschrift (11.13), da sich nun der Faktor ω_e für die Umrechnung ergibt. Bei Verwendung der Kenn-Beschleunigbarkeits-Wurzeln in (11.40) an Stelle der Kenn-Nachgiebigkeits-Wurzeln ergibt sich der umgekehrte Zusammenhang für a_e. Damit gelten die in Bild 11.2 zusammengefaßten Umrechnungen bei den Kenn-Systemverhältnissen mittels ω_e, während die Kenn-Systemverhältnis-Wurzeln mit $\sqrt{\omega_e}$ umzurechnen sind. Es besteht folglich ein direkter Zusammenhang mit den grundlegenden Schwingungs-Gleichungen für Weg, Geschwindigkeit und Beschleunigung von Schwingungen:

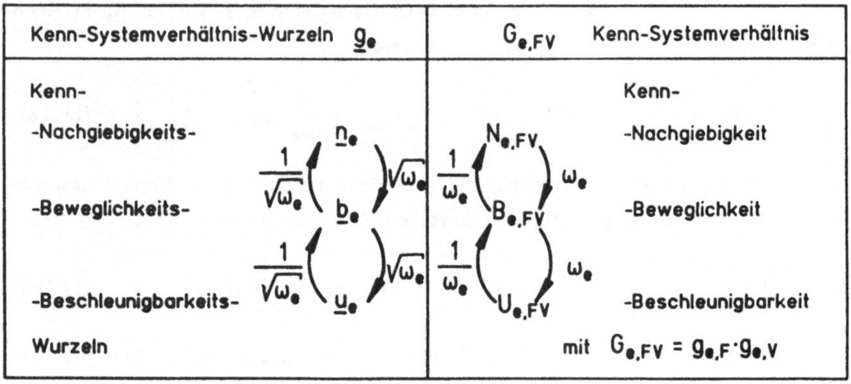

Kenn-Systemverhältnis-Wurzeln $\underline{g}_e$	$G_{e,FV}$ Kenn-Systemverhältnis
Kenn- -Nachgiebigkeits- -Beweglichkeits- -Beschleunigbarkeits- Wurzeln	Kenn- -Nachgiebigkeit -Beweglichkeit -Beschleunigbarkeit

Links: $\frac{1}{\sqrt{\omega_e}} \left\{ \begin{array}{c} \underline{n}_e \\ \underline{b}_e \\ \underline{u}_e \end{array} \right\} \sqrt{\omega_e}$; Rechts: $\frac{1}{\omega_e} \left\{ \begin{array}{c} N_{e,FV} \\ B_{e,FV} \\ U_{e,FV} \end{array} \right\} \omega_e$

mit $G_{e,FV} = g_{e,F} \cdot g_{e,V}$

Bild 11.2: Umrechnungsfaktoren der modalen Kenngrößen

$$p = \hat{p} \cdot \cos(\omega t)$$

$$\dot{p} = -\omega \cdot \hat{p} \cdot \sin(\omega t)$$

$$\ddot{p} = \omega^2 \cdot \hat{p} \cdot \cos(\omega t)$$

Während die Umrechnung der systemnormierten Eigenvektoren auf einfache Weise mit der zugehörigen Eigenkreisfrequenz durchgeführt werden kann, besteht bei andersartig normierten Eigenvektoren - speziell der Dimension 1 - die Möglichkeit einer Umrechnung nur dann, wenn eine der modalen Größen M_e, R_e, K_e bekannt ist. Allgemein gilt dann für einen nicht systemnormierten Eigenvektor $\underline{\phi}_e$ zur Umrechnung in Kenn-Systemverhältnis-Wurzeln:

$$\underline{n}_e = \frac{\underline{\phi}_e}{\sqrt{K_e}} = \frac{\underline{\phi}_e}{\sqrt{\underline{\phi}_e^T \underline{\underline{K}} \, \underline{\phi}_e}} \tag{11.43}$$

$$\underline{b}_e = \frac{\underline{\phi}_e}{\sqrt{R_e}} = \frac{\underline{\phi}_e}{\sqrt{\underline{\phi}_e^T \underline{\underline{R}} \, \underline{\phi}_e}} \tag{11.44}$$

$$\underline{u}_e = \frac{\underline{\phi}_e}{\sqrt{M_e}} = \frac{\underline{\phi}_e}{\sqrt{\underline{\phi}_e^T \underline{\underline{M}} \, \underline{\phi}_e}} \tag{11.45}$$

Zu beachten ist, daß jeweils die 2 Größen der rechten Seite zusammengehören; so ist z.B. K_e die zum Eigenvektor $\underline{\phi}_e$ zugehörige modale Feder, die in ihrer physikalischen Einheit vom Eigenvektor $\underline{\phi}_e$ abhängt. Die modale Feder bei n_e ist hingegen von der Dimension 1 und vom Wert 1 (Gln. (11.12) und (11.21) sowie Bild 11.4).

11.5 Modale Einmassenschwinger, Kenn-Systeme

11.5.1 Allgemeines

Das vollständig entkoppelte Matrizen-DGLs-System von Gl. (11.21) bzw. (11.23) für das konservative System enthält e = 1...n modale Einmassenschwinger, die vorteilhaft völlig unabhängig voneinander betrachtet werden können; es findet wegen der Orthogonalität der Eigenvektoren kein gegenseitiger Energieaustausch statt. Die Vereinbarung der inneren und äußeren Systemverhältnisse des einläufigen Systems (vgl. Kap. 6.1.2) läßt sich somit unmittelbar auf die modale Beschreibung anwenden. Der formale Übergang wird erreicht, indem diese modalen Einmassenschwinger als K e n n - S y s t e m e bezeichnet werden. Jede Eigenschwingung ist folglich mit einem Kenn-System gleichzusetzen, für welches die modalen Parameter eine eineindeutige Beschreibung liefern; deren Bestimmung wird erleichtert, wenn gemäß Bild 11.3 der Zusammenhang mit den dazugehörigen Systemmatrizen hergestellt wird.

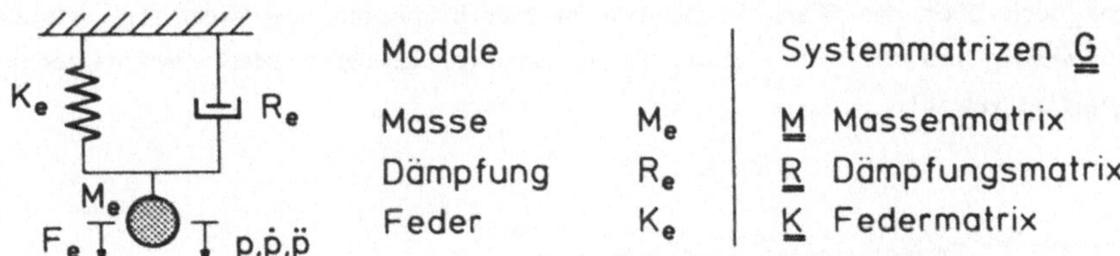

Bild 11.3: Kenn-System (modaler Einmassenschwinger) mit den Kenn-Systemverhältnissen

11.5.2 Konservatives Kenn-System

Den Ausgangspunkt bildet das konservative System. Die Linksmultiplikation des allgemeinen Eigenwertproblems von Gl. (11.5) mit der transponierten Modalmatrix $\underline{\Phi}^T$ oder alternativ matrizengemäß transparenter mit dem jeweiligen transponierten Eigenvektor $\underline{\Phi}_e$ ergibt:

$$\underline{\Phi}_e^T \, \underline{K} \, \underline{\Phi}_e = \lambda_e \, \underline{\Phi}_e^T \, \underline{M} \, \underline{\Phi}_e \tag{11.46}$$

Dies führt auf den RAYLEIGH-Quotienten:

$$\lambda_e = \frac{\Phi_e^T \underline{\underline{K}} \, \Phi_e}{\Phi_e^T \underline{\underline{M}} \, \Phi_e} = \frac{K_e}{M_e} \qquad (11.47)$$

Dieser stellt den fundamentalen Zusammenhang zwischen den modalen Parametern M_e und K_e zur Eigenfrequenz über die ungedämpfte Eigenfrequenz ω_e des
Einmassenschwingers her.

$$\omega_e = \sqrt{\frac{K_e}{M_e}} \qquad (11.48)$$

An dieser Stelle ist von entscheidender Bedeutung, daß die in Gl. (11.46) transformierten System-Matrizen bereits in den Vorschriften der systemnormierten
Eigenvektoren Gln. (11.12-14), sowie in den verallgemeinerten Orthogonalitäts-
bedingungen der Gln. (11.16-18) enthalten sind. Die System-Normierungen können nämlich nun als Zähler oder Nenner des RAYLEIGH-Quotienten interpretiert werden; die modalen Parameter vereinfachen sich dann im Gegensatz zu
einer Modalmatrix $\underline{\Phi}$ der Dimension 1, da die rechte Seite von Gl. (11.48)
nur noch über den Wert 1 und den bereits bekannten Eigenwert ω_e gebildet
zu werden braucht; die rechten Seiten von (11.12-14) wurden dementsprechend
geeignet gewählt.

11.5.3   <u>Zwangserregtes Kenn-System</u>

Das bedämpfte, zwangserregte System von Gl. (6.21) läßt sich mit Hilfe der
entkoppelnd wirkenden Modalmatrix, die auch auf die Erregerkraft $\underline{F}$ anzuwenden
ist, gemäß den Gln. (11.49,50) formulieren.

$$\underline{\Phi}^T \underline{\underline{M}} \, \underline{\Phi} \, \ddot{\underline{p}} + \underline{\Phi}^T \underline{\underline{R}} \, \underline{\Phi} \, \dot{\underline{p}} + \underline{\Phi}^T \underline{\underline{K}} \, \underline{\Phi} \, \underline{p} = \underline{\Phi}^T \underline{F} \qquad (11.49)$$

$$\underline{\underline{M}}_e \, \ddot{\underline{p}} + \underline{\underline{R}}_e \, \dot{\underline{p}} + \underline{\underline{K}}_e \, \underline{p} = \underline{F}_e \qquad (11.50)$$

Vorteilhaft werden folgende Abkürzungen für Spektralmatrizen eingeführt:

$$\underline{\underline{M}}_e = \text{diag } M_e \qquad \text{modale Massen}$$

$$\underline{\underline{R}}_e = \text{diag } R_e \qquad \text{modale Dämpfungen}$$

$$\underline{\underline{K}}_e = \text{diag } K_e \qquad \text{modale Federn}$$

Wegen der Diagonalform gelten analoge Vereinbarungen für:

$$\underline{\omega}_e^c = \text{diag } \omega_e^c \qquad \text{mit } c = \pm 1; \pm 2 \qquad \underline{\omega}_e^{\pm 2} = \underline{\lambda}_e^{\pm 1} = \text{diag } \lambda_e^{\pm 1}$$

$$\delta_{eg} = \begin{cases} 0 & \text{für } e \neq g \\ 1 & \text{für } e = g \end{cases} \qquad \text{KRONECKER-Symbol } e,g = 1\ldots n$$

Die Bestimmung der modalen Kenn-Größen gestaltet sich nunmehr mit den 3 System-Normierungen, die in <u>Bild 11.4</u> zusammengefaßt sind, besonders einfach. Die das KRONECKER-Symbol enthaltenden Gleichungen verdeutlichen zum einen die Orthogonaleigenschaften der Eigenvektoren (e≠g) und zum anderen die Möglichkeit, einen modalen Parameter zum Wert 1 (e=g) zu vereinfachen (vgl. Gl. (11.60); Frequenzgang). Für den theoretischen Fall einer modalen Dämpfung von $D_e = 0{,}5$ (50% der kritischen Dämpfung) trifft dies auch für die Beweglichkeits-Normierung zu. Die physikalischen Einheiten der Parameter sind direkt mit λ_e über Gl. (11.48) ableitbar, stehen aber nicht mehr in unmittelbar

	$M_e \ddot{p}_e$	$+ \quad R_e \dot{p}_e$	$+ \quad K_e p_e$	$= \quad F_e$
Modale	Massen	Dämpfer	Federn	Kräfte
$\underline{n}_e^T \underline{M} \underline{n}_e = \omega_e^{-2}$ $\underline{n}_e^T \underline{R} \underline{n}_e = 2D_e \omega_e^{-1}$ $\underline{n}_e^T \underline{K} \underline{n}_g = \delta_{eg}$	$\underline{M}_e = \underline{\omega}_e^{-2}$	$\underline{R}_e = 2\underline{D}_e \underline{\omega}_e^{-1}$	$\underline{K}_e = \underline{I}$	$\underline{F}_e = \underline{n}^T \underline{F}$
Nachgiebigkeits-Normierung				
$\underline{b}_e^T \underline{M} \underline{b}_e = \omega_e^{-1}$ $\underline{b}_e^T \underline{R} \underline{b}_e = 2D_e$ $\underline{b}_e^T \underline{K} \underline{b}_e = \omega_e$	$\underline{M}_e = \underline{\omega}_e^{-1}$	$\underline{R}_e = 2\underline{D}_e$	$\underline{K}_e = \underline{\omega}_e$	$\underline{F}_e = \underline{b}^T \underline{F}$
Beweglichkeits-Normierung				
$\underline{u}_e^T \underline{M} \underline{u}_g = \delta_{eg}$ $\underline{u}_e^T \underline{R} \underline{u}_e = 2D_e \omega_e$ $\underline{u}_e^T \underline{K} \underline{u}_e = \omega_e^2$	$\underline{M}_e = \underline{I}$	$\underline{R}_e = 2\underline{D}_e \underline{\omega}_e$	$\underline{K}_e = \underline{\omega}_e^2$	$\underline{F}_e = \underline{u}^T \underline{F}$
Beschleunigbarkeits-Normierung				

<u>Bild 11.4:</u>   Systemnormierte Eigenvektoren und modale Parameter

physikalisch transparentem Zusammenhang mit Systemverhältnissen. Die System-
normierungen können schließlich so interpretiert werden, daß eine Betrachtung
der modalen Kenn-Größen nicht mehr notwendig ist, da diese in einem systemnormierten Eigenvektor in geeigneter Weise enthalten sind. Dies wird deutlich,
wenn nunmehr in Analogie zum eingangs beschriebenen Einmassenschwinger (Kap.
6.1.4) die modalen Kenn-Systeme zur Lösung des Gesamtsystems superponiert
werden.

11.5.4   Frequenzgang eines Kenn-Systems

Die partikuläre Lösung der entkoppelten DGLn läßt sich für beliebige Erregung
mit dem DUHAMEL-Integral lösen, das z.B. bei PRZMIENIECKI /59/ für verschiedene Erregerfunktionen aufgeführt ist (Einheitssprung, Rampe, Sägezahn,
Dreieck...). Hier sei harmonische Erregung angenommen, die sich in Frequenzgängen darstellen läßt; die verschiedenen Darstellungen eines Frequenzganges
enthalten stets, wenn auch nicht unmittelbar ersichtlich, Real- und Imaginärteil. Dies ergibt sich bei den 3 üblichen Darstellungen wie folgt:

- Real- und Imaginärteil werden getrennt über der Frequenz aufgetragen.

- Bei der Ortskurve wird der Imaginärteil (Ordinate) über dem Realteil (Abszisse) aufgetragen; die Kurve selbst enthält den stark nichtlinearen Frequenz-
  maßstab; vgl. Bild 6.5.

- Aus Real- und Imaginärteil wird der Betrag gebildet, der im Amplitudengang (Bild 11.5) dargestellt wird; der Arcustangens aus Imaginär- und Realteil wird als Phasengang separat über der Frequenz aufgetragen.

Ein K e n n - S y s t e m (modaler Einmassenschwinger) läßt sich in voll-
ständiger Analogie zu den Einmassenschwingern von Kap. 6.1.4 behandeln. Die
dort formulierten Frequenzgänge werden nunmehr mit dem (modalen, inneren)
Kenn-Systemverhältnis für e i n e n Einmassenschwinger formuliert; hierbei
kann der jeweilige Standardfrequenzgang $\Gamma_{e,G}$ mit dem Zusatzindex e pro Eigenschwingung gemäß den Gln. (6.22-27) übernommen werden. Die dynamischen
Kenn-Systemverhältnisse $N_e(\omega)$, $B_e(\omega)$, $U_e(\omega)$ in den Gln. (11.51-53) enthalten
noch keinen direkten Zusammenhang mit den physikalischen Koordinaten eines
Viel-FHGe-Systems; dieser wird erst durch die Rücktransformation aus den modalen Koordinaten hergestellt.

$$N_e(\omega) = \frac{p_e}{F_e} = \frac{\Gamma_{e,N}}{K_e} \tag{11.51}$$

$$B_e(\omega) = \frac{\dot{p}_e}{F_e} = \frac{\Gamma_{e,B}}{\sqrt{K_e \cdot M_e}} \tag{11.52}$$

$$U_e(\omega) = \frac{\ddot{p}_e}{F_e} = \frac{\Gamma_{e,U}}{M_e} \tag{11.53}$$

Zwischen der Kenn-Erregerkraft $\underline{F}_e$ und der Kraft $\underline{F}$ in physikalischen Koordinaten besteht vergleichbar zur Koordinatentransformation von Gl. (11.19) der umkehrbare Zusammenhang von Gl. (11.54). Eine einzelne Kenn-Erregerkraft F_e folgt mit den Gln. (11.55,56):

$$\underline{F} = \underline{\underline{\Phi}} \cdot \underline{F}_e \qquad\qquad \underline{F}_e = \underline{\underline{\Phi}}^T \cdot \underline{F} \tag{11.54}$$

$$F_e = \underline{\Phi}_e^T \cdot F \tag{11.55}$$

$$F_e = \sum_e \underline{\Phi}_e \cdot \underline{F} \tag{11.56}$$

Durch Transformation einer einzelnen physikalischen Erregerkomponente F_F mit der entsprechenden Eigenvektor-Komponente $\Phi_{e,F}$ erhält man die Kenn-Erreger-Komponente $F_{e,F}$:

$$F_{e,F} = \Phi_{e,F} \cdot F_F \tag{11.57}$$

Für die meist relevante konstruktive Umsetzung im Hinblick auf Weg-Amplituden ist der Amplitudengang der d y n a m i s c h e n N a c h g i e b i g - k e i t von Interesse; bei bekannter Erregung (Frequenz und Betrag) können die Amplituden angegeben werden, weshalb der N a c h g i e b i g k e i t s - F r e q u e n z g a n g eines Gesamtsystems erläutert sei. Die im Nachgiebig-keits-Frequenzgang enthaltenen Amplituden v_V an einer Bewegungs- bzw. Verformungsstelle V folgen aus der Summe der Eigenschwingungsanteile mit Gl. (11.7) zu:

$$\underline{v} = \sum_e p_e \cdot \underline{\Phi}_e \tag{11.58}$$

$$v_V = \sum_e p_e \cdot \Phi_{e,V}$$

Unter Verwendung von Gl. (11.51) ergibt sich:

$$v_V(\omega) = \sum_e \frac{F_{e,F}}{K_e} \cdot \Phi_{e,V} \cdot \Gamma_{e,N} \tag{11.59}$$

Mit Substitution der Erregerkraft folgt mit Gl. (11.60) die dynamische Nachgiebigkeit der 2 Stellen V für Verformung und F für die Belastung. Mit Gl. (11.43) sowie den nachgiebigkeits-normierten Kenn-Nachgiebigkeits-Wurzeln $\underline{n}_e$ bzw. wegen $K_e = 1$ kann die für die geforderte Quantifizierung notwendige Vereinfachung von Gl. (11.61) getroffen werden:

$$N_{FV}(\omega) = \frac{v_V}{F_F} = \sum_e \frac{\Phi_{e,F} \cdot \Phi_{e,V}}{K_e} \cdot \Gamma_{e,N} \tag{11.60}$$

$$N_{FV}(\omega) = \sum_e n_{e,F} \cdot n_{e,V} \cdot \Gamma_{e,N} \tag{11.61}$$

Die K e n n - N a c h g i e b i g k e i t faßt vorteilhaft die stets vorhandenen 2 Stellen F und V zusammen, die jeweils rotatorisch oder translatorisch sein können; vgl. Bild 9.2. Ganz allgemein erfahren damit die bereits in Gl. (11.39) und Bild 11.2 verwendeten K e n n - S y s t e m v e r h ä l t n i s - s e ihre physikalische Sinnfälligkeit; das Produkt 2-er K e n n - S y s t e m - v e r h ä l t n i s - W u r z e l n entsprechend Erreger- und Bewegungsstelle ist hierin enthalten. Somit ist die Querverbindung zwischen Amplituden dynamischer Systemverhältnisse und den diesbezüglich normierten Eigenvektoren hergestellt: Es besteht ein quantifizierender Zusammenhang zwischen den Eigenschwingungen. Für die Nachgiebigkeit folgt weiter:

$$N_{e,FV} = n_{e,F} \cdot n_{e,V} \qquad \left[N_{e,FV} \right] = \frac{m}{N} ; \frac{rad}{N} ; \frac{rad}{Nm} \tag{11.62}$$

Eine Sonderstellung nimmt im Falle identischer Bewegungs- und Erregerstelle S die d i r e k t e Kenn-Nachgiebigkeit $N_{e,SS}$ ein; diese ist bei der experimentellen Modalanalyse als 'driving-point' erforderlich, da im Gegensatz zur allgemeinen Ü b e r t r a g u n g s -Kenn-Nachgiebigkeit $N_{e,FV}$ direkt durch Radizieren eine Kenn-Nachgiebigkeits-Wurzel vorliegt.

$$N_{e,SS} = n_{e,S}^2 \tag{11.63}$$

Der Nachgiebigkeits-Frequenzgang folgt mit Gl. (11.64); durch Betragsbildung erhält man den Nachgiebigkeits-Amplitudengang (11.65).

$$N_{FV}(\omega) = \sum_e N_{e,FV} \cdot \Gamma_{e,N} = \sum_e N_{e,FV}(\omega) \tag{11.64}$$

$$\left| N_{FV}(\omega) \right| = \sum_e N_{e,FV} \cdot \left| \Gamma_{e,N} \right| = \sum_e \frac{N_{e,FV}}{\sqrt{\left(1 - \frac{\omega^2}{\omega_e^2}\right)^2 + \left(2D_e \frac{\omega}{\omega_e}\right)^2}} \tag{11.65}$$

11.5.5 Gegenüberstellung der Systemverhältnis-Amplitudengänge

Der Nachgiebigkeits-Frequenzgang wird auf die anderen Systemverhältnisse mit dem Faktor $j\omega$ gemäß den Gln. (11.66-68) verallgemeinert. Anstelle der

inneren Systemverhältnisse des einläufigen Systems:	k	d	m	(6.22-24)
treten pro Eigenschwingung die modalen Kenn-Systemverhältnisse:	K_e	R_e	M_e	(11.50) Bild 11.4
Die dynamischen Kenn-Systemverhältnisse: eines modalen Einmassenschwingers werden mit der Orthogonaltransformation (11.60)	$N_e(\omega)$	$B_e(\omega)$	$U_e(\omega)$	(11.51-53)
zum dynamischen Kenn-Systemverhältnis: 2-er physikalischer Stellen umgerechnet.	$N_{e,FV}(\omega)$	$B_{e,FV}(\omega)$	$U_{e,FV}(\omega)$	(11.65-68)
Analog erhält man beim Viel-FHGe-System für jede der e Eigenschwingungen die äußeren Kenn-Systemverhältnisse:	$N_{e,FV}$	$B_{e,FV}$	$U_{e,FV}$	Bild 11.2
Deren Superposition führt zum äußeren dynamischen Systemverhältnis: $G_{FV}(\omega) = N_{FV}(\omega)$	$B_{FV}(\omega)$	$U_{FV}(\omega)$		(11.66-68)

$$N_{FV}(\omega) = \sum_e N_{e,FV} \cdot \Gamma_{e,N} \qquad \left[N_{FV}(\omega) \right] = \frac{m}{N} ; \frac{rad}{N} ; \frac{rad}{Nm} \tag{11.66}$$

$$B_{FV}(\omega) = \sum_e B_{e,FV} \cdot \Gamma_{e,B} \qquad \left[B_{FV}(\omega) \right] = \frac{m}{Ns} ; \frac{rad}{Ns} ; \frac{rad}{Nms} \tag{11.67}$$

$$U_{FV}(\omega) = \sum_e U_{e,FV} \cdot \Gamma_{e,U} \qquad \left[U_{FV}(\omega) \right] = \frac{m}{Ns^2} ; \frac{rad}{Ns^2} ; \frac{rad}{Nms^2} \tag{11.68}$$

$$G_{FV}(\omega) = \sum_e G_{e,FV} \cdot \Gamma_{e,G}$$

- 116 -

Während bei den Kenn-Systemverhälnis-Wurzeln $\underline{n}_\bullet$, $\underline{b}_\bullet$, $\underline{u}_\bullet$ nur die rein translatorischen und rotatorischen Einheiten möglich sind, können die Kenn-Systemverhältnisse $G_{\bullet FV}$ wegen der zusätzlichen Kombination aus Rotation und Translation (bzw. umgekehrt) 3 verschiedene Einheiten annehmen; vgl. Bilder 9.2/3. Anschaulich bedeutet dies beispielsweise, daß ein Torsions-Wechselmoment eine radiale Wellenverschiebung an einer Lagerung verursacht.

Der zur konstruktiven Umsetzung dominante Vorteil systemnormierter Eigenvektoren gegenüber jener der Dimension 1 wird augenfällig, wenn exponierte Stellen der Frequenzgänge sowie deren qualitative Verläufe diskutiert werden, wofür der Kragbalken von <u>Bild 11.5</u> betrachtet wird. Wegen des geringen Frequenzabstandes von der 2-ten Biege- zur 1-ten Torsions-Eigenschwingung findet eine starke Überlagerung statt.

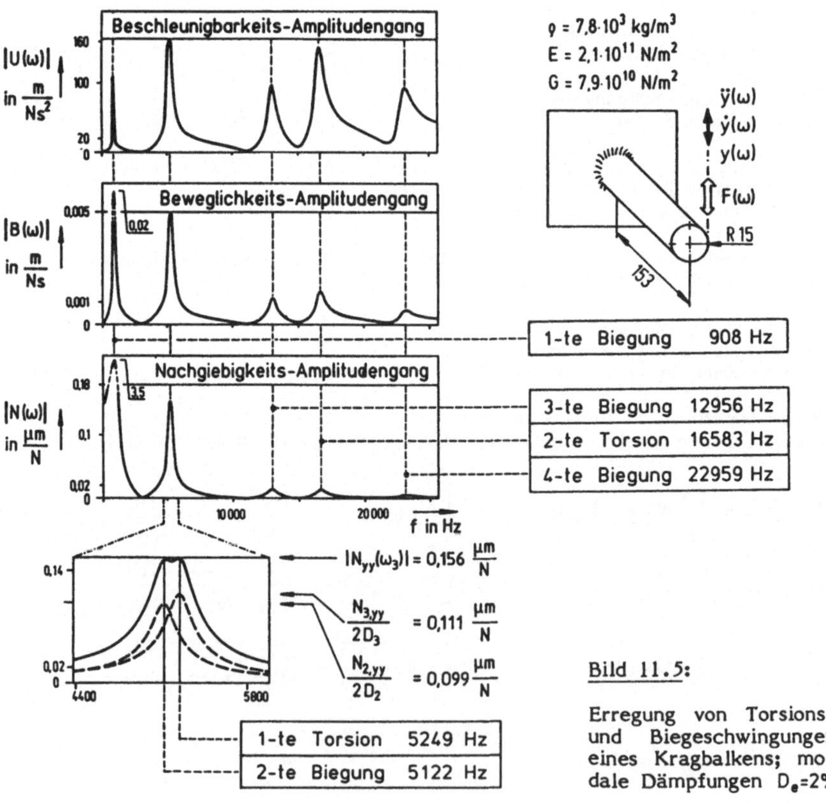

Bild 11.5:

Erregung von Torsions- und Biegeschwingungen eines Kragbalkens; modale Dämpfungen $D_\bullet = 2\%$

Geht man von der konstruktiven Zielsetzung aus, die Schwingungsamplituden klein zu halten, dann muß von den 3 Amplitudengängen die dynamische Nachgiebigkeit optimiert werden. Die Beschleunigbarkeit vermittelt dann eine Inversion des benötigten Zusammenhanges, da bei hohen Frequenzen die zunehmend kleiner werdenden reduzierten Massen leichter beschleunigbar werden; dies hängt direkt mit der steigenden Anzahl von Schwingungsknoten zusammen, die bei zunehmender Frequenz eine Struktur in immer kleiner werdende Teilmassen zerteilen. Somit zerfällt z.B. bei nur einem Schwingungsknoten der 1-ten Eigenschwingung eine Struktur in 2 Massen (Zweimassenschwinger), die gegenüber allen anderen Eigenformen die größten Teilmassen enthalten und somit am wenigsten beschleunigbar sind oder, anders gesehen: der Kehrwert, also die Trägheit hat die größte Wirkung.

Die B e s c h l e u n i g b a r k e i t s - N o r m i e r u n g der Eigenvektoren wird bei den meisten FE-Rechen-Programmen durchgeführt, da auch bei freien Systemen eine Normierung von Starrkörperverschiebungen mit endlichen Zahlenwerten erfolgt; die Masse kann direkt aus einer der dann innerhalb des Eigenvektors konstanten Kenn-Beschleunigbarkeits-Wurzeln (falls keine Übersetzung enthalten) ermittelt werden; vgl. Bild 13.4. Die Nachgiebigkeits-Normierung würde hingegen unendliche Werte ergeben. In der Meßtechnik wird wegen oftmals verwendeter Beschleunigungsaufnehmer die Beschleunigbarkeit ermittelt.

Die B e w e g l i c h k e i t wurde beispielsweise von SATYAMURTY /63/ ausschließlich verwendet, da zum einen bei den experimentellen Analysen mit Geschwindigkeitsaufnehmern gearbeitet wurde und zum anderen die dort für Frequenzgänge erarbeiteten Analyse- und Synthese-Algorithmen durch die Verwendung der Beweglichkeit einfacher anwendbar sind, wie an der exakten Kreisform der Beweglichkeits-Ortskurve des Einmassenschwingers erkennbar (s. Bild 6.5).

Die K e n n - N a c h g i e b i g k e i t s - W u r z e l n repräsentieren die für die meisten konstruktiven Belange überwiegend interessierenden Weg-Amplituden. Die über den denkbar einfachsten Zusammenhang von Gl. (11.62) zu bildende Kenn-Nachgiebigkeit ergibt eine quantifizierende Größe für Schwingungsamplituden bei den Resonanzfrequenzen.

Bei schwacher Überlagerung der Eigenschwingungen kann an den Resonanzstellen $\omega = \omega_e$ die Amplitude des dynamischen Systemverhältnisses $G(\omega)$ in sehr guter Näherung mit dem Kenn-Systemverhältnis $G_{e,FV}$ und der 2-fachen modalen LEHR'schen Dämpfung $2 D_e$ angegeben werden zu:

$$\left| G_{FV}(\omega=\omega_e) \right| = \frac{G_{e,FV}}{2D_e} \begin{cases} \left| N_{FV}(\omega=\omega_e) \right| = \dfrac{N_{e,FV}}{2D_e} & (11.69) \\[2em] \left| B_{FV}(\omega=\omega_e=\omega_r) \right| = \dfrac{B_{e,FV}}{2D_e} & (11.70) \\[2em] \left| U_{FV}(\omega=\omega_e) \right| = \dfrac{U_{e,FV}}{2D_e} & (11.71) \end{cases}$$

Wie die frequenzmäßig dicht beisammen liegenden Eigenschwingungen (1-te Torsion und 2-te Biegung) von Bild 11.5 zeigen, kann die dynamische Nachgiebigkeit wegen der Überlagerung der Eigenschwingungen erheblich höher sein als die Näherung von Gl. (11.69). Die dynamische Nachgiebigkeit $N_{yy}(\omega_3)$ ist z.B. aus den Anteilen der 2-ten Biegung und 1-ten Torsion aufzuaddieren: Zum Anteil aus der Kenn-Nachgiebigkeit $N_{3,yy}$, die sich mit der LEHR'schen Dämpfung $D_e = 0,02$ zu $0,111 \frac{\mu m}{N}$ ergibt (Resonanz des rechten gestrichelten Einmassenschwingers) ist bei dieser Frequenz der nicht unerhebliche Anteil des linken, modalen Einmassenschwingers der 2-ten Biegung zu superponieren. Dieser Überlagerungseffekt ist wegen der starken geometrischen Kopplungen bei Antriebsstrukturen bedeutsam, da das Eigenfrequenzspektrum oftmals sehr dicht beisammen liegende Eigenschwingungen offenlegt.

11.6   Innere Kenn-Systemverhältnisse

11.6.1   Dynamische Eigenbelastung, Kenn-Eigenlast-Wurzeln

Im Gegensatz zur Lösung des statischen Gleichungssystems (10.1), bei dem wegen der äußeren Lasten Verformungen mit der Dimension einer Länge berechnet werden, liefert die Lösung des konservativen, reellen Eigenwertproblems freie Schwingungen ohne äußere Kräfte; insofern handelt es sich um Verformbarkeiten einer Struktur, die latent vorhanden und nur bei entsprechender Anregung zu beobachten sind. Diese Querverbindung stellen die systemnormierten Eigenvektoren her, da der physikalisch plausible Zusammenhang zwischen diesen latenten Eigenschaften und tatsächlich bei Erregung sich einstellenden Verformungen hergestellt wird. Die Eigenschwingungen, beschrieben durch Eigenfrequenz sowie modale Feder, Masse, Dämpfer, bilden somit Kenn-Systeme einer Struktur, deren Kenn-Systemverhältnis-Wurzeln (Eigenvektoren) als quasi-statische Verformungen behandelt werden können.

Beim konservativen System entsprechen die Massenbelastungen den Federkräften, die in Summe nach dem HAMILTON'schen Prinzip nicht vom Schwingweg abhängen. Da sich die Massen- und Federkräfte, die in der Schwingungs-Endlage den Maximalwert annehmen, an jedem FHG das Gleichgewicht halten, lassen sich diese an den KPn wirkenden Belastungen $\underline{f}$ bei bekannten Verlagerungen $\underline{v}$ ermitteln. Für das konservative System gilt:

$$\underline{\underline{K}}\,\underline{v} = -\,\underline{\underline{M}}\,\underline{\ddot{v}} \qquad\qquad \text{in } N\,;\,Nm \qquad\qquad (11.72)$$

Beim konservativen Eigenwertproblem liegt es nahe, die Eigenvektoren $\underline{\Phi}_e$ zunächst als bekannte Verlagerungen aufzufassen, wobei die 2-te Zeitableitung in Gl. (11.73) wegen der vollzogenen Lösung in Form des Eigenwertes erscheint.

$$\underline{\underline{K}}\,\underline{\Phi}_e = -\,\lambda_e\,\underline{\underline{M}}\,\underline{\Phi}_e \qquad\qquad \left[\underline{\underline{K}}\,\underline{\Phi}_e\right] = \frac{N}{m}\,;\,\frac{Nm}{rad} \qquad (11.73)$$

Die Einheiten weisen daraufhin, daß keine zu Gl. (11.72) adäquate Belastungsgröße $\underline{f}$ vereinbart werden kann; es würden dann entsprechend den Dimensionen Pseudo-Systemverhältnisse vorliegen, die vergleichbar zu den Schwingungsformen eine Quantifizierung dynamischer Knotenlasten nur dann erlauben, wenn modale Federn oder Massen zusätzlich eingeführt werden. Auch hier ist es sinnvoller, systemnormierte Eigenvektoren zu verwenden; die Kenn-Nachgiebigkeits-Wurzeln $\underline{n}_e$ ergeben im Vektor $\underline{q}_e$ von Gl. (11.74) als Gegenstück zu den Schwingungsformen die E i g e n l a s t f o r m e n; die zugehörigen inneren dynamischen Belastungen an jedem FHG in $\underline{q}_e$ sind enthalten. Diese sind nicht zu verwechseln mit den Kenn-Schnittgrößen-Wurzeln von Kap. 11.6.2.

$$\underline{q}_e = \underline{\underline{K}}\,\underline{n}_e = -\,\lambda_e\,\underline{\underline{M}}\,\underline{n}_e = -\underline{\underline{M}}\,\underline{u}_e \qquad \left[\underline{q}_e\right] = \sqrt{\frac{N}{m}}\,;\,\sqrt{\frac{Nm}{rad}} \qquad (11.74)$$

Die Massenkräfte lassen sich günstig mit Kenn-Beschleunigbarkeits-Wurzeln ausdrücken, so daß λ_e nicht mehr explizit erscheint. Die Dimension entspricht einer Federsteifigkeit, wobei aber im Gegensatz zu den Schwingungsformen innere Lasten angesprochen sind. Die Verlagerungen sind mit dem der Eigenlast entsprechenden FHG zu identifizieren und nicht mit einer an einem anderen KP befindlichen Erregerstelle. Im Gegensatz zu den äußeren Kenn-Systemverhältnissen sind immer die d i r e k t e n K e n n - E i g e n l a s t e n $Q_{e,S}$ durch Quadrieren einer K e n n - E i g e n l a s t - W u r z e l $q_{e,S}$ zu bilden.

$$Q_{e,S} = Q_{e,SS} = q_{e,S}^2 \qquad\qquad \left[\underline{Q}_e \right] = \frac{N}{m} ; \frac{Nm}{rad} \qquad\qquad (11.75)$$

$\underline{q}$ Modalmatrix der Kenn-Eigenlast-Wurzeln

Analog zu den Modalmatrizen der äußeren Kenn-Systemverhältnis-Wurzeln läßt sich die Modalmatrix $\underline{q}$ der Kenn-Eigenlast-Wurzeln bilden. Dabei entspricht eine Komponente der Eigenlast und die andere der FHG-identischen Bewegungsamplitude, die als verursachend betrachtet werden kann; so wie in dualer Umkehrung bei der Nachgiebigkeit die äußere Erregung ursächlich wirkt. Die Kenn-Eigenlast-Wurzeln $\underline{q}_e$ entsprechen damit inneren Kenn-Systemverhältnis-Wurzeln im Gegensatz zu den äußeren Kenn-Systemverhältnis-Wurzeln der Schwingungsformen. Für den praktischen Umgang mit $\underline{q}_e$ muß folglich die Wegamplitude am interessierenden Querschnitt bekannt sein; die Eigenlasten sind schließlich direkt proportional zu der Bewegung desjenigen FHGs, welcher der interessierenden Eigenlast-Komponente entspricht. Mit den Kenn-Nachgiebigkeits-Wurzeln $\underline{n}_e$ und der äußeren Erregerkraft F_e kann der Zusammenhang mit den dynamischen Kenn-Eigenlasten $\underline{Q}_e$ hergestellt werden.

Die Kenn-Eigenlasten $\underline{Q}_e$ können auch als das dynamische Gegenstück zu den äußeren Ersatz-Knotenlasten $\underline{f}$ der Statik interpretiert werden. Diese wurden in Kap. 10.3.2, Gl. (10.28) für die Analyse der FHG-Anteile am Torsionssprung verwendet. Die Dynamik benötigt keine Ersatzsysteme, da die Kenn-Eigenlasten die an allen FHGn angreifenden 'Ersatzlasten' enthalten.

11.6.2 Dynamische Schnittgrößen, Kenn-Schnittgrößen-Wurzeln

Analog zu den statischen Schnittgrößen von Kap. 10.4 lassen sich die an freigeschnittenen Elementen wirkenden dynamischen Schnittgrößen bestimmen, da jeder Eigenvektor wegen der Kompatibilität auch die Elementbedingungen erfüllt. Entsprechend Gl. (11.74) folgt auf Elementebene:

$$\underline{S}_{e,12}^{(E)} = - \underline{K}_{12}^{(E)} \cdot \underline{u}_{e,12}^{(E)} = \underline{M}_{12}^{(E)} \cdot \underline{\ddot{u}}_{e,12}^{(E)} \qquad \left[\underline{S}_{e}^{(E)} \right] = \sqrt{\frac{N}{m}} \; ; \; \sqrt{\frac{Nm}{rad}} \qquad (11.76)$$

Wiederum erhält man - vergleichbar mit den Kenn-Eigenlastwurzeln q_{e} - innere Kenn-Systemverhältnis-Wurzeln. Wegen des Elementbezugs entsprechen diese K e n n - S c h n i t t g r ö ß e n - W u r z e l n den Schnittgrößen $\underline{f}^{(E)}$ der Statik. Auch hier können nur direkte Kenn-Schnittgrößen $S_{e,S}^{(E)}$ durch Quadrieren der stellenidentischen Kenn-Schnittgrößen-Wurzeln $S_{e,S}^{(E)}$ gebildet werden.

$$S_{e,S}^{(E)} = S_{e,SS}^{(E)} = s_{e,S}^{(E) \, 2} \qquad \left[\underline{S}_{e}^{(E)} \right] = \frac{N}{m} \; ; \; \frac{Nm}{rad} \qquad (11.77)$$

Eine Kenn-Schnittgröße setzt sich nach Gl. (11.78) zusammen aus der dynamischen Schnittgröße $f_{e,S}^{(E)}$, sowie der stellenidentischen Amplitude $v_{e,S}$.

$$S_{e,S}^{(E)} = \frac{f_{e,S}^{(E)}}{v_{e,S}} \qquad\qquad (11.78)$$

Hier schließt sich nun gemäß Bild 2.1 der Kreis für die dynamische Festigkeitsauslegung, da mit den dynamischen Schnittgrößen $f_{e,S}^{(E)}$ die dynamischen Zusatzlasten angesprochen sind, die stets das Schwingungsverhalten der Gesamtstruktur in Form der Wegamplituden mit enthalten. Als Beispiel sei der Kragbalken von <u>Bild 11.6</u> betrachtet, der durch die sinusförmige Erregerkraft $F_{e,y1}$ an der Stelle y_1 in der e-ten Eigenschwingung erregt wird. Gefragt ist nach $f_{e,\xi 2}^{(B)}$, dem dynamischen Biegemoment an der Stelle ξ_2, in dem das Produkt aus:

- Übertragungs-Kenn-Nachgiebigkeit (äußeres Kenn-Systemverhältnis) und der
- Kenn-Schnittgröße (direktes, inneres Kenn-Systemverhältnis)

enthalten ist. Für das Beispiel folgt:

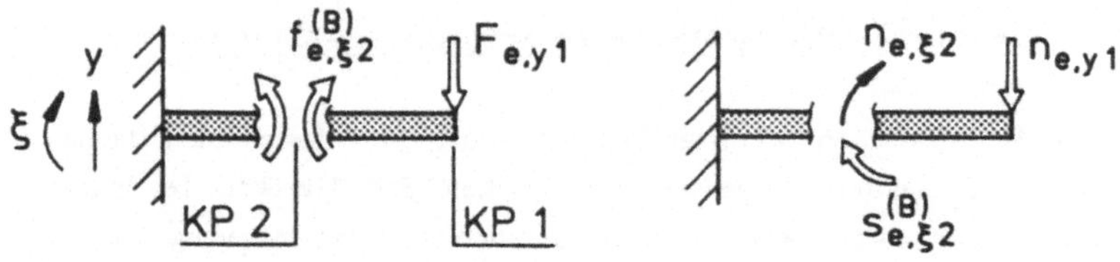

Bild 11.6: Gesuchte dynamische Schnittgröße bei äußerer Belastung

Kenn-Nachgiebigkeit

$$N_{e,y1\xi2} = n_{e,y1} \cdot n_{e,\xi2} = \frac{v_{e,\xi2}}{F_{e,y1}}$$

Kenn-Schnittgröße

$$S^{(B)}_{e,\xi2} = s^{(B)}_{e,\xi2}{}^2 = \frac{f^{(B)}_{e,\xi2}}{v_{e,\xi2}}$$

dynamische Schnittgröße (Biegemoment)

$$f^{(B)}_{e,\xi2} = s^{(B)}_{e,\xi2}{}^2 \cdot n_{e,y1} \cdot n_{e,\xi2} \cdot F_{e,y1} = S^{(B)}_{e,\xi2} \cdot N_{e,y1\xi2} \cdot F_{e,y1}$$

$$\left[f^{(B)}_{e,\xi2}\right] = \sqrt{\frac{Nm}{rad}}^2 \cdot \sqrt{\frac{m}{N}} \cdot \sqrt{\frac{rad}{Nm}} \cdot N = Nm$$

Allgemein folgt für eine dynamische Schnittgröße $f^{(E)}_{e,V}$ an der interessierenden Stelle V bei einer an der Erregerstelle F angreifenden äußeren Last $F_{e,F}$:

$$f^{(E)}_{e,V} = S^{(E)}_{e,V} \cdot N_{e,VF} \cdot F_{e,F} \tag{11.79}$$

11.7 Darstellung der dynamischen Verformbarkeiten

11.7.1 Kenn-Potential und dynamisches Torsionsdiagramm

Die Eigenformen können, vergleichbar mit der statischen Belastung einer Struktur, als komplizierter statischer Belastungsfall des Kenn-Systems interpretiert werden. Der Unterschied liegt quantitativ in der Kompliziertheit der Belastung sowie qualitativ in den Kenn-Systemverhältnis-Wurzeln gegenüber den statischen Verformungsgrößen. Während die statischen Verformungen bereits durch Moment und Gegenmoment an den Enden der Struktur entstehen, sind zur Erzeugung einer eigenform-ähnlichen Verformung in der Regel alle FHGe mit Belastungen zu belegen. Dieser komplizierte, quasistatische Belastungsfall wird durch die in einer Eigenschwingung wirkenden Massenkräfte repräsentiert, wie diese in Kap. 11.6.1 behandelt wurden.

Um die in einer Eigenform nachgiebig wirkenden Bereiche zu identifizieren, kann wie in Kap. 6 das Potential - jedoch diesmal innerhalb eines Kenn-Systems - betrachtet werden. Somit handelt es sich um das Kenn-Potential Π_e. Aufgrund der freien Schwingungen greifen keine äußeren Lasten an. Sowohl das äußere Potential $\Pi_{e.a}^{(E)}$ am Element als auch an der Gesamtstruktur $\Pi_{e.a}$ wird somit zu Null, so daß für einen Eigenvektor $\underline{\Phi}_e$ wegen nicht vorhandener äußerer Erregerkräfte, also $\underline{F}_e = \underline{F}_e^{(E)} = \underline{0}$, folgt:

$$\underline{\Phi}_e^{(E)} \cdot \underline{F}_e^{(E)} = \underline{\Phi}_e \cdot \underline{F}_e = \Pi_{e.a}^{(E)} = \Pi_{e.a} = 0 \tag{11.80}$$

Um den Zusammenhang mit den das Potential beeinflussenden Wegamplituden herzustellen, werden die Kenn-Nachgiebigkeits-Wurzeln $\underline{n}_e$ verwendet. Das Gesamt-Potential Π_e einer Eigenform folgt mit Gl. (11.81). Diese Formulierung ist bereits in der Normierungsvorschrift (11.12) der Kenn-Nachgiebigkeits-Wurzeln enthalten, weshalb für jede Eigenschwingung das Kenn-Potential den Wert $\frac{1}{2}$ mit der Dimension 1 annimmt. Zu erklären ist dies mit den identischen Federsteifigkeiten der modalen Einmassenschwinger, durch welche die Eigenschwingungen erst untereinander vergleichbar werden. Die Kenn-Nachgiebigkeits-Wurzeln verschiedener Eigenschwingungen führen demnach auf die gleiche Schwingungsenergie.

$$\Pi_e = \frac{1}{2}\, \underline{n}_e^T \cdot \underline{\underline{K}} \cdot \underline{n}_e = \frac{1}{2} \qquad \dim \Pi_e = 1 \tag{11.81}$$

Das statische Element-Potential $\Pi_i^{(E)}$ von Gl. (10.10) vereinfacht sich zum Element-Kenn-Potential $\Pi_e^{(E)}$, das für jedes Element bei jeder Eigenschwingung angegeben werden kann. Wegen des gleichen Energieinhaltes der verschiedenen Eigenschwingungen gemäß Gl. (11.81) sind wiederum die Elementbeiträge bei verschiedenen Eigenschwingungen quantifizierend vergleichbar. Trotz der Dimension 1 läßt sich durch die Größe der Zahlenwerte beurteilen, bei welchen Frequenzen die Elementanteile an Schwingungsamplituden groß sind; die Kenn-Nachgiebigkeits-Wurzeln stellen diesen quantifizierenden Zusammenhang aufgrund der enthaltenen, potentialwirksamen Wegamplituden her. Über die dynamische Nachgiebigkeit könnten auch reale Amplituden in Gl. (11.82) verwendet werden; zunächst wird man sich jedoch immer mit den Größen des Kenn-Systems auseinandersetzen.

$$\Pi_e^{(E)} = \frac{1}{2}\, \underline{n}_e^{(E)\,T} \cdot \underline{\underline{K}}^{(E)} \cdot \underline{n}_e^{(E)} \qquad \dim \Pi_e^{(E)} = 1 \tag{11.82}$$

Die wesentlichen Aussagen des statischen Potentials lassen sich auf die Dynamik übertragen; speziell die Ü b e r s e·t z u n g s r e d u k t i o n ist bei den Eigenvektoren ebenfalls durchzuführen. Hierzu sind die wellenbezogenen, lokalen Torsions-Winkel $\underline{n}_{e,\varphi}$ mit der aktuellen Wellen-Gesamtübersetzung (KPs-Übersetzung) i_k zu reduzieren. Die Ordinate des Torsionsdiagramms enthält: Übersetzungsreduzierte Torsions-Kenn-Nachgiebigkeits-Wurzeln $^R\underline{n}_{e,\varphi}$.

$$^R n_{e,\varphi k} = n_{e,\varphi k} \cdot i_k \qquad\qquad (11.83)$$

$$^R \underline{n}_{e,\varphi} = \underline{n}_{e,\varphi} \cdot \underline{i}_\varphi$$

e	Eigenschwingung Nr. e
k	KP Nr. k
φ	lokaler Torsions-FHG
R	übersetzungsreduziert

Gewisse dynamik-spezifische Unterschiede sind gegenüber dem vergleichsweise einfachen Belastungsfall der Statik festzuhalten:

- Für j e d e E i g e n s c h w i n g u n g existiert ein Eigenvektor und damit ein T o r s i o n s d i a g r a m m.

- Je nach konstruktiver Zielsetzung ist beim 6-FHGe-Modell eine unterschiedliche Anzahl von Eigenschwingungen zu verwenden:

    - Für das N a c h g i e b i g k e i t s - V e r h a l t e n , das hier primär behandelt sei, wird man sich größenordnungsmäßig mit den ersten 10 Eigenvektoren zufrieden geben, da die Weg-Amplituden mit steigender Frequenz tendenziell stark abnehmen.

    - Im Falle a k u s t i s c h e r Zusammenhänge sind die Kenn-Beweglichkeits-Wurzeln von Interesse, so daß wegen der über dem Frequenzbereich tendenziell gleichbleibenden Beweglichkeiten kaum eine Einschränkung der erforderlichen Eigenschwingungen angegeben werden kann.

    - Innere Kräfte, also speziell dynamische S c h n i t t g r ö ß e n sind beschleunigungsproportional, so daß letztlich trotz zumeist stark abnehmender Anregungskräfte höherer Frequenzen die höheren Eigenschwingungen einen starken Einfuß ausüben.

- Die Beschränkung der Eigenform-Darstellung auf die Übersetzungs-FHGe liefert Q u a s i - T o r s i o n s s c h w i n g u n g s k n o t e n , die tendenziell zwar mit steigender Frequenz zunehmen, deren Torsionsknotenanzahl aber wegen der starken Kraftflußverzweigungen nicht einfach angegeben werden können.

- Die S t a r r k ö r p e r v e r s c h i e b u n g bei 0 Hz ist mit den verwendeten Kenn-Nachgiebigkeits-Wurzeln wegen unendlicher Nachgiebigkeit nicht darstellbar. Eine entsprechende Darstellung der Kenn-Beschleunigbarkeits-Wurzeln liefert wegen der Übersetzungsreduktion eine horizontale, also verformungslose Gerade ohne Nulldurchgang.

Im dynamischen Torsionsdiagramm können die Torsionssprünge an Übersetzungselementen analog zum statischen Problem (Kap. 10.3.2) analysiert werden. Wegen der zusätzlich wirkenden Massenkräfte sind die Sprunganteile erheblich stärker gekoppelt; die Summe des Torsionssprunges setzt sich oftmals aus Einzelbeiträgen zusammen, die vom Betrag her erheblich größer sind als der Gesamtsprung; positive und negative Anteile werden aufaddiert. Der Rechnungsgang läuft für 2 zu analysierende KPe a und b wie folgt ab:

$$\underline{K}_{ab} \cdot \overline{\underline{n}}_{e,ab} = \overline{\underline{q}}_{e,ab} \qquad \text{Globale}$$
$$\qquad\qquad\qquad\qquad\qquad\qquad \text{Kenn-Eigenlast-Wurzeln} \qquad (11.84)$$
$$\underline{q}_{e,ab} = \underline{\lambda} \cdot \overline{\underline{q}}_{e,ab} \qquad \text{Lokale}$$

$$\overline{\underline{H}}_{ab} = \underline{K}_{ab}^{-1} \qquad \text{Globale}$$
$$\qquad\qquad\qquad\qquad\qquad\qquad \text{KPs-Nachgiebigkeitsmatrix} \qquad (11.85)$$
$$\underline{H}_{ab} = \underline{\lambda}_{ab} \cdot \overline{\underline{H}}_{ab} \cdot \underline{\lambda}_{ab}^{T} \qquad \text{Lokale}$$

$$\underline{H}_{ab} \cdot \underline{q}_{e,ab} = \underline{n}_{e,ab} \qquad \text{Voll bestimmtes Gleichungs-System} \qquad (11.86)$$

$$\left| \Delta_{ab}{}^{R}\varphi \right| = \left| i_a \varphi_a - i_b \varphi_b \right| = \qquad\qquad\qquad\qquad (11.87)$$
$$\text{sgn} \left(\Delta_{ab}{}^{R}\varphi \right) \sum_{k}^{a,b} \sum_{f=1}^{6} q_{e,fk} \cdot \left(i_k \cdot h_{\varphi afk} - i_b \cdot h_{\varphi bfk} \right)$$

11.7.2 Bezeichnung der Eigenschwingungen

Für die konstruktive Verwendung ist es sinnvoll, die Eigenschwingungen aussagekräftig zu bezeichnen, wie dies bei Balkenschwingungen durch numerierte Belastungsarten erfolgt, also z.B. 2-te Biege- oder 1-te Torsions-Eigenschwingung. Dies ist beim 6-FHGe-Modell wegen der starken Kopplungen im strengeren Sinne nicht möglich und würde in dieser einfachen Weise beim praktischen Umgang zu Verwechslungen führen. Wegen der Kopplungen hat man es weder mit reinen Torsions- noch mit reinen Biegeschwingungen zu tun. Jede Eigenschwingung enthält i.a. Fall alle Belastungsarten. Für eine praxisbezogene, konsistente Bezeichnung sei gemäß Bild 11.7 sowohl für das Torsions- als auch für das 6-FHGe-Modell eine ungefesselte Antriebsstruktur betrachtet. Diese ist einerseits unverzweigt (vergleichbar mit dem Torsionsbalken) und andererseits bzgl. des Torsions-Kraftflusses verzweigt. Da für beide Modelle nur der Torsions-FHG φ bzgl. der Eigenformen betrachtet wird, kann zunächst versucht werden, die Torsions-Schwingungsknotenanzahl zur Numerierung der Torsions-Eigenschwingungen heranzuziehen, wie dies beim Torsionsbalken der Fall ist. Für tieffrequente Eigenschwingungen, bei denen außerhalb des statischen Torsionskraftflusses keine lokalen Schwingungsknoten zu beobachten sind (z.B. an den freien Enden von Wellen), lassen sich bei einer unverzweigten Struktur nur für das Torsionsmodell die Kriterien des Torsionsbalkens anwenden (Zeichen 1, n, -). Insofern gelten beim 6-FHGe-Modell bzw. bei verzweigten Strukturen die Balkenbezeichnungen nicht; die Ordnungsnummer einer Torsions-Eigenschwingung kann nicht mehr mit der Schwingungsknotenanzahl verknüpft werden. Bei 6 FHGn existiert schließlich im allgemeinen Fall keine reine Torsionsschwingung. Andererseits werden aber im Torsionsdiagramm Quasi-Torsionseigenformen dargestellt, die jeweils eine unsystematische Anzahl von Torsionsknoten enthalten. Eine auf die praktische Verwendung ausgerichtete Bezeichnung muß folglich eine 2-te Ordnungsnummer aufweisen:

e-te Torsions-Eigenschwingung k-ter Art,

wobei e der laufenden Nummer der elastischen Eigenschwingungen entspricht und k die Anzahl der Quasi-Torsionsknoten wiedergibt. Dadurch können verschiedene Eigenformen mit gleicher Schwingungsknotenanzahl, wie dies bei Verwendung des 6-FHGe-Modells häufig vorkommt, systematisch bezeichnet werden.

	Statischer Torsions-Kraftfluß		
Antriebstruktur ohne Torsionsfesselung	unverzweigt	verzweigt	Modell
Erhöhung der Anzahl von Schwingungsknoten pro Eigenschwingung	1	?	→→
	?	?	6 FHGe
Anzahl Schwingungsknoten der n-ten Eigenschwingung	n	?	→→
	?	?	6 FHGe
Möglichkeit gleicher Anzahl Schwingungsknoten bei verschiedenen Eigenformen	-	x	→→
	x	x	6 FHGe

- nicht möglich
x möglich
? keine allgemeine Aussage möglich
→→ Torsionsmodell (1 FHG je KP)

Bild 11.7: Zur Bezeichnung tieffrequenter Eigenschwingungen von Antriebsstrukturen

12 Kondensation von Freiheitsgraden

12.1 Allgemeines zur Methode

Zur Problemstellung sei eine üblicherweise mit zahlreichen Absätzen versehene Maschinenwelle betrachtet, bei der zunächst jeder Absatz einen KP erzwingt, so daß insgesamt zu viele und lokal mit sehr unterschiedlicher Auflösungsdichte vorhandene KPe vorliegen. Die geometrie-orientierte Diskretisierung speziell bei Antriebsstrukturen bringt es deshalb mit sich, daß die FHGe

- hinsichtlich der Ergebnisse eine zu große Anzahl aufweisen und
- nicht gleichmäßig über der Struktur verteilt sind.

Eine Reduzierung von FHGn ist deshalb angebracht. Man kann schließlich das aufwendige 6-FHGe-Modell so interpretieren, daß eine hochgenaue Abbildung der stark gekoppelten Feder- und Massenverteilungen einer Struktur gewährleistet wird, die aber bzgl. der Ergebnisse eine zu hohe Auflösung mit sich bringt. Initiiert durch die Probleme der Strukturanalyse von extrem großen Strukturen wie Schiffen, Raketen, Staudämmen etc. stellt das Kondensieren von FHGn ein wirksames Mittel dar, Strukturanalysen effizient durchzuführen. Während größte Strukturen damit erst lösbar werden, ermöglicht diese Methode auch für kleinere Strukturen in ausgezeichneter Weise eine gezielte Datenreduktion, ohne die Genauigkeit der Lösung zu beeinträchtigen.

Physikalisch gesehen werden die zu kondensierenden FHGe mit ihren Eigenschaften nicht ersatzlos gestrichen (durch Nullsetzen der entsprechenden Zeilen und Spalten), vielmehr werden diese den verbleibenden FHGn oder auch Nachbar-KPn zugeschlagen, wodurch Bereiche mit unnötigen KPs-Anhäufungen praktisch ohne Genauigkeitseinbuße von einer überzogenen Auflösung bereinigt werden können. Anschaulich kann man sich dies beispielsweise als Ermittlung von Ersatzlängen und Ersatzdurchmessern eines abgesetzten Balkens vorstellen, wobei die verschiedenen Belastungsarten zu unterschiedlichen Ersatzgrößen führen. Für den praktischen Umgang ist die vielseitige Anwendung des Kondensierens zu verschiedenen Zeitpunkten im Verlauf einer Strukturanalyse maßgeblich:

- am Element vor der Superposition der Elemente zu den Systemmatrizen,

- an den vollständigen Systemmatrizen.

- Kondensation an Substrukturen führt zu Superelementen, die entweder als modal beschriebene Komponenten gekoppelt werden können oder aber vergleichbar zum elementweisen Vorgehen weiterverwendet werden.

Die Kondensation wirkt sich - im wörtlichen Sinne von FHG-Entzug - wie eine Versteifung der Struktur aus, die im höheren Frequenzbereich überproportional ansteigt. Zur Reduzierung dieser Fehler kann mit der dynamischen Kondensation nach einem Eigenwert des Systems kondensiert werden; ein Kondensieren nach $\lambda_e = 0$ ergibt die statische Kondensation, die beim elementweisen Vorgehen anzuwenden ist.

Die Kondensation am Element bringt den Vorteil, daß bereits in den superponierten Gesamtmatrizen die kondensierten KPe nicht mehr enthalten sind, also eine geringere Matrizenordnung erreicht wird. Ein Wellenabsatz wäre demnach beispielsweise nicht mit einem KP belegt, sondern es werden nur die nötigen Längen und Durchmesser zu Ersatzdurchmessern bzgl. der benachbarten KPe umgerechnet. Die Datenreduktion findet also bereits im Datensatz statt. Ein gewisser Nachteil besteht darin, daß man aus praktischen und programmtechnischen Zusammenhängen heraus am Elememt nur komplette KPe kondensieren wird. Ein gezieltes Kondensieren von FHGn würde wegen der dann nicht mehr kompatiblen FHGe-Anzahl in Bezug zum Gesamtmodell zu einer eingeschränkten Anwendbarkeit führen, da die fehlenden Kopplungen bei der Idealisierung bzgl. ihrer physikalischen Sinnfälligkeit von Fall zu Fall zu überprüfen wären. Eine unterschiedliche FHGe-Anzahl je KP ist deshalb vor der Addition zu den Gesamtmatrizen nicht praktikabel.

Diesen Nachteil vermeidet das Kondensieren am Gesamtsystem oder auch an Subsystemen, da wegen der dann zu realisierenden, allgemein anwendbaren Umordnungsregeln beliebige FHGe angesprochen werden können. Eine sehr effektive Reduzierung der Systemmatrizen erbringt dann das Kondensieren von abhängigen Variablen, wie dies bei der Balkenbiegung die Steigung des Durchsenkungsverlaufs darstellt. Die Ergebnisse führen auf beinahe die exakten Eigenfrequenzen. Der Balken verdeutlicht, welcher Unterschied vom Ausgangsmodell zur datenreduzierten Darstellung auftreten kann. Während die Balkenbiegung entsprechend der klassischen Balkentheorie das Biegemoment beschreiben muß, interessiert für die konstruktive Anwendung primär die Durchsenkung. Der rotatorische FHG koppelt also die Schnittgröße Biegemoment, während der translatorische FHG zwar nur die stark untergeordnete Querkraft koppelt, aber die interessierende Verschiebung im Ergebnis wiedergibt. Die Kondensation ermöglicht nun das Umrechnen der rotatorischen Biegemomentkopplung auf einen translatorischen FHG, wodurch ohne Modellbildungsfehler die Reduktion sowohl der Systemmatrizen als auch der Ergebnisse auf die tatsächlich interessierende Größe durchgeführt werden kann.

Nachteilig bei der Gesamtmatrizen-Kondensation wirkt sich die kompliziertere und umfangreichere Datenhandhabung aus, wobei der Vorteil hoher Flexibilität diese Vorgehensweise trotzdem rechtfertigt. Erst stark kondensierte Strukturen können den gravierendsten Nachteil komplizierter Starrkörpermodelle überwinden, da diese das lineare Verhalten einer realen Struktur unzureichend oder überhaupt nicht wiedergeben. Rheo-nichtlineare Modelle anzuwenden wird schließlich erst dann praxisnah, wenn der Unterschied zum linearen Modell aufgezeigt werden kann, weshalb schon alleine deshalb die linearen Eigenschaften im komplizierteren System genügend berücksichtigt sein müssen.

12.2 Dynamische Kondensation

Da das maßgebliche Ziel der Kondensation in einer möglichst genauen Beschreibung von Eigenschwingungen eines stark an FHGn reduzierten Systems zu sehen ist, bildet das konservative Eigenwertproblem den Ausgangspunkt:

$$\underline{K}\,\underline{v} = \lambda\,\underline{M}\,\underline{v} \tag{12.1}$$

Die als Verlagerungsvektoren $\underline{v}$ aufzufassenden Eigenvektoren werden in äußere Knotenvariablen $\underline{v}_a$ und innere $\underline{v}_i$ zusammengefaßt (Umordnen der Systemmatrizen), so daß sich die partitionierte Gl. (12.2) ergibt, aus der sich die zu kondensierenden FHGe $\underline{v}_i$ von Gl. (12.3) bestimmen lassen:

$$\begin{bmatrix} \underline{k}_{aa} & \underline{k}_{ai} \\ \underline{k}_{ia} & \underline{k}_{ii} \end{bmatrix} \begin{bmatrix} \underline{v}_a \\ \underline{v}_i \end{bmatrix} = \lambda \begin{bmatrix} \underline{m}_{aa} & \underline{m}_{ai} \\ \underline{m}_{ia} & \underline{m}_{ii} \end{bmatrix} \begin{bmatrix} \underline{v}_a \\ \underline{v}_i \end{bmatrix} \tag{12.2}$$

$$\underline{v}_i = -[\underline{k}_{ii} - \lambda\,\underline{m}_{ii}]^{-1} \cdot [\underline{k}_{ia} - \lambda\,\underline{m}_{ia}]\,\underline{v}_a = \underline{w}_{ia}(\lambda) \tag{12.3}$$

Hierbei darf die 1-te Klammer nicht singulär sein, da ansonsten die Inversion nicht durchführbar wäre. Mit der von Eigenwerten des Systems abhängigen Transformationsmatrix $\underline{w}_{ia}(\lambda)$ folgt der Zusammenhang zwischen den Gesamtverlagerungen $\underline{v}$ und den verbleibenden äußeren Verlagerungen $\underline{v}_a$ über $\underline{W}_\lambda$.

$$\underline{v} = \begin{bmatrix} \underline{v}_a \\ \underline{v}_i \end{bmatrix} = \begin{bmatrix} \underline{I} \\ \underline{w}_{ia}(\lambda) \end{bmatrix} \underline{v}_a = \underline{W}_\lambda \cdot \underline{v}_a \tag{12.4}$$

Um für das Eigenwertproblem von Gl. (12.5) die Rechtsdreiecksmatrizen $\underline{\underline{K}}\,\underline{\underline{W}}_\lambda$ und $\underline{\underline{M}}\cdot\underline{\underline{W}}_\lambda$ quadratisch zu erhalten wird mit $\underline{\underline{W}}_\lambda^T$ vormultipliziert:

$$\underline{\underline{K}}\cdot\underline{\underline{W}}_\lambda\cdot\underline{v}_a = \lambda\cdot\underline{\underline{M}}\cdot\underline{\underline{W}}_\lambda\cdot\underline{v}_a \tag{12.5}$$

$$\underline{\underline{W}}_\lambda^T\cdot\underline{\underline{K}}\cdot\underline{\underline{W}}_\lambda\cdot\underline{v}_a = \lambda\cdot\underline{\underline{W}}_\lambda^T\cdot\underline{\underline{M}}\cdot\underline{\underline{W}}_\lambda\cdot\underline{v}_a \tag{12.6}$$

Oder mit den kondensierten System-Matrizen $\underline{\underline{K}}^*$ und $\underline{\underline{M}}^*$:

$$\underline{\underline{K}}^*\cdot\underline{v}_a = \lambda\cdot\underline{\underline{M}}^*\cdot\underline{v}_a \tag{12.7}$$

Nun könnte mit matrizennumerischen Mitteln bereits die Lösung über die Transformationsmatrix $\underline{\underline{W}}_\lambda$ berechnet werden. Günstiger ist jedoch der direkt aus den Matrizen abzuleitende Algorithmus nach SCHWARZ /66/. Verallgemeinernd für die kondensierten Matrizen $\underline{\underline{K}}^*$ und $\underline{\underline{M}}^*$ stehe die allgemeine kondensierte Systemmatrix $\underline{\underline{G}}_\lambda^*$, welche die gleiche Matrizendimension aufweist wie die Submatrix der verbleibenden äußeren FHGe.

$$\underline{\underline{G}}_\lambda^* = \begin{bmatrix} \underline{\underline{I}} & \underline{\underline{w}}_{ia}^T(\lambda) \end{bmatrix} \begin{bmatrix} \underline{\underline{g}}_{aa} & \underline{\underline{g}}_{ai} \\ \underline{\underline{g}}_{ia} & \underline{\underline{g}}_{ii} \end{bmatrix} \begin{bmatrix} \underline{\underline{I}} \\ \underline{\underline{w}}_{ia}(\lambda) \end{bmatrix} = \underline{\underline{W}}_\lambda^T\cdot\underline{\underline{G}}_\lambda\cdot\underline{\underline{W}}_\lambda \tag{12.8}$$

$$\underline{\underline{G}}_\lambda^* = \underline{\underline{g}}_{aa} + \underline{\underline{g}}_{ai}\cdot\underline{\underline{w}}_{ia}(\lambda) + \underline{\underline{w}}_{ia}^T(\lambda)\cdot\underline{\underline{g}}_{ia} + \underline{\underline{w}}_{ia}^T(\lambda)\cdot\underline{\underline{g}}_{ii}\cdot\underline{\underline{w}}_{ia}(\lambda) \tag{12.9}$$

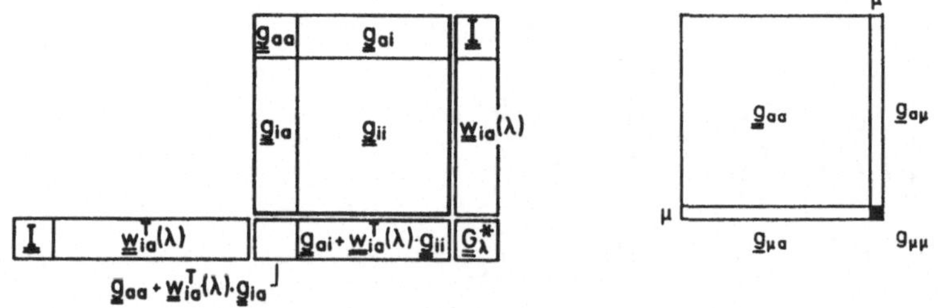

Den eigentlichen Eliminations-Algorithmus erhält man durch einen Grenzübergang von Gl. (12.9), indem nur der letzte FHG eines $\mu * \mu$ -Systems betrachtet wird, wodurch sich die Matrix $\underline{\underline{g}}_{ii}$ wegen der Dimension 1 als Skalar ergibt; die ansonsten komplizierte Inverse $\underline{\underline{g}}_{ii}^{-1}$ folgt als Kehrwert $g_{\mu\mu}^{-1}$. Die Koppelmatrizen $\underline{\underline{g}}_{ai}$ und $\underline{\underline{g}}_{ia}$ entarten zu stehenden und liegenden Vektoren. Somit degradiert sich Gl. (12.9) zu Matrixelement-Formeln zum Kondensieren eines FHGs.

Mit der Abkürzung von Gl. (12.10) ergeben sich die neuen Matrixglieder g_{jk}^* für das Kondensieren der Systemmatrizen der Ordnung $\mu * \mu$ auf $(\mu-1)*(\mu-1)$; die Glieder g_{jk}^* bilden folglich die neuen Elemente der kondensierten Matrix, während die restlichen Elemente aus der um die Ordnung 1 höheren, 'alten' Matrix stammen. Die Systemzahlen g_{jk}^* sprechen das untere Dreieck der symmetrischen Systemmatrizen an.

$$\sigma_j = \frac{k_{\mu j} - \lambda m_{\mu j}}{k_{\mu\mu} - \lambda m_{\mu\mu}} \qquad j = 1....\mu-1 \tag{12.10}$$

$$g_{jk}^* = g_{jk} + \sigma_j g_{\mu k} + g_{\mu j}\sigma_k + \sigma_j\sigma_k g_{\mu\mu} \tag{12.11}$$

12.3 Statische Kondensation auf Elementebene

Die dynamische Kondensation führt auf Elementebene nicht zum Erfolg, da am Element die Randbedingungen unbekannt sind. Die Annahme von Randbedingungen würde die Kenntnis der reduzierten Federn und Massen erfordern, wie diese in den Kenn-Nachgiebigkeits-Wurzeln $\underline{n}_\bullet$ und den Kenn-Beschleunigbarkeits-Wurzeln $\underline{u}_\bullet$ enthalten sind; die Einflüsse der Nachbarelemente sowie der Gesamtstruktur sind jedoch noch unbekannt. Das naheliegende Nullsetzen von λ führt zur statischen Kondensation, mit der zwar auch die Massenwirkungen kondensiert werden, aber eben nicht gemäß einer bestimmten Frequenz. Vereinfachend für die Federmatrizen folgt Gl. (12.12); Gl. (12.13) entspricht Gl. (12.9).

$$\underline{\underline{K}}^* = \underline{\underline{k}}_{aa} - \underline{\underline{k}}_{ai}\,\underline{\underline{k}}_{ii}^{-1}\underline{\underline{k}}_{ia} \tag{12.12}$$

$$\underline{\underline{M}}^* = \underline{\underline{m}}_{aa} - \underline{\underline{k}}_{ai}\underline{\underline{k}}_{ii}^{-1}\underline{\underline{m}}_{ia} - \underline{\underline{m}}_{ai}\underline{\underline{k}}_{ii}^{-1}\underline{\underline{k}}_{ia} + \underline{\underline{k}}_{ai}\underline{\underline{k}}_{ii}^{-1}\underline{\underline{m}}_{ii}\underline{\underline{k}}_{ii}^{-1}\underline{\underline{k}}_{ia} \tag{12.13}$$

Die Hilfsgrößen vereinfachen sich gemäß Gl. (12.14). Die kondensierten Größen sind in den Gln. (12.15,16) enthalten; Gl. (12.16) entspricht Gl. (12.11).

$$\sigma_j = \frac{k_{\mu j}}{k_{\mu\mu}} \tag{12.14}$$

$$k_{jk}^* = k_{jk} + k_{\mu j}\sigma_k \tag{12.15}$$

$$m_{jk}^* = m_{jk} + \sigma_j m_{\mu k} + m_{\mu j}\sigma_k + \sigma_j\sigma_k m_{\mu\mu} \tag{12.16}$$

Die statische Kondensation auf Elementbasis läßt sich mit dem sukzessiven, die Matrixelemente direkt ansprechenden Eliminations-Algorithmus effizienter durchführen als mit den bei (12.3) erforderlichen Matrizenoperationen, die neben einer Inversion sowie Transponierung einer nichtsymmetrischen Matrix zusätzlich 3 Matrizenmultiplikationen erfordert. Die direkte Methode läßt sich außerdem innerhalb eines Unterprogramms für ein Kondensations-Element ohne Zugriff auf allgemeiner zu formulierende Matrizenoperationen realisieren. Auch auf Gesamtmatrizen läßt sich die statische Kondensation anwenden. Abweichungen, die tendenziell bei zunehmenden Eigenfrequenzen größer werden, lassen sich durch die dynamische Kondensation korrigieren. Die statische Kondensation kann bei Antriebsstrukturen sehr effektiv an Wellenelementen bereits auf Elementebene durchgeführt werden.

12.4   Fehler beim Kondensieren

Fehler, die beim Kondensieren auftreten, betreffen Eigenwerte, Eigenvektoren und die Systemmatrizen, denn abhängig vom Kondensations-Zieleigenwert erhält man verschiedene Systeme und Lösungen, vgl. RÖHRLE /61/.

Da die Kondensation i.a. die Bandstruktur einer Systemmatrix zerstört, wird eine effiziente FHG-Reduzierung erst erreicht, wenn ein erheblicher Anteil kondensiert ist; die verbleibende, zur Lösung zu verwendende Submatrix $\underline{g}_{aa}$ in den Gln. (12.7,9) weist im Gegensatz zur ursprünglichen Gesamtmatrix $\underline{\underline{G}}$ keine Bandstruktur auf. Die Art und Weise der vorgenommenen Kondensation beeinflußt die Genauigkeitseinbuße teils erheblich. Bislang fehlen hierfür exakt formulierte Vorgehensweisen, so daß ingenieurgemäßes Einfühlungsvermögen umzusetzen ist. Die sinnvolle Grenze der Kondensation ist dadurch festgelegt, daß an den verbleibenden FHGn eine gewisse Anzahl der zumeist tieffrequent interessierenden Eigenschwingungen relativ genau erhalten bleibt.

Den frequenzabhängigen Fehler bei der Kondensation zeigt <u>Bild 12.1</u>. Stimmt der Zieleigenwert mit einem tatsächlichen Eigenwert des unkondensierten Systems überein, so wird dieser Eigenwert praktisch ohne Abweichung errechnet; die Abweichung ist umso größer, je mehr - gleich ob nach oben oder unten - die anderen Eigenwerte von diesem Zieleigenwert entfernt sind, wie die schleifenden Kurven gegenüber den exakten Werten der horizontalen Geraden verdeutlichen. Für die statische Kondensation ($\lambda = 0$) zeigt sich die mit steigender Eigenfrequenz überproportionale Zunahme der Abweichungen. Durch die Wahl eines Zieleigenwertes innerhalb eines interessierenden Frequenzbereiches läßt sich der Fehler 'verteilen'.

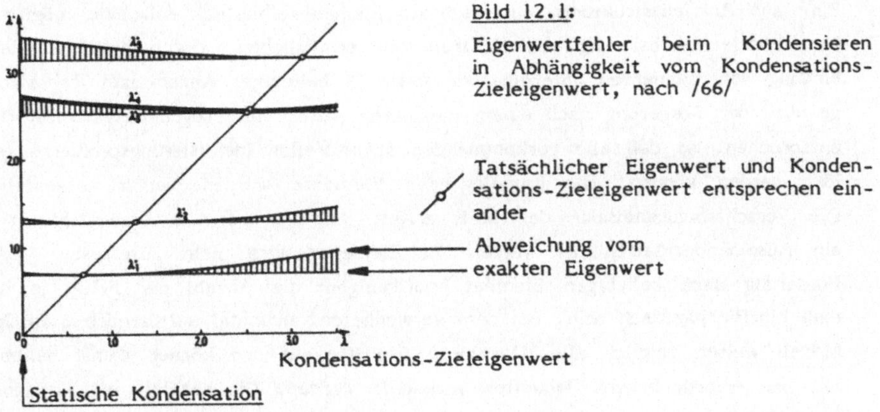

Bild 12.1:
Eigenwertfehler beim Kondensieren in Abhängigkeit vom Kondensations-Zieleigenwert, nach /66/

Tatsächlicher Eigenwert und Kondensations-Zieleigenwert entsprechen einander

Abweichung vom exakten Eigenwert

Da zunächst zum dynamischen Kondensieren kein Eigenwert des Systems vorliegt, wird man sich beim 1-ten Schritt mit Eigenwerten des statisch kondensierten Systems begnügen. Diese Werte stellen bereits sehr gute Näherungen dar, so daß diese für das dynamische Kondensieren verwendet werden können; allerdings muß man sich für einen bestimmten Frequenzwert entscheiden, wie er etwa nach der 1-ten Rechnung oder auch nach meßtechnischen Untersuchungen in einem als dynamisch besonders nachgiebig identifizierten, kritischen Frequenzbereich feststeht.

Die dynamische Kondensation kann nicht durchgeführt werden, wenn der Kondensations-Zieleigenwert mit einem Eigenwert des zu kondensierenden Subsystems $\underline{g}_{II}$ (gebildet mit den Matrizen $\underline{m}_{II}$ und $\underline{k}_{II}$) zusammenfällt, da ansonsten in Gl. (12.3) die Inversion nicht durchgeführt werden kann. Dementsprechend darf bei der statischen Kondensation die Sub-Federmatrix $\underline{k}_{II}$ nicht singulär sein, um die Inversion $\underline{k}_{II}^{-1}$ durchführen zu können. Im Gegensatz zu den mehrfach singulären Element-Matrizen weisen jedoch die aus verschiedensten Elementanteilen aufaddierten Systemzahlen (von $\underline{M}$ und $\underline{K}$) in der Regel keine Singularität auf.

13 Element-Bibliothek

13.1 Überblick und Einteilung

Eine auf Antriebsstrukturen ausgerichtete Element-Bibliothek soll eine möglichst komfortable Idealisierung realer Strukturen ermöglichen. Durch beliebige Verbindung von Elementen untereinander sowie in beliebiger Anzahl und Reihenfolge wird der Forderung nach einem modularen Aufbau im Programmsystem ASDY entsprochen, so daß alle vorkommenden strukturellen Idealisierungsprobleme gelöst werden können. Die grundlegenden Elemente wurden hierfür aufgestellt. Die Verschiebungsmethode der MFE erfüllt indirekt über die Kompatibilität - ein Auseinanderklaffen der verformten Elemente wird nicht zugelassen - die Forderung nach beliebigen Element-Anordnungen; die Anzahl der FHGe je KP muß hierfür identisch sein. Bei dem verwendeten, maximal auflösenden 6-FHGe-Modell weisen folglich alle KPe diese 6 FHGe auf und können damit beliebig mit den erforderlichen Elementen verknüpft werden. Die speziell auf Antriebsstrukturen ausgerichteten Elemente stellen prinzipiell eine Verbindung aus komfortabler Dateneingabe und Realisierung der oftmals umfangreichen geometrischen bzw. mechanischen Zusammenhänge her.

Bestimmte strukturelle Besonderheiten in Antriebsstrukturen erfordern manchmal den Rückgriff auf die Basiselemente Feder und Masse mit einer damit verbundenen verhältnismäßig aufwendigen Ermittlung der Elementeigenschaften. Wegen dann vorhandener Unsicherheiten bei Eingabedaten kommt man nicht ohne eine Variation dieser Parameter aus, um so den Einfluß auf das Gesamtsystem vor allem in Abhängigkeit der Frequenz zu erfassen. Hier sei auch konstatiert, daß durch die Herleitung von Superelementen die Idealisierung noch komfortabler und zugleich aufgrund reduzierter Daten effektiver gestaltet werden kann. Die Element-Bibliothek gliedert sich entsprechend <u>Bild 13.1</u> in die aufgeführten Elementgruppen. Bei allen Elementen handelt es sich um eindimensionale Elemente, die analog zur Balkentheorie die ermittelten Verlagerungen in der bei Antriebselementen vorhandenen Rotations-Symmetrieachse (Wellenachse) liefern. Wegen der Element-Superposition sind oftmals an einem geometrisch identischen Ort mehrere KPe vorhanden. Die ermittelten Verlagerungen müssen dann in Bezug zum entsprechenden Element gesehen werden.

Eine Idealisierung von Gehäusen würde den Übergang auf zumindest 2-dimensionale Elemente über die bisherige 'Systemgrenze Lager' hinaus erfordern.

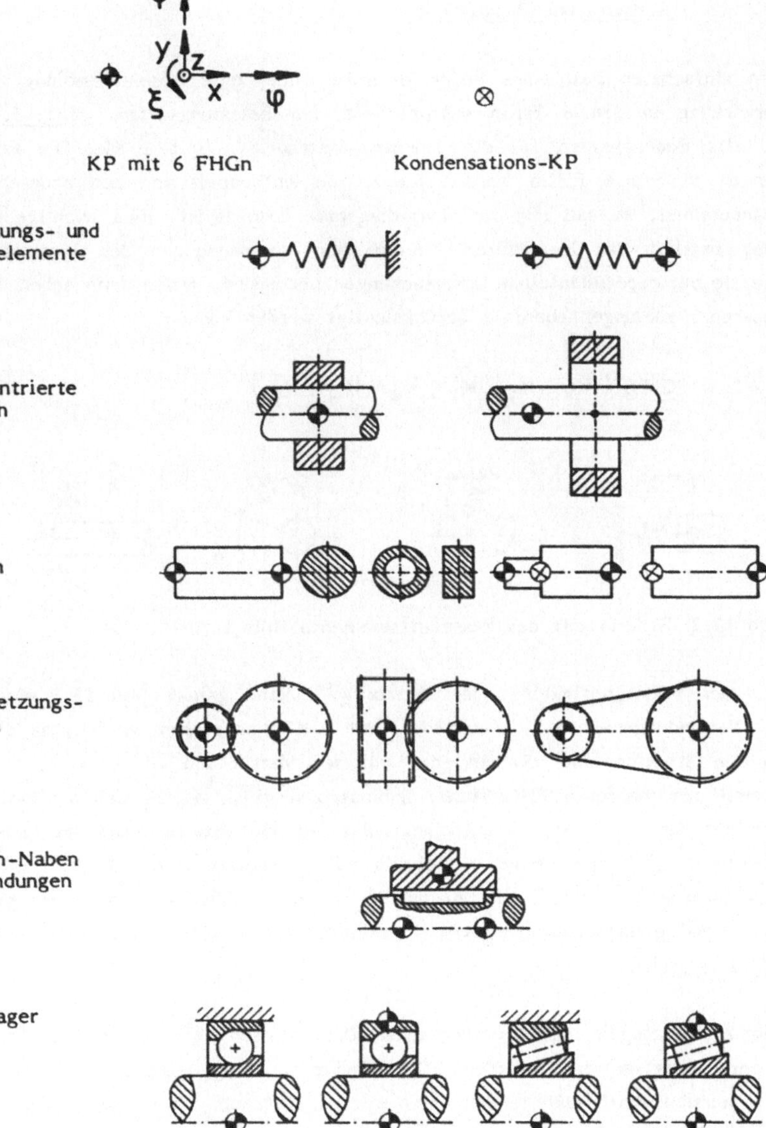

Bild 13.1: Element-Bibliothek des Programmsystems ASDY

13.2 Einfache Federelemente

13.2.1 Absolut- und Relativfeder

Den einfachsten Fall eines Federelementes bildet eine Absolutfesselung mit Federwirkung in den 6 FHGn entsprechend den Belastungsarten. <u>Bild 13.2</u> zeigt für das Federelement (F) die Element-Matrix $\underline{\underline{K}}_1^{(F)}$ mit 1 KP. Die Federwirkungen in den 6 FHGn werden jeweils als entkoppelt von den anderen FHGn angenommen, so daß nur die Hauptdiagonale besetzt ist. Eine wichtige Anwendung betrifft das Idealisieren von weichen Vorspannungen des Torsions-FHGs, wie sie bei experimentellen Untersuchungen nötig sind, wobei dann neben k_T die anderen Fesselungen ebenfalls berücksichtigt werden können.

$$\underline{\underline{K}}_1^{(F)} = \text{diag} \, (\, k_x \, . \, k_y \, . \, k_z \, . \, k_\varphi \, . \, k_\psi \, . \, k_\xi \,) \qquad\qquad (13.1)$$

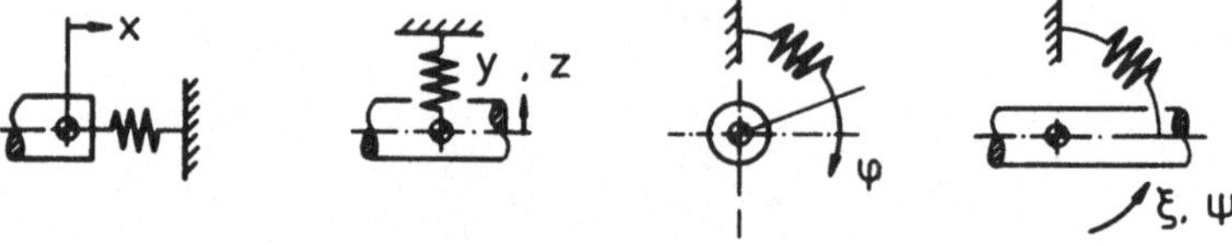

<u>Bild 13.2</u>: Federmatrix des Fesselungselementes mit 1 KP

Aus den Federsteifigkeiten der Matrix $\underline{\underline{K}}_1^{(F)}$ kann gemäß <u>Bild 13.3</u> unmittelbar das Verbindungselement (Relativfeder) mit 2 KPn abgeleitet werden, da die prinzipielle Struktur einer Relativfeder mit der Matrix von Gl. (7.8) auch für ein Modell mit mehreren FHGn bzw. Submatrizen gilt, so daß sich die 2-KPs-Matrix aus der 1-KPs-Matrix aufbauen läßt. Die Federsteifigkeiten des Fesselungs-Elementes $\underline{\underline{K}}_1^{(F)}$ sind somit 4 mal als KPs-Submatrix innerhalb des Relativ-Federelementes $\underline{\underline{K}}_{12}^{(F)}$ mit 2 KPn zu finden, wobei die KPs-Koppelmatrizen $\underline{\underline{k}}_{12}^{(F)}$ und $\underline{\underline{k}}_{21}^{(F)}$ bei gleichgerichteten KPs-Koordinaten der negativen Hauptdiagonalen von $\underline{\underline{K}}_1^{(F)}$ entsprechen.

Die 2 KPe liegen real am identischen Ort, müssen aber zur Zeichenbarkeit der Federwirkung getrennt werden. Die Hauptanwendung liegt in der Idealisierung von torsions-kraftflußleitenden Elementen. Während für Wellen-Naben-Verbindungen und Wälzlager der Aufwand zur rechnerischen Bestimmung programmintern vorgenommen wird, können z.B. Kupplungen meist nur mit experimentell zu ermittelnden Werten eingegeben werden. Generell bereitet die Mehrdimensionalität der Federwirkung bei unbekannten Elementen Schwierigkeiten, da oftmals mit Einfühlungsvermögen zumindest gute Schätzwerte benötigt werden; das Ignorieren von FHGn durch Nullsetzen oder durch eine zu steif angenommene Kopplung kann wegen der dann realen, andersartigen Federwirkung zu starken Verfälschungen gegenüber dem realen Verhalten führen.

$$\underline{K}_{12}^{(F)} = \begin{bmatrix} \underline{k}_{11}^{(F)} & \underline{k}_{12}^{(F)} \\ \underline{k}_{21}^{(F)} & \underline{k}_{22}^{(F)} \end{bmatrix} = \begin{bmatrix} \underline{K}_1^{(F)} & -\underline{K}_1^{(F)} \\ -\underline{K}_1^{(F)} & \underline{K}_1^{(F)} \end{bmatrix} \tag{13.2}$$

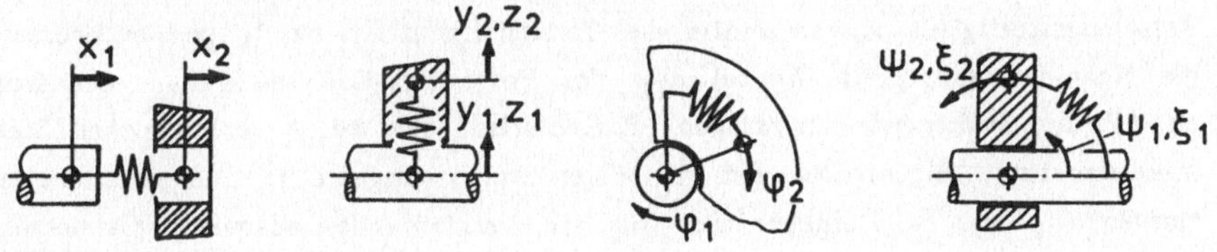

Bild 13.3: Relativ-Federelement mit 2 KPn

13.2.2 Größenordnung von Federsteifigkeiten

2 Extremwerte grenzen den Wertebereich einzugebender Federsteifigkeiten ein:

- Keine Fesselung   (1 KP) bzw.
  Keine Federwirkung   (2 KPe); also $k_F = 0$

- Starre Fesselung   (1 KP) bzw.
  Starre Verbindung   (2 KPe); also $k_F \rightarrow \infty$

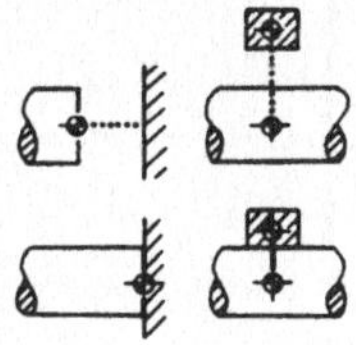

Dieser Bereich ist mit realen Zahlenwerten zu beschreiben, so daß die programminternen Auswirkungen zu beachten sind. Da Federelemente für sich allein nicht benötigt werden, sind andere Elemente an den betreffenden KPn mit angekoppelt und die Federsteifigkeiten werden gemäß Kap. 9 aufaddiert. Bei fehlender Fesselung - vgl. k_T bei Lagern - wird demgemäß nichts aufaddiert, so daß bei ingenieurgemäß 'richtiger' Idealisierung auch keine numerischen Schwierigkeiten auftreten können, wie dies bei starrer Einspannung sehr wohl der Fall sein kann, da nur endliche Werte eingegeben werden können. Unendliche Werte sind einerseits numerisch nicht möglich und entsprechen andererseits auch nicht der Realität. Bei den für ASDY verwendeten Algorithmen traten an der Rechenanlage CYBER 175 für translatorische Federsteifigkeiten ab ca. $10^{15} \frac{N}{m} =$

$= 10^9 \frac{N}{\mu m}$ numerische Probleme durch nicht mehr interpretierbare Eigenformen auf. Real würde diese absurde Steifigkeit bedeuten, daß z.B. eine Gewichtskraft aus 10^8 kg $\approx$ 100 Mega-Tonnen gerade eben eine Verformung von 1 μm bewirken würde. Reale Federsteifigkeiten sind mindestens 5 Zehnerpotenzen niedriger anzusetzen; so muß z.B. eine Spindellagerung mit $1000 \frac{N}{\mu m}$ als sehr steife Konstellation bezeichnet werden. Die numerisch nutzbaren, positiven 15 Zehnerpotenzen lassen sich in ihrer physikalischen Bedeutung interpretieren, wenn man beispielsweise die Auswirkung einer variierten Absolutfesselung auf die 1-te Eigenschwingung des einseitig gefesselten Torsions-Balkens von <u>Bild 13.4</u> betrachtet. Für den mit 6 KPn idealisierten Balken sind in Abhängigkeit der Torsions-Fesselungssteifigkeit k_φ einerseits die Torsionseigenfrequenz f_T und andererseits die Kenn-Nachgiebigkeits-Wurzel n_{T6} des Fesselungs-KPs sowie n_{T1} des freien KPs am Balkenende angetragen. Exemplarisch sind bei 4 verschiedenen Steifigkeiten bzw. Eigenfrequenzen die Eigenformen dargestellt. Die gestrichelten Kurven $f_{T.E}$ und $n_{T.E}$ ergeben sich für den Vergleich des adäquaten Einmassenschwingers.

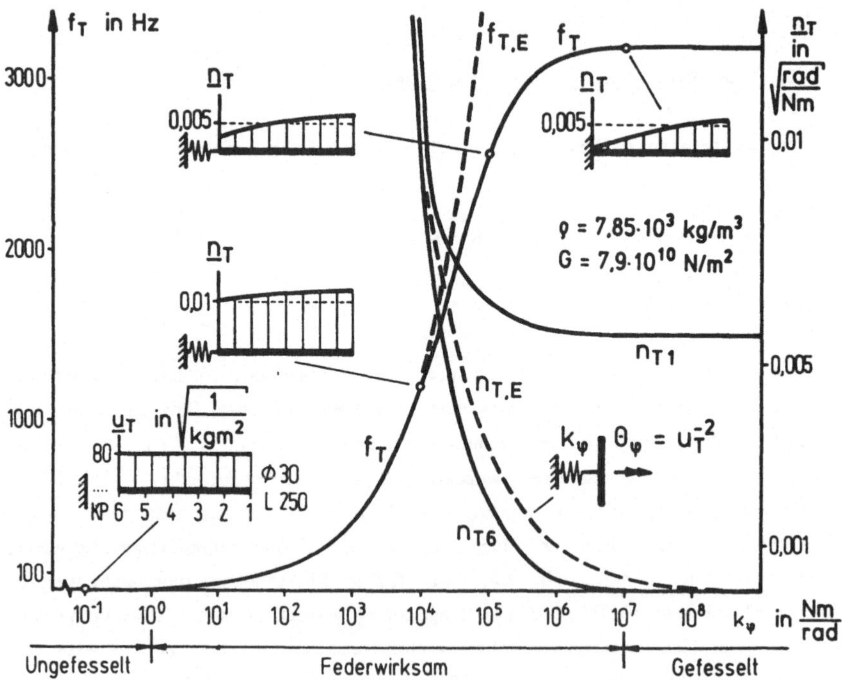

<u>Bild 13.4:</u> Qualitativer und quantitativer Einfluß einer Federfesselung

Die 1-te Torsionseigenfrequenz ändert sich entsprechend dem aus den Eigenformen ersichtlichen Systemverhalten, das sich in 3 Bereiche gliedert:

- Das als u n g e f e s s e l t zu bezeichnende Verhalten bis zur Federsteifigkeit von 10 Nm/rad, ergibt beim 1-ten Eigenvektor noch eine Quasi-Starrkörperverschiebung. Das Massenträgheitsmoment kann mit der gestürzten Kenn-Beschleunigbarkeit angegeben werden, das für den 2-ten Bereich als Vergleich mit dem Einmassenschwinger herangezogen wird.

- Der eigentlich im Sinne des Wortes f e d e r w i r k s a m e Bereich ändert die Eigenfrequenz zunächst ungefähr mit der Wurzel der Federsteifigkeit, um dann asymptotisch in die starr wirkende Einspannung überzugehen. Die Frequenzabhängigkeit ist auch in den Kenn-Nachgiebigkeits-Wurzeln enthalten, die wegen der zunehmenden Federsteifigkeit kleiner werden. Die punktierte Linie zeigt das Verhalten des Einmassenschwingers, das sich mit zunehmender Eigenfrequenz von dem immer stärker als Kontinuum verhaltenden Balken unterscheidet.

- Der 3-te Bereich jenseits $k_\psi = 10^8$ Nm/rad wirkt als s t a r r e Einspannung; die 1-te Torsions-Eigenform ist proportional einer Sinusfunktion.

Das Beispiel verdeutlicht den kaum abschätzbaren Einfluß einer Fesselung bei realen Strukturen, da eine derart große Wechselwirkung zwischen den Parametern besteht, daß letztlich nur die Rechnung entsprechende Aussagen liefert. Dies ist auf jegliche Federwirkung zu verallgemeinern.

13.3   Konzentrierte Massen

Die Idealisierung konzentrierter Massen benötigt nur einen KP, da die Massenwirkungen absolut gegen das Inertialsystem wirken und somit als direkt im KP wirksam vorstellbar sind. Relativwirkungen zwischen 2 KPn entsprechen einer Berücksichtigung von Kontinuumseigenschaften, wie diese zum Beispiel mit der MFE über Verschiebungsansätze abzuleiten sind. Während die Balkenelemente konsistente Massenmatrizen enthalten, werden bei allen anderen, meist scheibenförmigen Elementen die in allen 6 FHGn wirkenden konzentrierten Massen angesetzt; diese Element-Massenmatrizen (13.3) enthalten aufgrund der Rotationssymmetrie die aus Bild 13.5 ersichtlichen 3 verschiedenen Trägheitszahlen: Masse (translatorisch), polares und axiales Massenträgheitsmoment. Diese lassen sich über die Zusammenhänge der Gln. (13.4,5) berechnen.

$$\underline{\underline{M}}_1^{(M)} = \text{diag} \left(m_x , m_y , m_z , \Theta_\varphi , \Theta_\psi , \Theta_\xi \right) \tag{13.3}$$

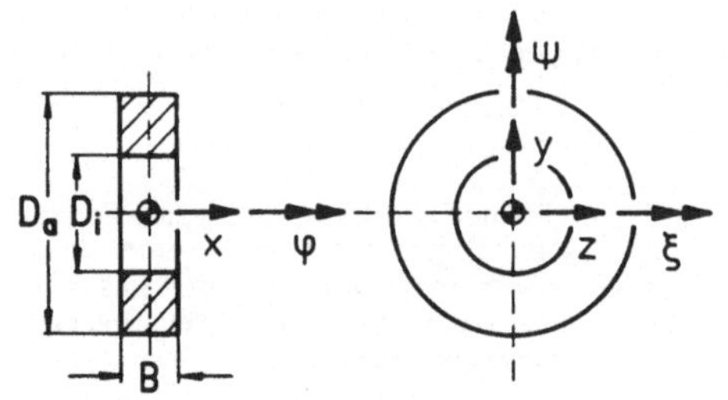

$$m_x = m_y = m_z = m$$

$$\Theta_\psi = \Theta_{pol}$$

$$\Theta_\psi = \Theta_\xi = \Theta_{ax}$$

Bild 13.5:

Konzentrierte Massen für scheibenförmige Elemente

$$m \;=\; \frac{\varrho\pi}{4}\,(\,D_a^2 - D_i^2\,)\cdot B \tag{13.4}$$

$$\Theta_{pol} \;=\; \frac{\varrho\pi}{32}\,(\,D_a^4 - D_i^4\,)\cdot B \;=\; \frac{m}{8}\,(\,D_a^2 + D_i^2\,) \tag{13.5}$$

$$\Theta_{ax} \;=\; \frac{\varrho\pi}{32}\left[\frac{1}{2}(\,D_a^4 - D_i^4\,)\cdot B + \frac{2}{3}(\,D_a^2 - D_i^2\,)\cdot B^3\right] \;= \tag{13.6}$$

$$=\; \frac{m}{48}\,(\,3D_a^2 + 3D_i^2 + 4B^2\,)$$

Nach Gl. (13.7) ergibt sich bzgl. des Durchmessers D diejenige Scheibenbreite B für eine Vollscheibe, bei der das axiale und polare Massenträgheitsmoment gleich sind; dabei handelt es sich dann um ein gedrungenes, mehr einem Wellenelement ähnliches Element.

$$\Theta_{pol} = \Theta_{ax} \qquad\qquad \text{für} \qquad B = \sqrt{\frac{11}{8}}\,D \approx 1{,}1\,7\cdot D \tag{13.7}$$

Für eine dünne Scheibe (B→0) folgt:

$$\Theta_{ax} \approx \frac{1}{2}\Theta_{pol} \tag{13.8}$$

Wegen der geforderten positiven Definitheit der Massenmatrix (stets vorhandene Massenwirkung) müssen im Gesamtsystem Massenanteile an jedem FHG von mindestens einem Element aufaddiert sein. Zu beachten ist, daß die rotatorischen Massen im Vergleich zur translatorischen Massenwirkung zusätzlich quadratisch mit dem Durchmesser eingehen, so daß der Durchmessereinfluß vor allem bzgl. der 3 Rotationen zu beachten ist.

Radkörper, die wie in __Bild 13.6__ vielgliedrig aus vielen stegartigen Teilen aufgebaut sind, erfordern für die beiden Kipp-FHGe bei jeder Teilmasse zusätzlich die Berücksichtigung der STEINER'schen Anteile über den Schwerpunktsabstand R_S; in Gl. (13.9) sind hierbei die Gln. (13.4,6) zu verwenden.

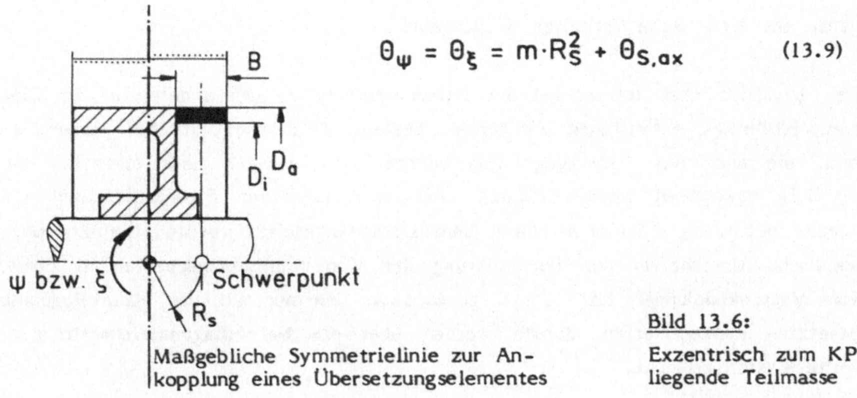

$$\Theta_\psi = \Theta_\xi = m \cdot R_S^2 + \Theta_{S.ax} \qquad (13.9)$$

Bild 13.6:

Exzentrisch zum KP
liegende Teilmasse

13.4 Balkenelemente

13.4.1 Verwendung und Anforderungen

Wie in **Bild 13.7** skizziert, sind Balkenelemente primär zur Idealisierung von Wellen zu verwenden, die demnach als Wellenelemente Rotations-Symmetrie aufweisen und sich hierin von Balken mit beispielsweise Rechteckquerschnitt unterscheiden; diese sind zur möglichst einfachen Idealisierung von rotierenden Gehäusebauteilen, wie im Fall von Planetengetrieben erforderlich.

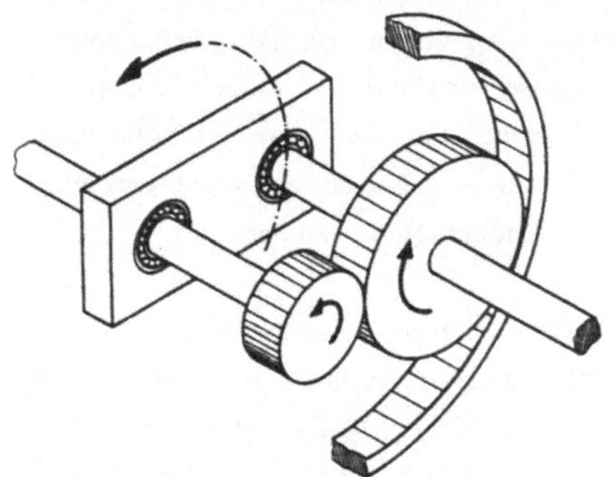

Bild 13.7:

Zur Idealisierung von Antriebsstrukturen nötige Balken- bzw.
Wellenelemente

Während an grob idealisierten, mitrotierenden Gehäusebauteilen wegen der zunächst nicht beabsichtigten Auflösung von Gehäuseverformungen keine akurate dynamische Analyse beabsichtigt ist, wird man dort die Steifigkeiten tendenziell zu groß ansetzen, so daß diese Gehäusebauteile im tieffrequenten Bereich

Quasi-Starrkörperverhalten aufweisen. Andererseits sollen die Wellen möglichst genau das dynamische Verhalten wiedergeben.

Der grundsätzliche Unterschied der Balkenelemente zu den anderen in der Element-Bibliothek enthaltenen Elementen besteht in der konsistenten Massenmatrix, die auch auf Nebendiagonalen besetzt ist, weshalb diese eigentlich nur als FEe bezeichnet werden können. Als hervorstechende Eigenschaft muß die bereits mit wenig KPn erreichbare Genauigkeit angesehen werden, die ihre physikalische Ursache in der Formulierung der Kontinuumseigenschaften in Form von Massenkopplungen hat. Im Gegensatz zu den nur auf der Hauptdiagonale besetzten konzentrierten Massen werden über die Nebendiagonalelemente verteilte Massen erreicht.

Vergleichende Rechenläufe zeigten dies sehr deutlich. So konnte bei konzentrierten Massen die Genauigkeit der 1-ten Biegeeigenschwingung erst mit 20 KPn gegenüber 3 KPn mit konsistenten Massen erreicht werden. Aus demselben Zusammenhang resultieren die bei GEBHARDT /18/ angegebenen, durchschnittlich 30 verwendeten KPe je Welle zur genauen Erfassung der 1-ten Biegeeigenschwingung, womit sich die dort isolierte Berechnung der einzelnen Wellen, die auch wegen des überkommenen Übertragungs-Matrizen-Verfahrens notwendig ist, nicht als ins Gesamtsystem eingekoppelte Baugruppen behandeln lassen; diese Methode wäre nur dann genügend genau, wenn die dynamischen Biegeverformungen der isolierten, nur in den Lagern abgestützten Welle und das Verhalten dieser Welle im Gesamtsystem übereinstimmen würden. Da die aufgrund von Übersetzungselementen vorhandenen Feder- und Massenankopplungen zu den benachbarten Wellen jedoch nicht berücksichtigt sind, ergeben sich nur bei langen Wellen im tieffrequenten Bereich gute Näherungen; nur dort sind die Biegeeigenschwingungen der nicht eingekoppelten Welle mit denen der eingekoppelten Welle vergleichbar bzw. ähnlich und somit in guter Näherung nachträglich einkoppelbar.

Die zu fordernde hohe Genauigkeit bei Wellenelementen begründet sich aus der gegenüber einem Torsions-Modell erheblich anspruchsvolleren Auflösung aller möglichen Belastungsarten (4 FHGe für räumliche Biegung), die wegen der räumlich wirkenden Kopplungen von Übersetzungselementen auftreten. Die Wellenelemente stellen schließlich eine Verbindung zwischen der abstützenden Wirkung der Lager und dem über die Übersetzungselemente laufenden Torsions-Kraftfluß her, womit maßgebliche Nachgiebigkeitsanteile in den Wellen enthalten sind. Zu beachten ist schließlich, daß es bereits erheblich aufwendiger ist, in einer der beiden Ebenen die Biegung zu erfassen als die Torsion; dies liegt vor allem an der Kopplung von translatorischen und rotatorischen FHGn.

Ein weiterer Aspekt ergibt sich bei der Behandlung von hier nicht näher zu untersuchenden Geräuschproblemen, die - vom akustischen Standpunkt betrachtet - kaum über die Innenakustik des Getriebes nach außen gelangen, sondern mittels Körperschalleitung (dies entspricht komplexen Eigenschwingungen) über Getriebewellen und Lager ans Gehäuse gelangen, wo sie hörbar abstrahlen können, vgl. /51/. Zur genaueren Untersuchung akustischer Probleme ist folglich das über die Getriebewellen nach außen geleitete Dynamikverhalten mit einzubeziehen, wobei die Güte der Beschreibung dann entscheidend von den Wellenelementen getragen wird.

13.4.2   Elementmatrizen

Für schlanke Balken trifft die BERNOULLI'sche Hypothese zu, daß die Querschnittsflächen auch nach Aufbringen einer B i e g e -wirksamen Belastung in guter Näherung eben bleiben. Bei gedrungenen Balken, also bei kleinen Balkenlängen im Verhältnis zum Durchmesser, nimmt der Schubeinfluß stets zu, so daß Schubverformung und Drehträgheit nicht mehr vernachlässigt werden können. In Bezug auf das Gesamtproblem trifft dies zu bei:

- kurzen Getriebewellen, also gedrungenen Elementen und
- höheren Schwingungsformen.

Eine steigende Schwingungsknotenanzahl ist mit kürzeren, gedrungeneren Balken gleichzusetzen. Die Schubspannungen an den Querschnitten bewirken:

- Verwölbung der Querschnittsfläche,
- Zusätzliche Durchsenkung (nicht Biegung) durch Schubdeformation.

Die Berücksichtigung des Schubeinflusses wird beim TIMOSHENKO-Balken erfaßt. Zur detaillierten Herleitung sei z.B. auf MARGUERRE /42/ verwiesen. Die Berücksichtigung der Querschnittsverwölbung hat streng genommen die Konsequenz, daß der Kipp-FHG ξ oder ψ nicht mehr der Steigung des Durchsenkungsverlaufs (y' oder z') gleichgesetzt werden kann. Durch einen statischen Mischansatz werden diese beiden Größen in einer näherungsweisen Bindungsgleichung dennoch verknüpft. Für Durchsenkung und Kippung führen HERMITE'sche Orthogonalpolynome 3-ten Grades und deren Integration zu den System-Matrizen. Die 2 Biegungsebenen werden als voneinander entkoppelt betrachtet. Im Gegensatz zu den aufwendigen Polynomen 3-ten Grades der gekoppelten B i e g e - FHGe y,ξ sowie z,ψ , fallen bei den 2 verbleibenden Belastungen, nämlich T o r s i o n und Z u g - D r u c k , die Belastungsrichtungen mit dem jeweiligen Verlagerungs-FHG zusammen; dort genügen lineare Polynome. Die Element-Federmatrix $\underline{K}_{12}^{(B)}$ und Element-Massenmatrix $\underline{M}_{12}^{(B)}$ für einen pro KP 6-dimensional belastbaren Balken sind in (13.10) und (13.12) dargestellt, wie bei KRÄMER /32/ angegeben.

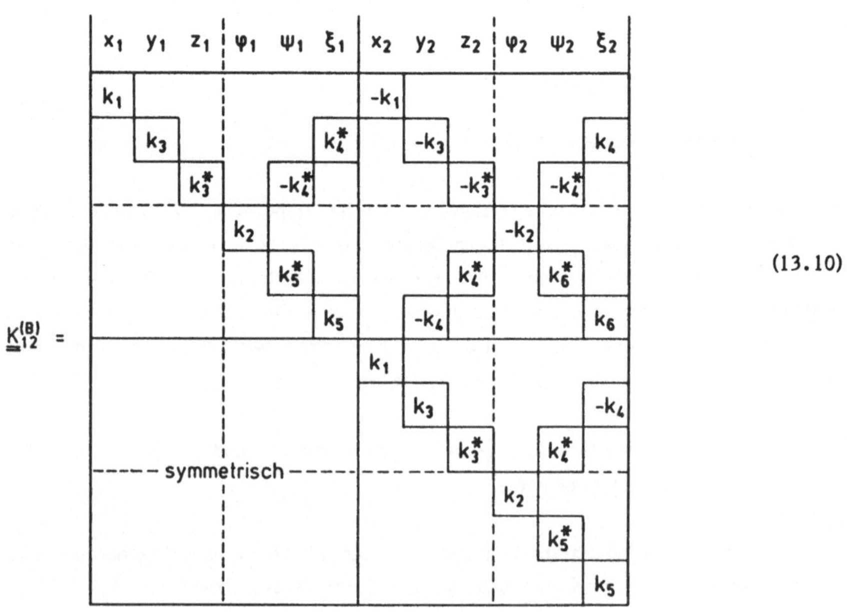

$$(13.10)$$

$$k_1 = \frac{E \cdot A}{L} \qquad k_2 = \frac{G \cdot I_T}{L}$$

$$k_3 = \frac{12\, E \cdot I_z}{L^3 \cdot (1+c_2)} \qquad k_4 = \frac{6\, E \cdot I_z}{L^2 \cdot (1+c_2)}$$

$$k_5 = \frac{E \cdot I_z}{L} \cdot \frac{4+c_2}{1+c_2} \qquad k_6 = \frac{E \cdot I_z}{L} \cdot \frac{2-c_2}{1+c_2}$$

Die Federzahlen $k_{3...6}^{*}$ entsprechen wegen der beiden Biegungsebenen den Koeffizienten $k_{3...6}$ mit I_y statt I_z und c_3 statt c_2. Bei rotationssymmetrischen Querschnitten (Wellen) sind diese identisch. Die Größen c_2 und c_3 stehen für die Schubverformung des TIMOSHENKO-Balkens; im Fall des BERNOULLI-Balken ist $c_2=c_3=0$. In Bild 13.8 sind querschnittsabhängige Zusammenhänge benötigter Größen aufgeführt.

$$c_2 = \frac{12\,E \cdot I_z}{L^2 \cdot G \cdot \kappa_2} \qquad\qquad c_3 = \frac{12\,E \cdot I_y}{L^2 \cdot G \cdot \kappa_3}$$

	Schubfaktoren $\kappa_{2,3}$	Flächenträgheitsmoment
Rechteck (b, h)	$0{,}85$	$I_y = \frac{1}{12} b\,h^3$ $I_z = \frac{1}{12} h\,b^3$ $I_T = \alpha\,h\,b^3$
Kreis (d)	$0{,}886$	$I_y = I_z = \frac{\pi}{64} d^4$ $I_T = \frac{\pi}{32} d^4$
Kreisring (d_i, d_a)	$\dfrac{1}{1{,}13 + 3{,}03\left[\dfrac{d_i}{d_a\left[1+\left(\dfrac{d_i}{d_a}\right)^2\right]}\right]^2}$	$I_y = I_z = \frac{\pi}{64}\left(d_a^4 - d_i^4 \right)$ $I_T = \frac{\pi}{32}\left(d_a^4 - d_i^4 \right)$
Stahl: Elastizitätsmodul $\quad E = 2{,}1 \cdot 10^{11}$ N/m^2 Schubmodul $\quad\quad\quad\quad\quad G = 8{,}0 \cdot 10^{10}$ N/m^2 Rechteckquerschnitt: $\quad 0{,}141 \leqq \alpha \leqq 0{,}333$ für $1 \leqq h/b \leqq \infty$		

Bild 13.8: Größen für Balkenelemente, nach /32/

Für die Trägheitszahlen der konsistenten Massenmatrix (13.12) werden die längenbezogene Masse μ und die längenbezogene Drehmasse $\hat{\mu}$ vereinbart. Die Matrixglieder $m_{3...6}^{*}$ entsprechen den Gliedern $m_{3...6}$, wobei μ_2 an Stelle von μ_3 und c_3 an Stelle von c_2 stehen.

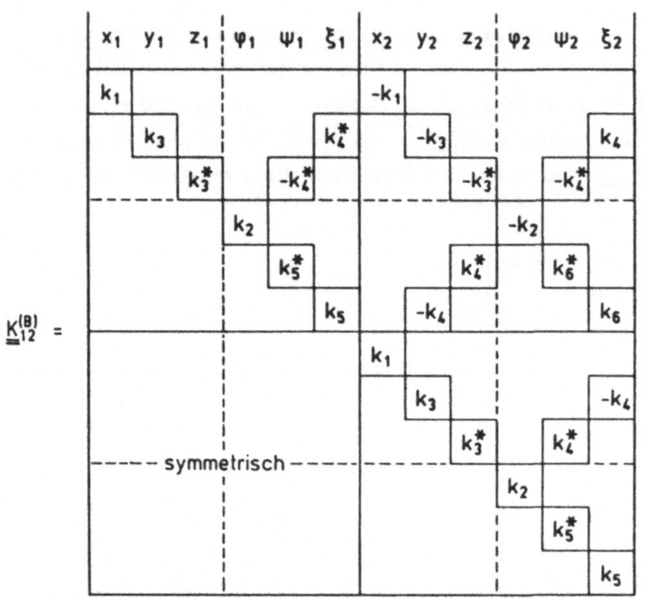

$$\underline{\underline{K}}_{12}^{(B)} =$$

(13.12)

Längenbezogene Masse: $\qquad \mu = \varrho \cdot A \qquad [\mu] = kg/m \qquad \hat{\mu}_2 = I_y \cdot \varrho \qquad \hat{\mu}_3 = I_z \cdot \varrho$

Längenbezogene Drehmasse: $\quad \hat{\mu} = \varrho \cdot I \qquad [\hat{\mu}] = kgm \qquad \hat{\mu}_T = \hat{\mu}_2 + \hat{\mu}_3 = \varrho(I_y + I_z)$

$$m_1 = \frac{1}{3}\,\mu \cdot L \qquad\qquad m_2 = \frac{1}{3}\,\mu_T \cdot L$$

$$m_3 = \frac{1}{(1+c_2)^2}\left[\frac{156}{420}\,\mu \cdot L + \frac{36}{30}\frac{\hat{\mu}_3}{L} + \frac{84}{120}\,c_2\,\mu \cdot L + \frac{40}{120}\,c_2^2\,\mu \cdot L\right]$$

$$m_4 = \frac{1}{(1+c_2)^2}\left[\frac{54}{420}\,\mu L - \frac{36}{30}\frac{\hat{\mu}_3}{L} + \frac{36}{120}\,c_2\,\mu L + \frac{20}{120}\,c_2^2\,\mu \cdot L\right]$$

$$m_5 = \frac{L}{(1+c_2)^2}\left[\frac{22}{420}\,\mu \cdot L + \frac{3}{30}\frac{\hat{\mu}_3}{L} + \frac{11}{120}\,c_2\,\mu L + \frac{5}{120}\,c_2^2\,\mu L - \frac{3}{6\,L}\,c_2\hat{\mu}_3\right]$$

$$m_6 = \frac{L}{(1+c_2)^2}\left[\frac{13}{420}\,\mu \cdot L - \frac{3}{30}\frac{\hat{\mu}_3}{L} + \frac{9}{120}\,c_2\,\mu \cdot L + \frac{5}{120}\,c_2^2\,\mu \cdot L + \frac{3}{6\,L}\,c_2\hat{\mu}_3\right]$$

$$m_7 = \frac{L^2}{(1+c_2)^2}\left[\frac{4}{420}\,\mu L + \frac{4}{30}\frac{\hat{\mu}_3}{L} + \frac{2}{120}\,c_2\,\mu L + \frac{1}{120}\,c_2^2\,\mu \cdot L + \frac{1}{6\,L}\left(c_2\hat{\mu}_3 + 2c_2^2\cdot\hat{\mu}_3\right)\right]$$

$$m_8 = \frac{-L^2}{(1+c_2)^2}\left[\frac{3}{420}\,\mu L + \frac{1}{30}\frac{\hat{\mu}_3}{L} + \frac{2}{120}\,c_2\,\mu L + \frac{1}{120}\,c_2^2\,\mu L + \frac{1}{6\,L}\left(c_2\hat{\mu}_3 - c_2^2\cdot\hat{\mu}_3\right)\right]$$

13.5   Kondensations-Balkenelemente

13.5.1   Datenreduzierende Modellbildung

Im Sinne einer Datenreduktion sei die Idealisierung einer in wesentlichen Eigenschaften verallgemeinerbaren Getriebewelle betrachtet. An der blanken Welle erfordern zunächst die Absätze jeweils einen KP, um die Durchmesseränderungen zu erfassen; eine Abschätzung selbst kleiner Durchmesseränderungen ist kaum realisierbar, da 3 Belastungsarten sowie frequenzabhängige, reduzierte Feder- und Massenwirkungen mit sehr unterschiedlichen Abhängigkeiten der Parameter zu berücksichtigen wären. Die KPs-Anzahl einer blanken Welle muß schließlich gemäß __Bild 13.9a__ noch erhöht werden, da die eingebaute komplette Welle Lager und Übersetzungselemente trägt, die zwar von den Wellenabsätzen begrenzt werden, deren kraftflußleitende Eigenschaften jedoch modellmäßig gesehen zwischen Absätzen durch KPe zu berücksichtigen sind. Da Getriebewellen im allgemeinen mindestens 2 Lagerstellen und zumeist 2 Übersetzungselemente enthalten, sind zusätzlich zu den oftmals dicht mit KPn besetzten Wellenabsätzen 4 KPe erforderlich.

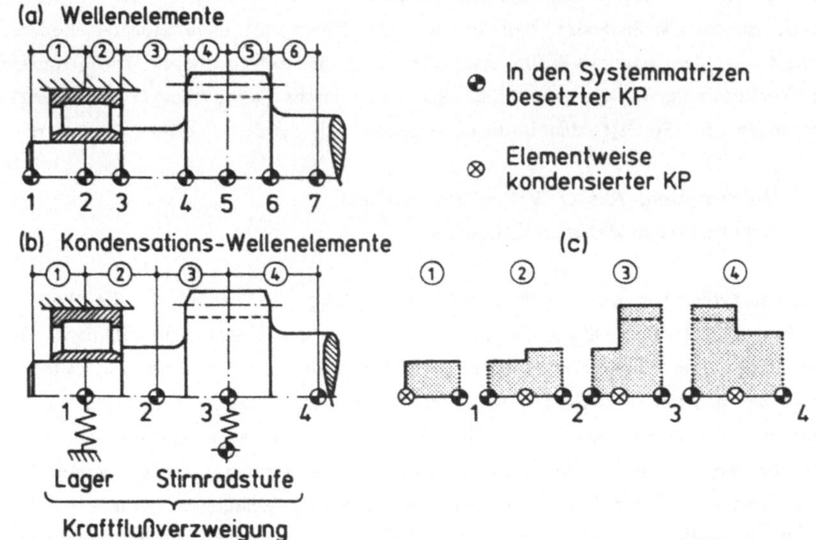

<u>Bild 13.9:</u>   Datenreduktion mit Kondensations-Wellenelementen
     (a)   Konventionelle Idealisierung mit 7 KPn und 6 Elementen
     (b)   Kraftflußorientierte, gleichmäßige Idealisierung
     (c)   Kondensations-Elemente: Wellenende ① und -absatz ②③④

Für die konstruktive Umsetzung der Ergebnisse stellen diese 4 KPe pro Welle eine Art untere Grenze dar, da sich das Optimieren von Nachgiebigkeiten primär an denjenigen Punkten orientiert, an denen Verzweigungen des Torsions- und Biege-Kraftflusses vorhanden sind. Eine für konstruktive Aussagen maximal kondensierbare Getriebewelle wird demnach zumindest diese 4 KPe enthalten.

Die oftmals sich ergebende Anhäufung von KPn tritt bevorzugt beim Zusammentreffen von Wellenabsätzen und kraftflußverteilenden Elementen auf, also vor allem an Lagerstellen und Übersetzungselementen, wie dies Bild 13.9a verdeutlicht. Mit Hilfe der auf Elementbasis durchführbaren statischen Kondensation (Kap. 12.3) kann die offensichtliche Anhäufung von KPn reduziert werden, indem die einen KP erzwingenden Wellenabsätze zwar zunächst mit einer lokalen Element-KPs-Nummer erfaßt werden, dann aber nach dem Kondensieren bereits beim Superponieren der Elemente nicht mehr vorhanden sind und demnach weder explizit im Datensatz noch in den Systemmatrizen mit einer KPs-Nummer erscheinen (Bild 13.9b).

Die Wellenenden können ebenso behandelt werden, da es prinzipiell egal ist, ob ein KP von einem Element mit 2 oder 3 KPn kondensiert wird. Das Kondensieren des Wellenendes rechnet nur die Masse bei unveränderter Federsteifigkeit auf den Lager-KP um und führt erst im extrem hohen Frequenzbereich zu Verfälschungen, da außerhalb des Kraftflusses keine Zusatz-Massenwirkung vorhanden ist. Für die Modellbildung ergeben sich damit 2 weitere Elemente:

- Kondensations-Absatz-Wellen-Element und
- Kondensations-Wellenende-Element

Ein Absatzelement kann auch gemäß Bild 13.9c bei einem in die Welle eingearbeiteten Zahnrad angewendet werden, denn das Übersetzungselement fordert wie beim Lager einen KP zwischen den Absätzen. Ein Vergleich mit Bild 13.9a zeigt die deutlich reduzierten KPe, die zudem noch gleichmäßiger verteilt sind, denn der KP 2 kann nunmehr in beliebigem Abstand vereinbart werden, wodurch der Forderung nach gleichmäßig verteilter Beschreibung nachgekommen wird. Das Anwenden dieser Elemente spart bei beidseitig gelagerten Wellen mindestens 4 KPe je Welle ein. Insgesamt kann erfahrungsgemäß davon ausgegangen werden, daß ungefähr $\frac{1}{3}$ der KPe einer konventionellen Idealisierung eingespart werden kann; die Fehler sind hierbei derart gering, daß deren Erörterung nur akademischen Charakter hat.

13.5.2   Vorgehensweise

Das abgesetzte Balken-Element mit zunächst 3 KPn läßt sich aus den 2 Balken unterschiedlicher Abmessungen l_1 und d_1 sowie l_2 und d_2 bilden, indem die KPs-Submatrizen des KPs 2 - wie Bild 13.10 zeigt - superponiert werden. Die 18*18 Elementmatrizen lassen sich damit auf einfache Weise formulieren. Von den 3 KPn soll zur beabsichtigten Eliminierung des Absatzes der KP 2, also der mittlere, kondensiert werden.

Zur Eliminierung, die mit der letzten Spalte bzw. Zeile beginnt, muß eine Umordnung der Elementmatrizen durchgeführt werden, so daß die letzten 6 Zeilen und Spalten dem mittleren Absatz-KP entsprechen. Dies wird durch Vertauschen der j-ten Zeile mit der j-ten Spalte der betreffenden, umzuschichtenden KPs-Bereiche erreicht; beim KP 2 folglich mit KP 3.

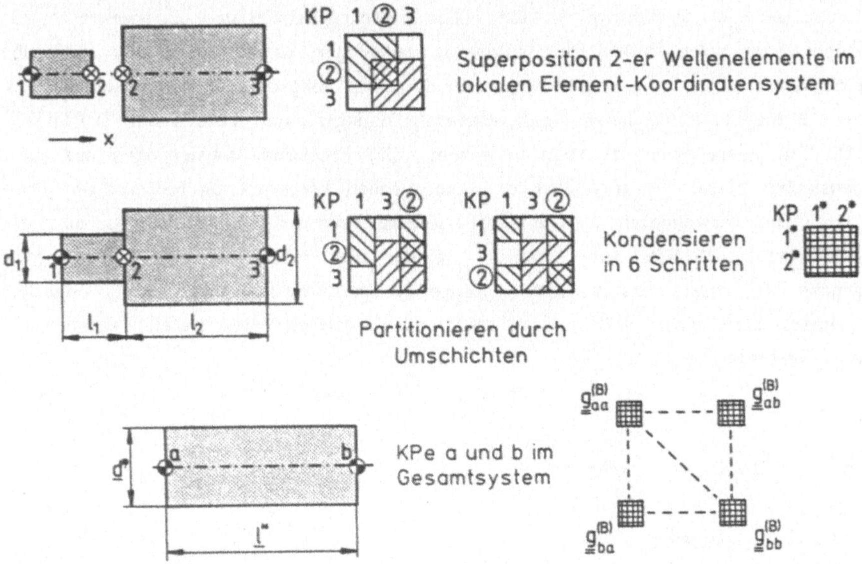

Bild 13.10:   Kondensation des Absatz-KPs 2; zu interpretieren als indirekte Ermittlung von Ersatzlängen und -durchmessern $\underline{d}^*$ und $\underline{l}^*$

Von den umgeschichteten Elementmatrizen werden zunächst für Spalte und Zeile Nr. 18 die Hilfsgrößen σ_j nach Gl. (12.14) gebildet, mit denen dann die kondensierten 17*17-Matrizen berechnet werden. Hieraus errechnen sich die für die 16*16-Matrizen nötigen Hilfsgrößen etc., bis nach 6 Schritten der KP vollständig kondensiert ist. Während verschiedener Schritte kann beobachtet werden, daß Matrizenelemente an vorher nicht besetzten Stellen erscheinen bzw. wieder verschwinden; nach der Elimination eines ganzen KPs sind jedoch nur noch die beim Ausgangs-Balkenelement vorhandenen Matrixbesetzungen zu finden. Während der 1-te Schritt noch analytisch formulierbar ist, würden bei 6-FHGn allzu große, unhandliche Ausdrücke vorliegen. Für eine glatte Welle kann z.B. beim Torsionsmodell nachgewiesen werden, daß ein Kondensieren des mittig placierten KPs genau die ursprüngliche Elementmatrix für die doppelte Länge des Elementes ergibt. Die Ersatzgrößen $\underline{d}$* und $\underline{l}$*, die explizit nur aufwendig zu ermitteln sind, würden für die physikalische Interpretation gemäß Biegung, Torsion, Querschub und Zug-Druck-Belastung 4 verschiedene Werte annehmen.

Die Brauchbarkeit des Absatz-Elementes wurde zum einen im Vergleich zu hintereinandergeschalteten, konventionellen Balkenelemente überprüft, zum anderen finden sich im Schrifttum Angaben über Eigenfrequenzen und Eigenvektoren für einen abgesetzten Balken mit beidseitig gelenkiger Lagerung. RUBIN /62/ gibt eine analytische Frequenzgleichung für die 1-te Biegeeigenfrequenz an; die ersten 2 Biegeeigenfrequenzen und -eigenschwingungsformen werden bei ZURMÜHL /86/ mit gebrochener Iteration berechnet. Die Frequenz-Abweichungen des kondensierten Elementes gegenüber den analytischen Lösungen lag bei wenigen Prozent. Die verwendeten 2 KPe sind allerdings nicht repräsentativ; bis zur Anzahl von ca. 5 KPn pro 'Struktur' nehmen die Fehler bis unter die Prozentgrenze ab, sofern das Verhältnis Länge zu Durchmesser maximal bei ungefähr 5 liegt. Eine höhere KPs-Anzahl erbringt im tieffrequenten Bereich kaum mehr eine Verbesserung.

13.6   Übersetzungselemente

13.6.1   Überblick

Als Kernstück der Element-Bibliothek können die Übersetzungselemente angesehen werden, da in ihnen die für Antriebsstrukturen charakteristischen Kopplungen der Belastungsarten enthalten sind; die Übersetzungen üben einen quadratischen Einfluß auf Feder- und Massenwirkungen aus. Übersetzungselemente enthalten entsprechend ihrer Funktion 2 Übersetzungs-FHGe an 2 verschiedenen KPn, die über einen die Übersetzung direkt enthaltenden mathematischen Zusammenhang gekoppelt sind. Neben dieser funktionsbedingten, also konstruktiv beabsichtigten Kopplung kann generell festgestellt werden, daß viele der verbleibenden 10 FHGe stark oder im Fall vollbesetzter Element-Federmatrizen sogar vollständig gekoppelt sind; jede Verlagerung an einem FHG bewirkt dann an allen FHGn Reaktionen und umgekehrt. <u>Bild 13.11</u> veranschaulicht in Anlehnung an eine Zahnradstufe die übersetzungsspezifischen Besonderheiten, wobei das wellenbezogene Koordinatensystem $\underline{x}(6)$ betrachtet wird:

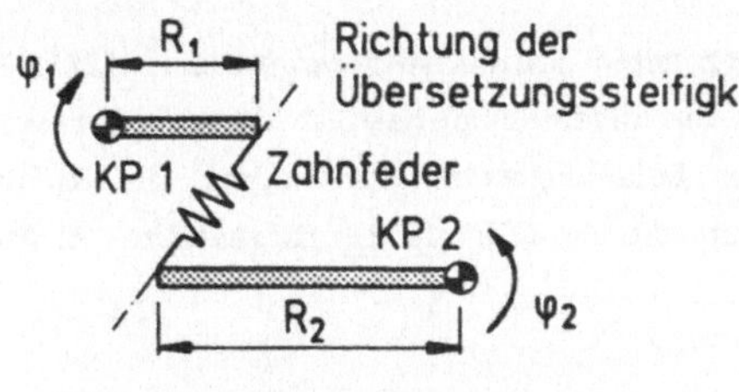

<u>Bild 13.11:</u>
Zur Definition der bei Übersetzungselementen typischen Merkmale am Beispiel einer Zahnradstufe

- Für ein am Element vereinbartes Koordinatensystem bewirkt eine Torsionseinleitung am FHG φ_1 die vom jeweiligen Element abhängige Übersetzungskopplung auf einen

    - gleichartigen oder
    - orthogonalen FHG,

    wobei die gekoppelte Verlagerungsrichtung des 2-ten Übersetzungs-FHGs am 2-ten KP positiv oder negativ sein kann. Der allgemeinste Fall schiefwinkliger Wellenlagen kann in die Element-Bibliothek ebenso modular eingebaut werden; der 2-te Übersetzungs-FHG wird dann durch mehrere Komponenten im $\hat{\underline{x}}(6)$-Koordinatensystem dargestellt.

- Da die Kopplung einer Übersetzung nicht starr realisierbar ist, existieren elastische, kraft- bzw. formschlüssige Verbindungen, die nicht nur räumliche Kopplungen bewirken, sondern das Element selbst nachgiebig wirken lassen (Aufnahme von Potential). Modellmäßig gesehen, ist also eine räumlich wirkende Feder entsprechend Bild 13.11 als Verbindung der beiden Übersetzungs-KPe vorzusehen.

- Die Lage der Übersetzungssteifigkeit muß im allgemeinen Fall in die Komponenten der FHGe des Element-Koordinatensystems zerlegt werden; je allgemeiner die Lage bzgl. der 2 KPe ist, desto höher ist die Anzahl der Kopplungen und der in den Federzahlen enthaltene trigonometrische Aufwand zur Beschreibung dieser Lage.

- Die räumliche Lage der Übersetzungs-Steifigkeit beeinflußt direkt die Anzahl der maximal möglichen Kopplungen; eine vollbesetzte 12*12 Matrix enthält in einer Matrixhälfte ohne die Hauptdiagonale 66 Kopplungen.

- Sonderfälle ergeben sich, wenn die Richtung der Übersetzungssteifigkeit parallel zu FHGn gedreht werden kann, so daß orthogonale FHGe keine Kopplungen aufnehmen.

Resümierend stellt die Richtung der wirksamen Übersetzungs-Steifigkeit den Ausgangspunkt zur Herleitung der Federzahlen dar. Speziell die räumlich wirkenden Verzahnungssteifigkeiten müssen in ihrer resultierenden Ebene aus den Verzahnungsdaten bestimmt werden.

13.6.2. Schrägverzahnte Stirnradstufe

Die Federmatrix $\underline{K}_{12}^{(Z)}$ einer schrägverzahnten Stirnradstufe ergibt eine 12*12-Matrix für die 2 KPe mit je 6 FHGn. Im allgemeinen Fall ist diese voll besetzt, so daß eine maximale Kopplung aller Belastungsarten stattfindet. Die Richtung der Übersetzungssteifigkeit wird durch die in $\underline{Bild\ 13.12}$ dargestellte Richtung der Zahnnormalkraft bestimmt.

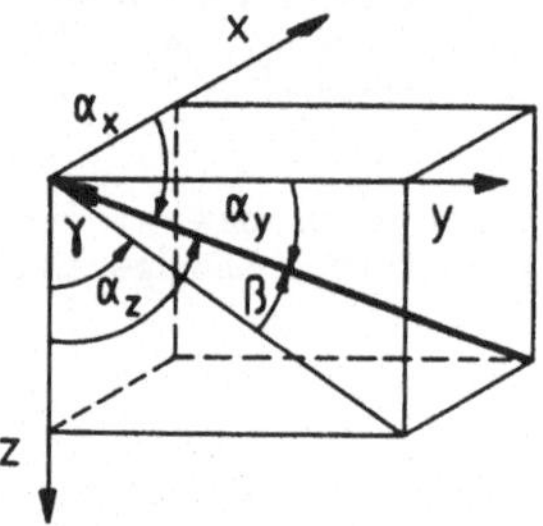

Bild 13.12:

Räumliche Lage der Zahnnormalkraft

Der vom Herstell-Werkzeug abhängige Eingriffswinkel α erscheint am Zahnrad im Normalschnitt (normal zum Zahn) in wahrer Größe. Zumeist wird das Bezugsprofil mit $\alpha_n = 20°$ verwendet. Mit dem Schrägungswinkel β (Winkel zwischen Stirn- und Normalschnitt) kann der Eingriffswinkel α im Stirnschnitt angegeben werden (Profilverschiebung Null).

$$\alpha = \arctan\left(\frac{\tan \alpha_n}{\cos \beta}\right) \tag{13.13}$$

Für beide KPe gilt das elementeinheitliche Koordinatensystem $\hat{\underline{k}}(6)$. Abhängig von der tatsächlichen Drehrichtung und einem als treibend zu definierenden Rad lassen sich nach $\underline{Bild\ 13.13}$ bzgl. der Lage 4 Fälle des Eingriffswinkels angeben, von denen sich jeweils 2 entsprechen. Eine Drehrichtungsumkehr bringt jedoch stets ein Schwenken der Kraftrichtung von $140°$ bzw. bei der Kopplungsrichtung von nicht vernachlässigbaren $40°$ mit sich.

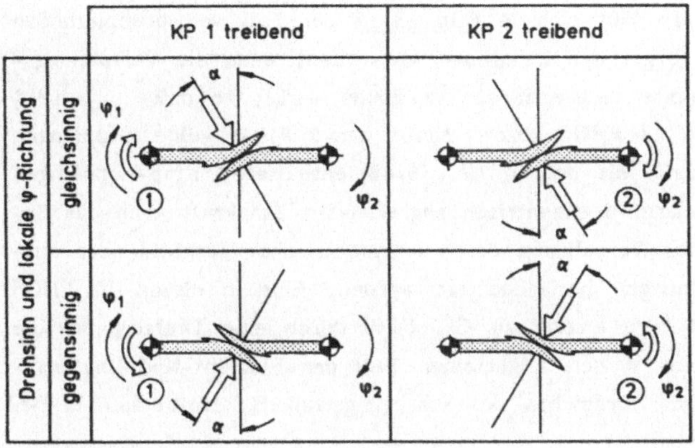

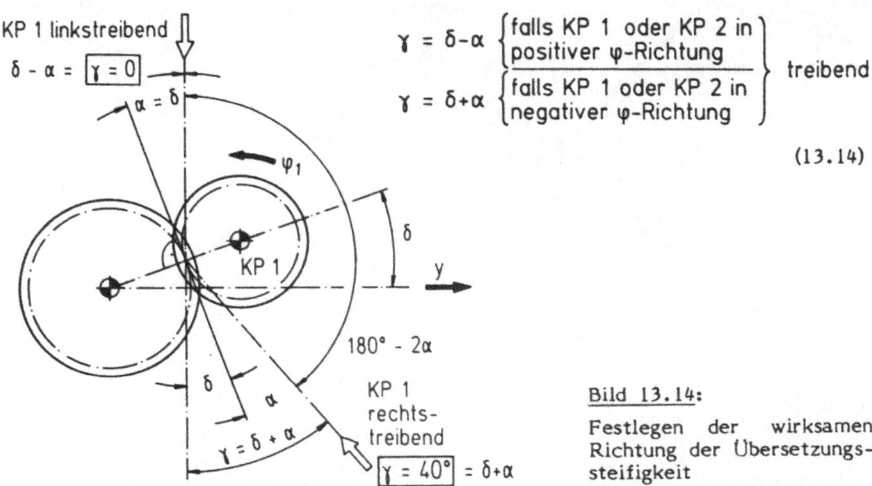

Bild 13.13:

Eingriffsrichtung in Abhängigkeit von Belastungsrichtung und Drehsinn

Zur Beschreibung allgemein räumlicher Lagen der 2 Zahnräder sind zusätzliche Winkeldefinitionen erforderlich. Da die $\hat{y}$ -Richtung des Elementes stets parallel zur globalen $\bar{y}\bar{z}$ -Ebene vereinbart ist, kann bereits im $\hat{\underline{k}}$ -System der Winkel δ eingeführt werden, der nach <u>Bild 13.14</u> die Lage der 2 KPe in derjenigen Ebene bestimmt, welche die beiden Wellen auch lotrecht im globalen $\bar{\underline{k}}$ -System verbindet. Der Winkel δ beschreibt die räumliche Lage unabhängig von der Zahnkraftrichtung. Diese wird erst durch den Winkel γ festgelegt, der die Information von Bild 13.13 enthält. Gl. (13.14) gibt den Zusammenhang der 3 für die Federmatrix maßgeblichen Winkel an, die in Bild 13.14 durch die Sonderfälle $\delta=\alpha$ bzw. $\gamma=0$ deutlich werden.

$$\gamma = \delta-\alpha \quad \left.\begin{array}{l}\text{falls KP 1 oder KP 2 in}\\ \text{positiver } \varphi\text{-Richtung}\end{array}\right\}$$

$$\gamma = \delta+\alpha \quad \left.\begin{array}{l}\text{falls KP 1 oder KP 2 in}\\ \text{negativer } \varphi\text{-Richtung}\end{array}\right\} \text{treibend}$$

$$(13.14)$$

Bild 13.14:

Festlegen der wirksamen Richtung der Übersetzungssteifigkeit

Ausgehend von Bild 13.14 läßt sich in __Bild 13.15__ der Fall von projizierenden Koordinaten-Richtungen (bzgl. der Zahnfeder) darstellen, wenn die Verzahnungssteifigkeit $k^{(Z)}$ beispielsweise senkrecht zur $\hat{x}\hat{z}$-Ebene wirkt, so daß $\gamma = n \cdot 90°$ mit $n = 1 \ldots 4$. Von den 12 FHGn können somit nur 2 FHGe keine Kopplungen aufnehmen bzw. bewirken. Mit den in Gl. (6.48) enthaltenen Kipp-Kopplungen aufgrund einer am Hebelarm b exzentrisch angreifenden Zahnkraft kann das ungleichmäßige Tragen einer Verzahnung durch asymmetrisches Tragbild oder aufgrund von Wellenverformungen berücksichtigt werden. Eine in diesen 10 FHGn aufgestellte Federmatrix wird analog zu Gl. (8.2) durch eine Drehung um die $\bar{x}$-Achse vom $\bar{\underline{x}}$ (5)-System in den allgemeinen Fall des Element-Koordinatensystems $\hat{\underline{x}}$ (6) überführt. Das Vorzeichen des Schrägungswinkels β ergibt sich in Bezug zur Torsionsachse:

positiv,   analog einem Rechtsgewinde
negativ,   analog einem Linksgewinde.

Für die spezifische Verzahnungssteifigkeit finden sich im Schrifttum /5,54,81,83/ Angaben im Bereich von $10 \leqq k^{(Z)}_{spez} \leqq 20$ N/µm/mm. Insgesamt folgt die Federmatix mit Gl. (13.15) im Element-Koordinatensystem $\hat{\underline{x}}$ (6):

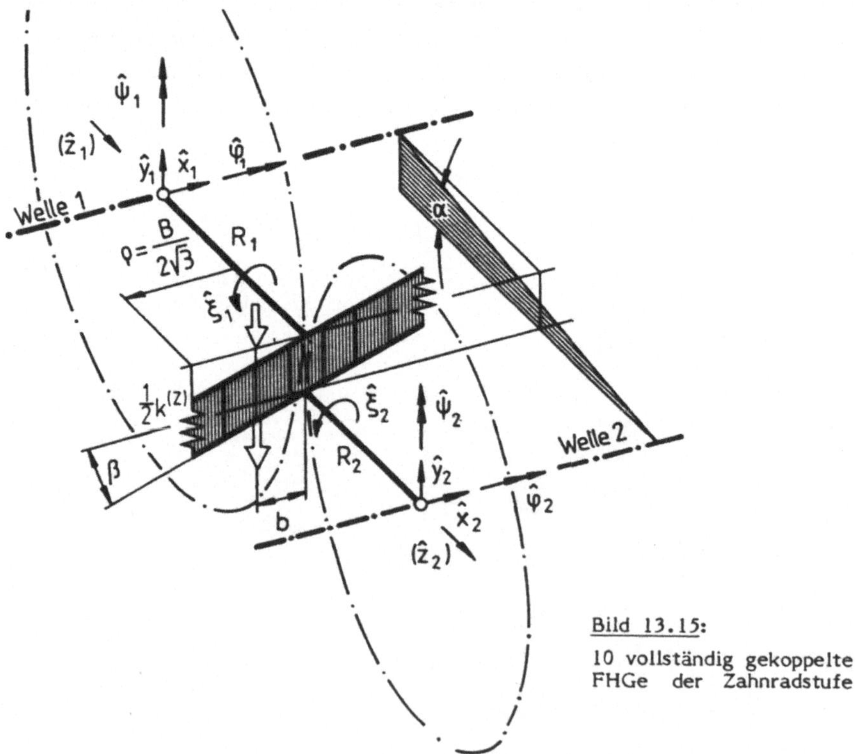

Bild 13.15:

10 vollständig gekoppelte FHGe der Zahnradstufe

$$\hat{\underline{K}}_{12}^{(Z)} = k^{(Z)} \cdot$$

$\hat{x}_1$	$\hat{y}_1$	$\hat{z}_1$	$\hat{\varphi}_1$	$\hat{\psi}_1$	$\hat{\xi}_1$	$\hat{x}_2$	$\hat{y}_2$	$\hat{z}_2$	$\hat{\varphi}_2$	$\hat{\psi}_2$	$\hat{\xi}_2$
A^2	BA	$C{\cdot}A$	$U_1{\cdot}A$	$V_1{\cdot}A$	$W_1{\cdot}A$	$-A^2$	$-B{\cdot}A$	$-C\,A$	$-U_2{\cdot}A$	$-V_2{\cdot}A$	$-W_2{\cdot}A$
	B^2	$C{\cdot}B$	$U_1 B$	$V_1{\cdot}B$	$W_1{\cdot}B$	$-A{\cdot}B$	$-B^2$	$-C{\cdot}B$	$-U_2 B$	$-V_2{\cdot}B$	$-W_2{\cdot}B$
		C^2	$U_1 C$	$V_1{\cdot}C$	$W_1 C$	$-A\,C$	$-B\,C$	$-C^2$	$-U_2 C$	$-V_2 C$	$-W_2 C$
			U_1^2	$V_1{\cdot}U_1$	$W_1{\cdot}U_1$	$-A{\cdot}U_1$	$-B{\cdot}U_1$	$-C\,U_1$	$-U_2{\cdot}U_1$	$-V_2{\cdot}U_1$	$-W_2 U_1$
				V_1^2	$W_1 V_1$	$-A{\cdot}V_1$	$-B{\cdot}V_1$	$-C{\cdot}V_1$	$-U_2 V_1$	$-V_2{\cdot}V_1$	$-W_2{\cdot}V_1$
					W_1^2	$-A{\cdot}W_1$	$-B\,W_1$	$-C{\cdot}W_1$	$-U_2{\cdot}W_1$	$-V_2{\cdot}W_1$	$-W_2{\cdot}W_1$
						A^2	BA	$C{\cdot}A$	$U_2{\cdot}A$	$V_2{\cdot}A$	$W_2{\cdot}A$
							B^2	CB	$U_2{\cdot}B$	$V_2{\cdot}B$	$W_2 B$
								C^2	$U_2{\cdot}C$	$V_2{\cdot}C$	$W_2{\cdot}C$
									U_2^2	$V_2{\cdot}U_2$	$W_2{\cdot}U_2$
										V_2^2	$W_2{\cdot}V_2$
											W_2^2

(untere Dreiecksmatrix: symmetrisch)

$$\tag{13.15}$$

$$s = \sin \qquad U_1 = c\alpha{\cdot}c\beta{\cdot}R_1$$
$$c = \cos \qquad U_2 = -c\alpha{\cdot}c\beta{\cdot}R_2$$

$$A = s\beta \qquad V_1 = -s\beta{\cdot}s\delta{\cdot}R_1 - c\beta{\cdot}c\gamma{\cdot}(\varrho+b)$$
$$B = c\beta{\cdot}s\gamma \qquad V_2 = s\beta{\cdot}s\delta{\cdot}R_2 - c\beta{\cdot}c\gamma{\cdot}(\varrho+b)$$
$$C = c\beta{\cdot}c\gamma$$
$$W_1 = -s\beta{\cdot}c\delta{\cdot}R_1 - c\beta{\cdot}s\gamma{\cdot}(\varrho+b)$$
$$W_2 = s\beta{\cdot}c\delta{\cdot}R_2 - c\beta{\cdot}s\gamma{\cdot}(\varrho+b)$$

13.6.3   Schneckenstufe

Die Beschreibung der Kopplungen einer Schneckenstufe erfordert je einen KP
für die Schnecke und für das Schneckenrad. Von den Paarungsarten wird die
gebräuchlichste ZI-Schnecke behandelt, deren Verzahnung zylindrisch evolutorisch
ist; das Schneckenrad weist globoidische Evolventenverzahnung auf. Die Achsen schneiden sich senkrecht. Die durchaus aufwendige Ermittlung der Massenwirkungen von Schnecke und Rad seien hier nicht weiter erörtert. Von Interesse
ist primär die vollbesetzte Feder-Matrix $\underline{K}_{12}^{(S)}$, die aufgrund der räumlich wirkenden Verzahnungssteifigkeit alle 12 FHGe vollständig koppelt. Analog zur Stirn-

radstufe gelten die Vereinbarungen des Erzeugungswinkels α von Gl. (13.13) sowie des Lagewinkels δ von Gl. (13.14). Der Schrägungswinkel ist gemäß <u>Bild 13.16</u> an Rad und Schnecke verschieden, beide gehen in die Übersetzung ein:

$$i = \frac{R_1 \cdot \cos \beta_1}{R_2 \cdot \cos \beta_2} = \frac{z_1}{z_2} \tag{13.16}$$

Der Schrägungswinkel β_1 des Schneckenrades ist bei den betrachteten, senkrecht aufeinander stehenden Achsen gleich dem Steigungswinkel γ_m. Somit gilt:

$$\beta_2 = 90° - \gamma_m \tag{13.17}$$

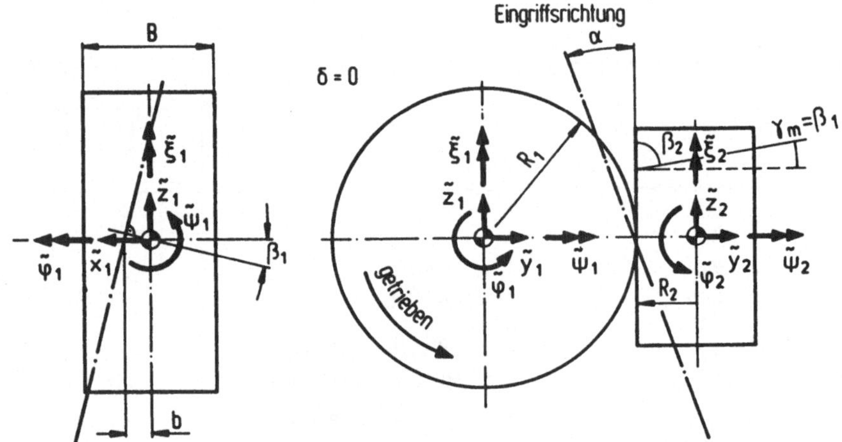

<u>Bild 13.16:</u>   Schneckenstufe im projizierenden Element-Koordinatensystem $\tilde{\underline{k}}$

Wie bei KÜCÜKAY /35/ ausgeführt, lassen sich symmetrische Kopplungs-Matrizen einfacher Art aus dem Produkt eines Verlagerungsvektors $\underline{v}_{12}^{(S)}$ mit dessen transponiertem darstellen.

$$\underline{\underline{K}}_{12}^{(S)} = k^{(Z)} \cdot \left[\underline{v}_{12}^{(S)} \cdot \underline{v}_{12}^{(S)T} \right] \tag{13.18}$$

Für die Schneckenstufe von Bild 13.16, geltend für rechtssteigend treibende Schnecke im $\tilde{\underline{k}}$ (6)-System für δ=0 , folgt $\tilde{\underline{v}}_{12}^{(S)}$ mit Gl. (13.19). Der allgemeine Fall mit δ≠0 wird durch eine ebene Drehung von $\tilde{\underline{v}}_{12}^{(S)}$ erreicht, so daß $\underline{\underline{K}}_{12}^{(S)}$ gebildet werden kann. Ein Nachteil der elegant abkürzenden Schreibweise besteht in der Tatsache, daß Kopplungen höherer Art, wie die asymmetrischen

Kipp-Kopplungen von Gl. (6.48), in der Formulierung des Verlagerungsvektors nicht implementierbar sind. Diese können bei der geschilderten Vorgehensweise nur durch separates Aufstellen und Drehung um δ, sowie anschließendem Aufaddieren in $\underline{\underline{K}}_{12}^{(S)}$ berücksichtigt werden.

$$
\underline{\tilde{v}}_{12}^{(S)} =
\begin{bmatrix}
\tilde{x}_1 \\
\tilde{y}_1 \\
\tilde{z}_1 \\
\tilde{\varphi}_1 \\
\tilde{\psi}_1 \\
\tilde{\xi}_1 \\
\tilde{x}_2 \\
\tilde{y}_2 \\
\tilde{z}_2 \\
\tilde{\varphi}_2 \\
\tilde{\psi}_2 \\
\tilde{\xi}_2
\end{bmatrix}
=
\begin{bmatrix}
s\beta_1 \\
c\beta_1 \cdot s\alpha \\
-c\beta_1 \cdot c\alpha \\
-c\beta_1 \cdot c\alpha \cdot R_1 \\
c\beta_1 \cdot c\alpha \cdot b \\
-s\beta_1 \cdot R_1 \\
-s\beta_1 \\
-c\beta_1 \cdot s\alpha \\
c\beta_1 \cdot c\alpha \\
-c\beta_1 \cdot c\alpha \cdot R_2 \\
-c\beta_1 \cdot c\alpha \cdot b \\
-c\beta_2 \cdot c\alpha \cdot R_2
\end{bmatrix}
\qquad (13.19)
$$

13.6.4   Riemenstufe

Riementriebe stellen neben den Verzahnungen eine wichtige Gruppe der Übersetzungs-Elemente dar. Die prinzipielle Anordnung und die modellmäßig zu erfassenden Komponenten enthält <u>Bild 13.17</u>. Die 2 KPe des Elementes entsprechen den 2 Riemenscheiben, die mit ihren Durchmessern die Übersetzung festlegen. Der als Zugfeder wirkende Riemen koppelt die Übersetzungs-FHGe φ_1 und φ_2 unter Drehrichtungserhaltung. Bei Riemen unterscheidet man diverse Bauarten:

-    Flachriemen
-    Keilriemen
-    Poly-V-Riemen
-    Zahnriemen

Für die modellbezogene Wirkung des Riemens muß die Federwirkung von sowohl Last- als auch Leertrum betrachtet werden, da beide wegen der Vorspannung federwirksam sind. Beide Federn werden nur auf Zug beansprucht, so daß auch das auf translatorische Belastung abstrahierte, gleichwertige Modell 2-er parallel geschalteter Federn verwendet werden kann; dessen Vorteil liegt darin, daß unmittelbar die einfachste Art der Messung von Riemendehnungen evident wird.

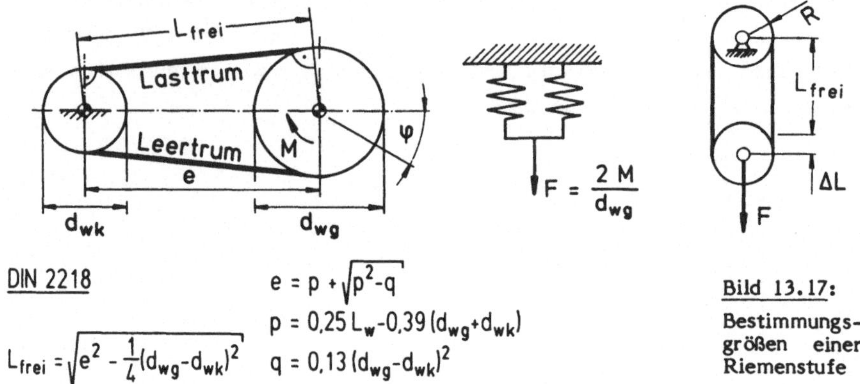

DIN 2218

$$e = p + \sqrt{p^2 - q}$$

$$L_{frei} = \sqrt{e^2 - \frac{1}{4}(d_{wg} - d_{wk})^2}$$

$$p = 0{,}25\,L_w - 0{,}39\,(d_{wg} + d_{wk})$$

$$q = 0{,}13\,(d_{wg} - d_{wk})^2$$

Bild 13.17:

Bestimmungsgrößen einer Riemenstufe

Die Besonderheit von Zahnriemen liegt bei exakter Betrachtung in einer Parameter- und Wegerregung aufgrund der sich im Übergangsbereich ändernden Riemenquerschnitte, die aber größenordnungsmäßig noch kleiner sind als beispielsweise die bei Verzahnungen vorkommenden. Dies rechtfertigt eine linearisierte Betrachtung.

Wegen der vorhandenen Kunststoffe im Aufbau von Riemen liegt im Vergleich zu den anderen Elementen einer Antriebsstruktur oftmals verhältnismäßig hohe statische Nachgiebigkeit vor, die sich auf 2 Arten auswirkt:

- Im tieffrequenten Bereich treten Eigenschwingungen auf, bei denen der Riemen die Hauptverformungszone bzw. den 1-ten Torsions-Schwingungsknoten mit dem entsprechenden Zweimassenschwinger-Verhalten enthält.

- Bei höheren Frequenzen wirkt der Riemen entkoppelnd, so daß oberhalb der für den Riemen nachgiebig wirkenden Frequenz nur noch wenig Anregungsenergie über den Riemen hinweggeleitet werden kann.

Die freie Riemenlänge L_{frei} gibt die für die Steifigkeit des Riemens maßgebliche Länge ohne die umschlingenden Anteile auf den Scheiben wieder. In DIN 2218 finden sich die in _Bild 13.17_ zusammengefaßten Abhängigkeiten von L_{frei} mit den zugehörigen konstruktiven Daten. Im Gegensatz zu metallischen Werkstoffen ist der Elastizitäts-Modul von Riemen als unbekannt zu betrachten. Da die durch eine Kraft aufgebrachte Längenänderung direkt proportional zur freien Riemenlänge L_{frei} ist, wird zur datenreduzierenden Darstellung besser die Dehnung ε verwendet, so daß mit Gl. (13.20) für einen bestimmten Riemen eine von der zu verwendenden Länge unabhängige Kenngröße gebildet werden kann.

Die spezifische Riemensteifigkeit $k^{(R)}_{spez}$ ergibt für einen mit 100 N belasteten, 100 mm langen Riemen bei der Längung 1 mm den Wert 1. Beispielsweise läßt sich für einen 19 mm breiten Keilriemen mit 2% Dehnung bei 1500 N eine aktuell benötigte Riemenlänge von 1000 mm mit Gl. (13.21) umrechnen.

$$k^{(R)}_{spez} = \frac{F_R}{\Delta L / L_{frei}} = \frac{F_R}{\varepsilon} \qquad \left[k^{(R)}_{spez}\right] = N \tag{13.20}$$

$$k^{(R)} = \frac{k^{(R)}_{spez}}{L_{frei}} = \frac{1500\ N}{0,02 \cdot 1m} = 75\ \frac{N}{mm} \tag{13.21}$$

Gl. (13.22) enthält die Riemenstufen-Federmatrix $\underset{\approx}{\tilde{K}}^{(R)}_{12}$ der projizierenden Koordinaten $\underline{\tilde{x}}(6)$ entsprechend <u>Bild 13.18</u>. Die Matrix für sowohl elementeinheitliche als auch lokale Koordinaten ($\underset{\approx}{K}^{(R)}_{12} = \underset{\approx}{\hat{K}}^{(R)}_{12}$) erhält man durch Drehung um den Winkel γ in Torsionsrichtung, analog zu Gl. (8.19). Die im Vergleich zu den Verzahnungen geringere Anzahl der Kopplungen ergibt sich aus der symmetrischen und ebenen Lage der Riemensteifigkeit zur Verbindungslinie der 2 KPe.

$$\underset{\approx}{\tilde{K}}^{(R)}_{12} = k^{(R)}$$

	$\tilde{x}_1$	$\tilde{y}_1$	$\tilde{z}_1$	$\bar{\varphi}_1$	$\bar{\psi}_1$	$\tilde{\xi}_1$	$\tilde{x}_2$	$\tilde{y}_2$	$\tilde{z}_2$	$\bar{\varphi}_2$	$\bar{\psi}_2$	$\tilde{\xi}_2$
	0	0	0				0	0	0			
		$c^2\eta$	$s\eta\cdot c\eta$		$\underline{0}$		0	$-c^2\eta$	$-s\eta\cdot c\eta$		$\underline{0}$	
			$s^2\eta$				0	$-s\eta\cdot c\eta$	$-s^2\eta$			
				R_1^2	0	0				$-R_1 R_2$	0	0
					$\varrho^2 s^2\eta$	$\varrho^2\cdot s\eta\cdot c\eta$		$\underline{0}$		0	$-\varrho^2 s^2\eta$	$-\varrho^2 s\eta\, c\eta$
						$\varrho^2 c^2\eta$				0	$-\varrho^2 s\eta\, c\eta$	$-\varrho^2 c^2\eta$
							0	0	0			
								$c^2\eta$	$s\eta\cdot c\eta$		$\underline{0}$	
									$s^2\eta$			
										R_2^2	0	0
			symmetrisch								$\varrho^2 s^2\eta$	$\varrho^2\cdot s\eta\cdot c\eta$
												$\varrho^2 c^2\eta$

$$s = \sin \qquad c = \cos \qquad \varrho = \frac{B}{2\cdot\sqrt{3}}$$

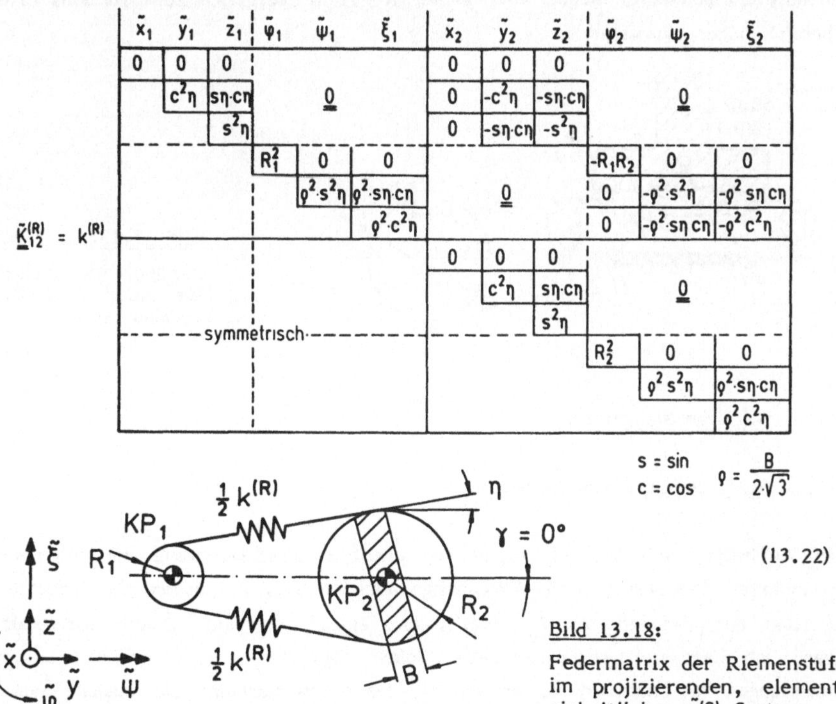

$$\tag{13.22}$$

<u>Bild 13.18:</u>

Federmatrix der Riemenstufe im projizierenden, elementeinheitlichen $\underline{\tilde{x}}(6)$-System

13.7 Wellen-Naben-Verbindungen

Die Bedeutung formschlüssiger Wellen-Naben-Verbindungen auf das Schwingungsverhalten werden bei GERBER /19/ bereits bei dem kleinen Gesamt-System eines
Zahnrad-Getriebe-Versuchsstandes deutlich und gewinnen bei zunehmender Massen-
belastung größerer Strukturen zusätzlich an Bedeutung, wie dies auch aus /68/
ersichtlich ist. Die Idealisierung von Paßfeder- oder Keilwellen-Verbindungen
umfaßt nach <u>Bild 13.19</u> 3 KPe. Die 2 Wellen-KPe liegen am Beginn und am
Ende der Paßfedernut. Der 3-te KP steht für die Nabe. Für die Welle wirkt
sich vor allem der reduzierte Torsions-Durchmesser D_T aus, der in sehr guter
Näherung durch den einbeschriebenen Kreis zum Nutengrund erfaßt wird. Die
Verbindungssteifigkeiten zwischen den KPn 1 und 3 sowie 2 und 3 sind ebenfalls
torsionsspezifisch. Hier wird der bei MÜLLER /51/ aufgeführte Zusammenhang
der Torsions-Nachgiebigkeit für Paßfeder- bzw. Keilwellenverbindung verwendet,
indem die Federsteifigkeit halbiert und den beiden Federn zugeteilt wird. Die
Radial- und Axial-Steifigkeiten sind nur schwer verifizierbar, da stark von den
Umbauteilen abhängig, liegen aber in der Regel im Vergleich zum Torsions-FHG
erheblich höher (quasistarr).

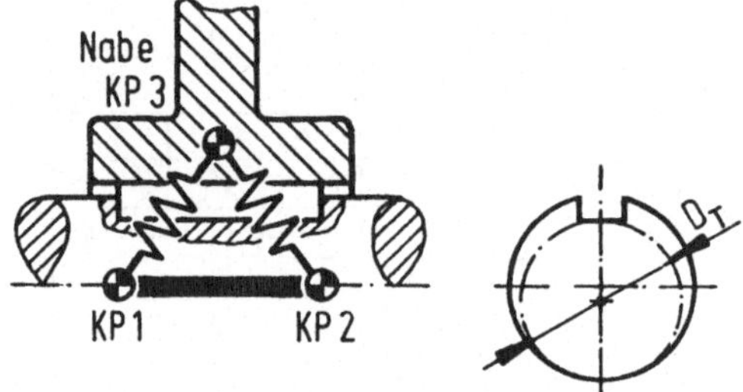

<u>Bild 13.19:</u>

Element mit 3 KPn
für eine Paßfeder-
verbindung

13.8 Wälzlagerelemente

13.8.1 Ausgangspunkt und Zielsetzung

Das Aufstellen von Wälzlagerelementen stellt eine Präzisierung der allgemein
anwendbaren Fesselungs- und Verbindungselemente dar, bei denen die Federsteifigkeiten entsprechend den 6 FHGn direkt einzugeben sind. Damit lassen sich
zwar auch Lagersteifigkeiten eingeben, diese sind aber aus vorhandenen Lager-
abmessungen nur mühsam zu ermitteln. Zusätzlich verlangt die maschinenbau-
liche Praxis ein Umsetzen der konstruktiven Verwendung auf die im Modell zu

realisierenden Kopplungen. Wälzlager stellen bzgl. der Federung ein verhältnismäßig kompliziertes System dar. Der Masseneinfluß ist hingegen gering und somit ohne großen Aufwand in guter Näherung bzgl. der Gesamtstruktur zu berücksichtigen. Für den praktischen Umgang im Rahmen dynamischer Berechnungen erfordern verschiedene Zusammenhänge die Wälzlager-Elementtypen:

- Der Variantenreichtum von Wälzlagern ist extrem groß, da die z a h l -
  r e i c h e n B a u a r t e n in verschieden dimensionierten Reihen und
  in großen Durchmesserbereichen vorliegen.

- Zu berücksichtigen ist zusätzlich die konstruktive Verwendung als F e s t -,
  L o s - oder a n g e s t e l l t e r L a g e r u n g.

- Im Gegensatz zur üblichen Lebensdauer-Auslegung liegt das Federungsverhalten k a u m i n T a b e l l e n vor; ein Grund hierfür mögen die vergleichsweise komplizierten technologischen Zusammenhänge sein.

- Im Schrifttum findet sich fast auschließlich die Federung, während die Dyna-
  mikberechnung den im Arbeitspunkt TAYLOR - l i n e a r i s i e r t e n
  Verlauf der Federungskennlinien benötigt.

- Einerseits beschränkt sich das Schrifttum zumeist auf die radialen oder axialen Federungen, während andererseits der E i n s p a n n e f f e k t
  speziell von linienberührenden Wälzlagern bekannt ist, aber nicht entsprechend umgesetzt wird.

- Die nötigen Daten der i n n e r e n K o n s t r u k t i o n können für
  eine praktikable Verwendung nur von der Wälzlagerindustrie erfragt werden.

- Die Federung von punktberührenden Lagern (K u g e l l a g e r) ist stark
  n i c h t l i n e a r ; die Lagerkräfte sind zu berücksichtigen.

- Abhängig vom Informationsstand des Idealisierenden soll bereits mit den
  ä u ß e r e n L a g e r a b m e s s u n g e n eine ausreichend genaue
  Elementberechnung ermöglicht werden.

- Wegen der s t a t i s c h e n U n b e s t i m m t h e i t von Antriebsstrukturen sind die Lagerkräfte und deren Richtungen von den Lagersteifigkeiten abhängig, so daß falsch angenommene Lagersteifigkeiten verhältnismäßig stark auf die Gesamtstruktur zurückwirken.

- Das L a g e r s p i e l hat auf die Federsteifigkeit einen starken Einfluß,
  der allerdings in der rechnerischen Erfassung kaum zu bewältigen ist:

  - Die Federsteifigkeiten sind bei spielbehafteten Lagern in nichtlinearen,
    impliziten Gleichungen enthalten; der Iterations-Rechenaufwand ist somit
    für eine Gesamtstruktur kaum tragbar.

  - Die von der Wälzlagerindustrie gelieferten Luftgruppen (Lagerluft, Lager-
    spiel) überstreichen bzgl. der Federsteifigkeiten derart große Bereiche,
    daß jedes einzubauende Lager separat zu vermessen wäre.

- Negatives Lagerspiel, also V o r s p a n n u n g wirkt sich maximal ver-
  doppelnd auf die Federsteifigkeit aus.

- Die Zielsetzung kann sich für gesamte Antriebsstrukturen im 1-ten Schritt
  nur auf die s p i e l f r e i e n Wälzlager (Lagerspiel 0) beschränken.

13.8.2 Modellbildung

Den einfachsten Fall bildet ein als Absolutfeder aufzufassendes Lagerelement
für ein starr angenommenes Gehäuse; gemäß Bild 13.20 können 3 Belastungsarten gekoppelt werden. Mit $k_\psi=0$ sowie Federsteifigkeiten, die nur in den FHG-
Richtungen wirken, folgt die Federmatrix $\underline{K}_1^{(L)}$ eines Wälzlagers mit 1 KP:

$$\underline{K}_1^{(L)} = \mathrm{diag}\,(\,k_x\,,\,k_y\,,\,k_z\,,\,0\,,\,k_\psi\,,\,k_\xi\,) \tag{13.23}$$

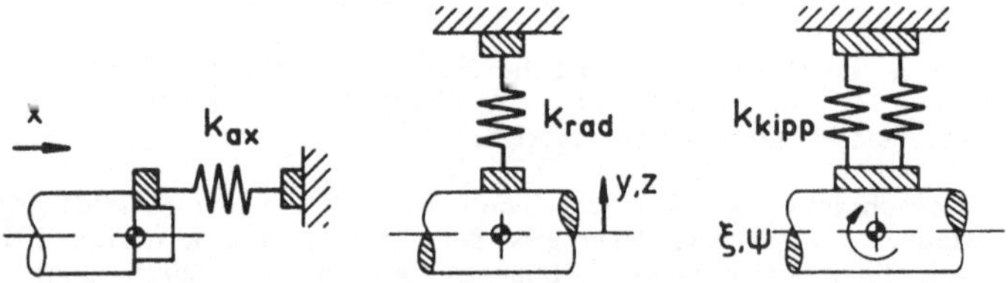

Bild 13.20: Feder-Kopplung von bis zu 5 FHGn bei einem Lagerelement

Die nicht vorhandene Torsionsfesselung $k_\psi=0$ verdeutlicht, daß Lagerungen in
einem Torsionsmodell nicht erscheinen. Die Kippsteifigkeiten behindern die Wellenbiegung teils erheblich, wie dies aus Rechnung und Messung für statische
Belastung von GOLD /20/ nachgewiesen wurde; dies gilt für die Dynamik umso-
mehr. Der dort gemachte Vorschlag, diesen Effekt mit 2 translatorischen FHGn
an 2 KPn zu idealisieren, bedeutet für das 6-FHGe-Modell einen unnötigen Mehr-
aufwand, denn die vom Modell angeforderten Kippsteifigkeiten entsprechen genau dem notwendigen Beschreibungsmittel.

Ein 2-ter KP wird erforderlich, wenn andere Elemente in Richtung des Lager-
kraftflusses berücksichtigt werden sollen (analog zu Bild 13.3):

- Der Außenring führt ebenfalls eine Bewegung aus, die innerhalb der Antriebsstruktur wieder auf Wellen zurückführt, wie bei Planetengetrieben.

- Das Verformungsverhalten des Gehäuses soll mit berücksichtigt werden; in
  1-ter Näherung könnte diese auch als zusätzliche Feder-Nachgiebigkeit bei
  der Absolutfesselung (1 KP) eingebracht werden (Reihenschaltung von Federn).

Die 2-te Forderung stellt eine wesentliche Erweiterungsmöglichkeit dar, die es gestattet, mit FEn die Gehäusestrukturen mit in die Rechnung aufzunehmen. Zu berücksichtigen wäre allerdings, daß dann ein Übergang von eindimensionalen Elementen auf 2- oder 3-dimensionale Elemente erfolgt, bei denen die aufgrund der KPs-Koordinaten theoretisch vorhandenen Elementflächen nicht mit den tatsächlich wirksamen übereinstimmen. Lagerelemente mit 2 KPn nehmen wegen der Möglichkeit, die für Antriebsstrukturen definierte Systemgrenze zu überwinden, eine Sonderstellung ein. Bei Anwendung von Komponentenmethoden zum Einbringen der Gehäuseeinflüsse würden derartige Elemente eine Art natürliche Verbindungsstelle bilden. Ein Wälzlagerelement mit 2 KPn läßt sich analog zu Kap. 13.2 ableiten. Für die Federmatrix folgt:

$$\underline{K}_{12}^{(L)} = \begin{bmatrix} \underline{k}_{11}^{(L)} & \underline{k}_{12}^{(L)} \\ \underline{k}_{21}^{(L)} & \underline{k}_{22}^{(L)} \end{bmatrix} = \begin{bmatrix} \underline{K}_{1}^{(L)} & -\underline{K}_{1}^{(L)} \\ -\underline{K}_{1}^{(L)} & \underline{K}_{1}^{(L)} \end{bmatrix} \qquad (13.24)$$

Die vom Konstrukteur vorgesehene Kraftaufteilung nach <u>Bild 13.21</u> gibt die für den konkreten Einbaufall beabsichtigte Kopplung von Kräften - jedoch nicht von Momenten - an. Die Momente müssen über die Lastkopplung im Lager selbst, also über die innere Konstruktion analysiert werden. Diese bestimmt letztlich

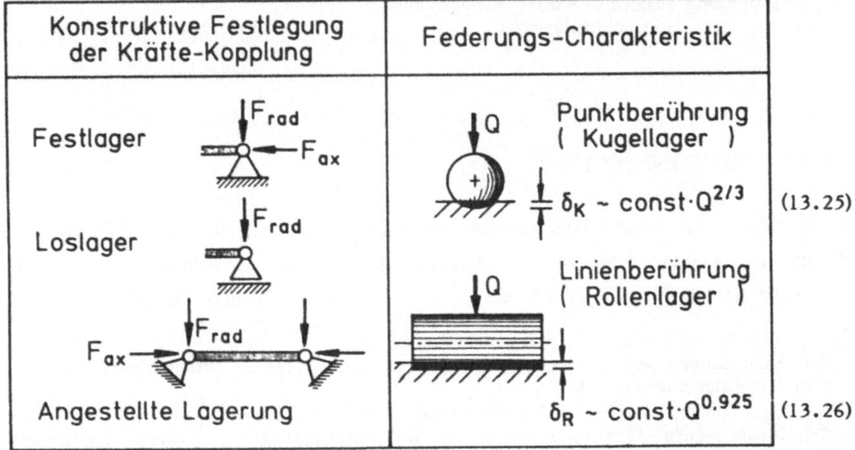

<u>Bild 13.21</u>: Kriterien zur Modellbildung

die Federung; die stark unterschiedliche Pressungsverteilung von P u n k t - gegenüber L i n i e n b e r ü h r u n g begründet diese Einteilung. Erst die Berücksichtigung der inneren Konstruktionsmerkmale gibt Auskunft darüber, ob zusätzliche, mit der Lastaufteilung nicht unmittelbar zusammenhängende Steifigkeiten wirksam sind, wie vor allem bei den Momentenkopplungen zutreffend. Ein Zylinderrollenlager nimmt z.B. neben der beabsichtigten Radialkopplung auch eine Momentenkopplung vor. Andererseits kann aber eine von der Lagerbauart potentiell mögliche Kraftkopplung durch die Art des Einbaues außer Funktion gesetzt werden, wie im Fall eines als Loslager verwendeten Kugellagers, da die fehlende Kopplung der Axialkraft auch ein Fehlen der Axialsteifigkeit zur Folge hat.

Während die Federung von linienberührenden Wälzlagern noch als linear angenommen werden kann, muß bei Kugellagern die stark belastungsabhängige Federung durch nichtlineare Rechnung ermittelt werden. Die Ermittlung der Lagerbelastung auch nach der Richtung wird zusätzlich dafür ausgenutzt, die unterschiedlichen, richtungsabhängigen Radial-Steifigkeiten zu berechnen. Senkrecht zur Radiallast ist die Steifigkeit erheblich geringer, so daß bereits die Lager eine Asymmetrie der beim runden Balken ansonsten rotationssymmetrischen Biegeeigenformen bewirkt. Die Lagerelemente erfordern somit eine Differenzierung bzgl.

-    Anzahl der KPe,
-    Lastkopplung (Radial, Axial, Kippen) und
-    Punkt- bzw. Linienberührung.

13.8.3   Kippsteifigkeiten

Gemäß Kap. 6.5 lassen sich die beiden Kippsteifigkeiten k_ψ und k_ξ aus den radialen und axialen Federsteifigkeiten k_y, k_z und k_x umrechnen. Der Hebelarm l wird gemäß __Bild 13.22__ für die r a d i a l e n Anteile vereinbart:

- Bei Kugellagern ergibt sich l_K aus dem unbelasteten Druckwinkel α_0 und dem Kugeldurchmesser d_K.

- Bei Rollenlagern führt die effektive Wälzkörperlänge l_{eff} (ohne Kantenrundung) sowie der Druckwinkel α auf l_R.

Die gesamte Kippsteifigkeit folgt wie bei parallel geschalteten Federn als Überlagerung der Momentenanteile aus radialer und axialer Richtung entsprechend dem Vorhandensein von k_{ax} und k_{rad}, und hängt sowohl vom Lagertyp als auch von der Lastkopplung (konstruktive Verwendung) ab. Über den allgemeinen Zusammenhang:

$$k_{kipp} = k_{ro}\{k_{rad}\} + k_{ro}\{k_{ax}\} \tag{13.27}$$

folgt mit den Gln. (6.36) und (6.43):

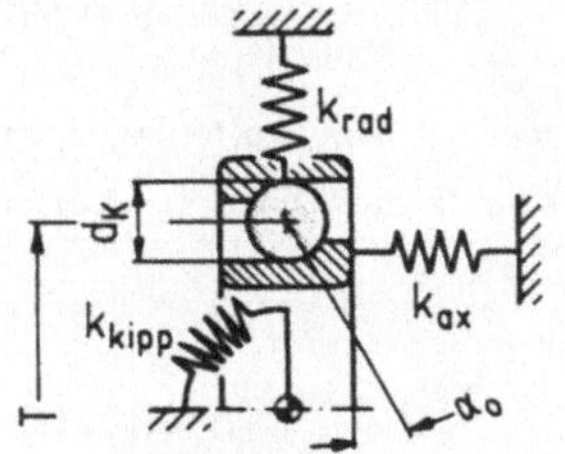

$$k_{kipp}^{(K)} = l_K^2 \cdot k_{rad} + \frac{1}{8} T^2 \cdot k_{ax} \tag{13.28}$$

$$l_K = d_K \cdot \sin \alpha_o \tag{13.29}$$

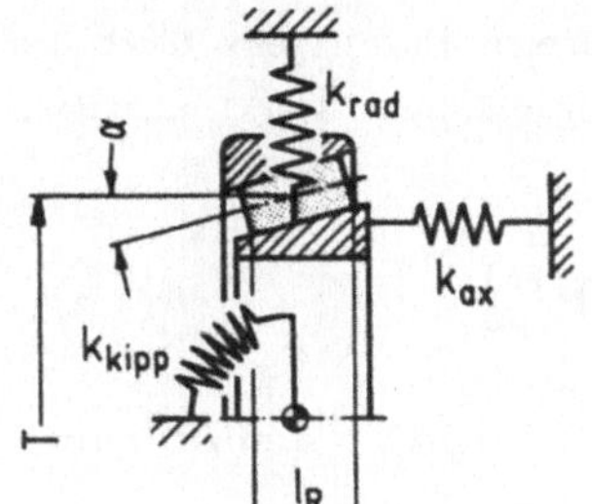

$$k_{kipp}^{(R)} = \frac{1}{12} \cdot l_R^2 \cdot k_{rad} + \frac{1}{8} T^2 \cdot k_{ax} \tag{13.30}$$

$$l_R = L_{eff} \cdot \sin \alpha \tag{13.31}$$

Bild 13.22:
Kippsteifigkeiten aus radialer und axialer Lagersteifigkeit

13.8.4 Radiale und axiale Federsteifigkeiten

Den Ausgangspunkt zur Bestimmung der Federsteifigkeiten bildet das Federungsverhalten von Wälzlagern, das primär durch die Federkonstante C_δ charakterisiert ist. Nach KUNERT /36,37/ und LUNDBERG /39/ ergibt sich für Rollenlager (R) und Kugellager (K):

$$C_\delta^{(R)} = 26200 \cdot L_{eff}^{0,92} \qquad \text{in } \frac{N}{mm^{1,08}} \tag{13.32}$$

$$C_\delta^{(K)} = 34300 \cdot \kappa^{-0,35} \cdot \sqrt{d_K} \qquad \text{in } \frac{N}{mm^{1,5}} \tag{13.33}$$

Bei Punktberührung geht die Schmiegung κ zwischen Kugel und Laufbahn in den Abstand r_0 der Krümmungsmittelpunkte ein.

$$r_0 = \kappa \cdot d_K \tag{13.34}$$

Die in guter Näherung lastunabhängige Federkonstante $k_{rad}^{(R)}$ für Rollenlager beträgt nach BRÄNDLEIN /7/ mit der Wälzkörperanzahl z pro Wälzkörperreihe i:

$$k_{rad}^{(R)} = 0{,}18 \cdot i \cdot z \cdot C_\delta^{(R)} \cdot \cos^2 \alpha \tag{13.35}$$

Die nach ESCHMANN /14,15/ bestimmbare axiale Federung für Rollenlager ergibt in der Ableitung nach der Lagerkraft einen schwach nichtlinearen Verlauf der axialen Federsteifigkeit, der gut linearisierbar ist, zu:

$$k_{ax}^{(R)} = z \cdot C_\delta^{(R)} \cdot \sin^2 \alpha_0 \tag{13.36}$$

Auch die Ableitung der radialen Federung von spielfreien Kugellagern führt über den radialen Federweg auf die radiale Federsteifigkeit, die stark nichtlinear ist:

$$k_{rad}^{(K)} = 0{,}561 \cdot (i \cdot z \cdot C_\delta^{(K)})^{2/3} \cdot (\cos \alpha_0)^{5/3} \cdot F_{rad}^{1/3} \tag{13.37}$$

Da sich die axiale Federung von Kugellagern nur für $\alpha_0 = 90°$ explizit formulieren läßt, wurde ein näherungsweiser Zusammenhang der Form

$$\frac{f_{ax}}{r_0} = a \cdot \left(\frac{F_{ax}}{z \cdot C_\delta \cdot r_0^{3/2}} \right)^b \tag{13.38}$$

angesetzt, für den sich bei variiertem α_0 verschiedene Konstanten a und b ergeben, die in Diagrammform in /16/ zu finden sind. Damit kann die axiale Federsteifigkeit von Kugellagern ermittelt werden zu:

$$k_{ax}^{(K)} = \frac{(z \cdot C_\delta \cdot r_0^{3/2})^b \cdot F_{ax}^{(1-b)}}{a \cdot b \cdot r_0} \quad \text{in } \frac{N}{mm} \tag{13.39}$$

13.8.5   <u>Direkt erfaßte Lagerreihen und äußere Abmessungen</u>

Zwar ermöglichen die Gln. (13.32,33) eine sehr genaue Berechnung der Lagersteifigkeiten, die erforderliche innere Konstruktion ($i \cdot z \cdot L_{eff} \cdot d_K \cdot r_0$) ist jedoch im allgemeinen unbekannt. Nach /16/ wurden aus Federungsdiagrammen ($i \, z \cdot C_\delta$ in Abhängigkeit von der Bohrungskennziffer) die Kurvenverläufe je nach Anforderung durch Geraden-Gleichungen oder eine Potenzfunktion angenähert. Die Ableitung dieser Kurven nach der Lagerkraft ergibt die erforderliche Federsteifigkeit. Auf diese Weise sind direkt gemäß DIN 623 erfaßt:

ROLLENLAGER	KUGELLAGER
<u>Zylinderrollenlager:</u> NU10, NU2, NU3, NU4, NU22, NU23, NN30 NNU49, NU2E, NU3E, NU22E, NU23E	<u>Rillenkugellager:</u> 160, 60, 62, 63, 64
<u>Nadellager:</u> NA48, NA49, NA69	<u>Schrägkugellager:</u> 72B, 73B, 32, 33
<u>Kegelrollenlager:</u> 302, 303, 313, 320X, 322, 323, 329, 331, 332	<u>Vierpunktlager:</u> QJ2, QJ3
<u>Tonnenlager:</u> 202	
<u>Pendelrollenlager:</u> 213E, 222E, 223E, 230E, 231E, 232E	<u>Axial-Schrägkugellager:</u> 2344, 2347
<u>Axial-Pendelrollenlager:</u> 293,294	
<u>Axial-Zylinderrollenlager:</u> 811, 812	<u>Axial-Rillenkugellager:</u> 511, 512, 513, 514

Bei nicht erfaßten Lagerreihen (speziell die Zollmaße), bei denen auch keine innere Konstruktion bekannt ist, wird aus den äußeren Abmessungen (Lagerkatalog) ein Füllungsgrad bestimmt, mit dem die innere Konstruktion relativ genau erfaßt wird. Trotz der abschätzenden Bedingungen unterscheiden sich derartig ermittelte Steifigkeiten im Vergleich zu direkt eingegebenen, tatsächlichen inneren Daten nur im Prozentbereich, wobei tendenziell etwas zu nachgiebige Werte bestimmt werden. Den Ausgangspunkt bildet das Abschätzen der maximalen Wälzkörperanzahl mit Hilfe von Außen- und Innendurchmesser der äußeren Abmessungen oder auch der Lagerbreite. Daraus läßt sich die Wälzkörperanzahl eines vollrolligen Lagers ermitteln. Die tatsächliche Anzahl Wälzkörper erhält man mit dem Füllungsgrad (1,0 entspricht vollrolligem Lager), der bei Kugellagern im Bereich von 0,6 bis 0,7 und bei Rollenlagern zwischen 0,7 und 0,8 liegt. Zur detaillierten Darstellung wird auf SCHALLER /64/ verwiesen.

14 Anwendungsrechnungen und Messungen

14.1 Allgemeines zur Messung

Das experimentelle Gegenstück der rechnerischen Modalanalyse wird üblicherweise mit der Bestimmung der modalen Parameter aus gemessenen Frequenzgängen durchgeführt. Dabei stellen sich folgende antriebsspezifischen Probleme:

- Die eigentlich interessierenden Elemente von Getrieben (speziell Übersetzungselemente) sind meist gar nicht oder nur sehr schlecht zugänglich.

- Erschwerend kommt hinzu, daß an einem Wellenquerschnitt 2 Meßpunkte erforderlich sind, da die Torsions- von den Radialanteilen getrennt werden
  müssen /47,68/. Im Gegensatz zu den berechneten Torsionen kann in der
  Wellenachse nicht gemessen werden.

- Aufgrund dieser erforderlichen Differenzbildung von Meßwerten ist gegenüber
  translatorisch erfaßbaren Strukturen eine gravierende Einbuße in der Meß-
  genauigkeit zu beobachten.

- Verstärkt wird dies durch die oftmals frequenzmäßig dicht beisammen liegenden Eigenfrequenzen, welche die modale Analyse erschweren oder gar
  verhindern.

- Das real verschieden stark nichtlineare Verhalten erfordert die Kenntnis der
  Erregeramplitude, so daß die Verwendung von Rauscherregung oder transien-
  ten Kräften nicht zweckmäßig ist.

- Die Frequenzauflösung der üblich eingesetzten Fourier-Analysatoren ist für
  sinnvoll zu verwendende Frequenz-Bandbreiten unzureichend.

Bald konnte festgestellt werden, daß die vom Rechenprogramm vorgelegte Qualität der Ergebnisse nur schwer mit dem Standard der Meßtechnik überprüfbar
bzw. nachvollziehbar war; gemeint sind weniger die Eigenfrequenzen als quantifizierende Eigenvektoren (Kenn-Nachgiebigkeits-Wurzeln). Messungen an ausgebauten Getriebewellen wurden schließlich vor allem im höherfrequenten Bereich (jenseits 500 Hz) primär frequenzmäßig zur Parameteranpassung verwendet; für die zu korrigierenden Eingabedaten genügte die Anpassung weniger kri-
tischer Verbindungssteifigkeiten, wodurch Ergebnisse erreicht wurden, die sich
maximal um wenige Prozent unterschieden. Bei kompletten Strukturen muß konstatiert werden, daß erst eine erheblich zu steigernde Genauigkeit gemessener
Eigenvektoren die Grundlage für eine Anpassung der Parameter des Rechenmodells an gemessene Eigenvektoren bildet. Intensive Forschungsaktivitäten zur
Lösung dieser Problematik müßten hier noch ansetzen.

14.2 Untersuchtes Schneckengetriebe

<u>Bild 14.1</u> zeigt eine 5-wellige Antriebsstruktur mit einem Schneckentrieb. Die Struktur wurde durch eine aufwendige Idealisierung in 100 KPn = 600 FHGe diskretisiert. Die maximale KPs-Differenz betrug 4. 162 Elemente gewährleisteten eine akurate Abbildung der vorliegenden Verhältnisse. Der beträchtliche Aufwand wurde vor allem wegen der im ausgebauten Zustand gemessenen Wellen vorgenommen, um dort eine möglichst hohe Auflösung sicherzustellen. Durch Gummi- und Schaumstoffauflagerung lagen die Wellen quasi-ungefesselt vor.

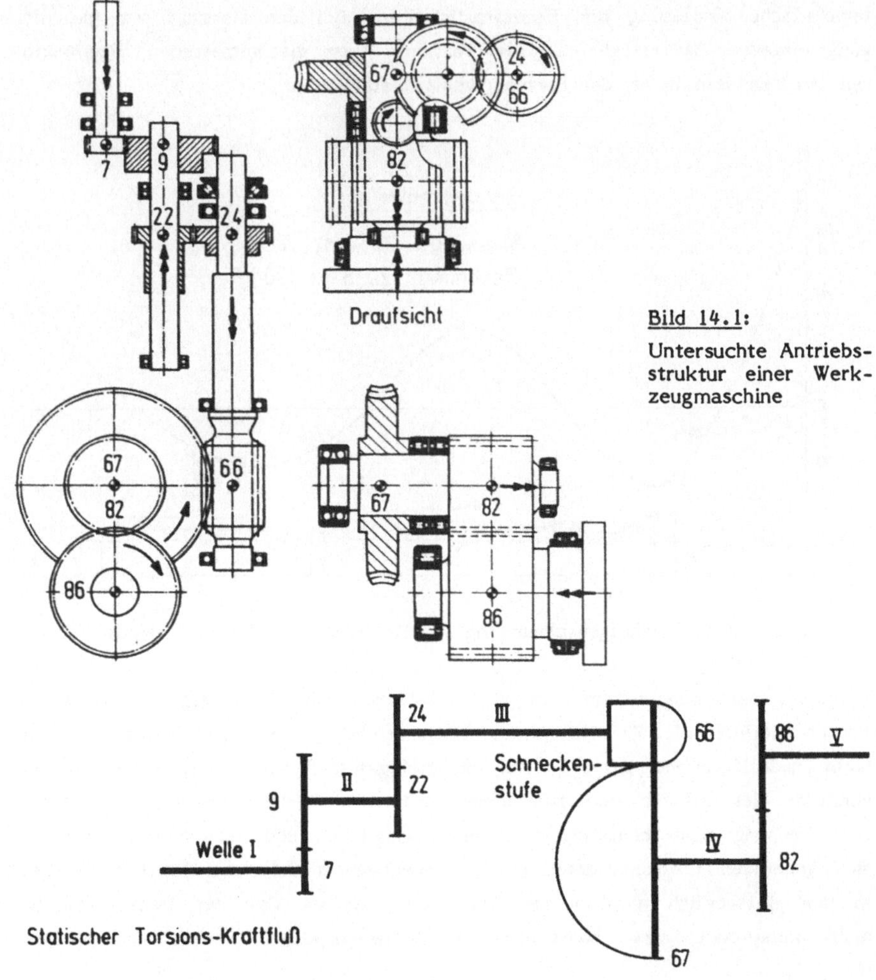

<u>Bild 14.1:</u>

Untersuchte Antriebsstruktur einer Werkzeugmaschine

Generell konnten die Federsteifigkeiten von Verbindungen, die aufgeschrumpft oder formschlüssig waren, nicht unmittelbar rechnerisch genau genug erfaßt werden. Die Variation dieser Parameter erbrachte schnell die gemessenen Eigenfrequenzen mit wenigen Prozent Abweichung. Als Beispiel sei die Schneckenwelle von <u>Bild 14.2</u> betrachtet, bei der die 3-te Biegeeigenschwingung aus Rechnung und Messung gegenübergestellt sind. Die Anregung in diesem hohen Frequenzbereich wurde vorteilhaft mit einem Impact-Hammer, der eine Stahlspitze aufwies, durchgeführt. Der Hammer war zwischen Spitzen wie ein Pendel aufgehängt. Ein Anschlag stellte sicher, daß die Pendelhöhe konstant blieb. Die frequenzmäßig isoliert auftretenden Belastungsarten vereinfachten auch die rechnerische Anpassung der Federsteifigkeiten. Bei der Messung war die Biegung einfacher zu erregen als die Torsion. Auch die gemessenen Eigenvektoren streuten deshalb bei der Biegung weniger stark.

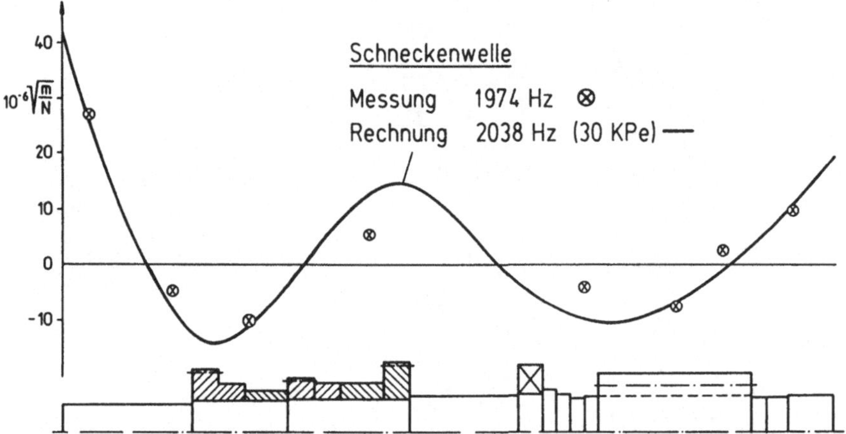

<u>Bild 14.2:</u>   3-te Biegeeigenschwingung aus Rechnung und Messung (Welle III)

Frequenzgangmessungen am komplett montierten Getriebe zeigten bereits im Frequenzbereich bis 500 Hz starke Überlagerungen von Eigenschwingungen, die nicht quantifizierend gemäß Kenn-Nachgiebigkeits-Wurzeln ausgewertet werden konnten; dies erklärt sich zum einen mit dem meßgerätinternen Algorithmus zur Trennung nahe benachbarter Eigenschwingungen und zum anderen mit den sich ändernden Frequenzwerten bei verschiedenen Meßstellen. Die Ursache liegt in dem tatsächlich nichtlinearen Verhalten, das im Fall der Dämpfungen bei nicht umlaufenden bzw. nicht bewegten Bauteilen kaum beherrschbar ist. Den-

noch führte eine maßgeblich notwendige Parameteranpassung zu einer Anglei-
chung zwischen gemessenen und gerechneten Eigenfrequenzen. Über die Verzahnungssteifigkeit von Schneckentrieben sind keine Werte eruierbar. Der zunächst
verwendete Wert von Stirnrädern brachte keine zufriedenstellenden Ergebnisse.
Mit dem ca. 10 mal so hohen Wert von 100 $\frac{N}{\mu m}$ pro mm Zahnbreite am Rad
wurden die in <u>Bild 14.3</u> aufgeführten Frequenzwerte berechnet, die sehr gut
mit dem gemessenen Frequenzgang in Übereinstimmung zu bringen sind. Die
eingeklammerten Eigenfrequenzen sind quasi-entkoppelte Eigenschwingungen der
Eingangswelle. Dieses insgesamt in gewisser Weise überraschende Ergebnis basiert zum großen Teil auf den aufwendigen Detailuntersuchungen an den ausgebauten Wellen, so daß am kompletten Getriebe mit den offensichtlich rechnerisch gut erfaßten Lagern die wesentlichen Parameter von immerhin 600 FHGn
mit Ausnahme speziell der Schnecken-Verzahnungssteifigkeit gut erfaßt sind.

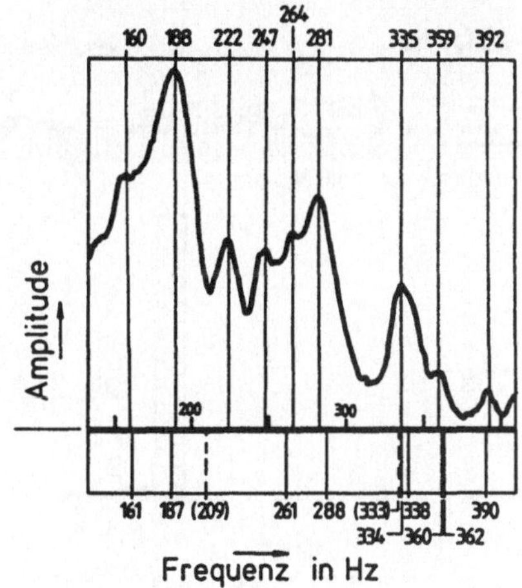

Bild 14.3:

Am stehenden, weich vorgespannten Getriebe gemessener Frequenzgang und be-
rechnetes Eigenfrequenzspektrum

Die ersten 11 rechnerisch ermittelten Eigenschwingungen seien im folgenden
erörtert. Die <u>Bilder 14.4a-i</u> zeigen die Torsionsdiagramme, in denen die übersetzungsreduzierten Torsions-Kenn-Nachgiebigkeits-Wurzeln $^R\underline{n}_{\bullet,\varphi}$ (im wellenbezogenen, lokalen Koordinatensytem $\underline{\kappa}$) aufgetragen sind. Die Bezeichnung (s.
Kap. 11.7.2) verdeutlicht, daß bereits die 1-te Eigenschwingung wegen der stets
vorhandenen Kraftflußverzweigungen 2 Torsionsknoten aufweisen kann. Die quantifizierende Darstellung zeigt unmittelbar die nachgiebig wirkenden Zonen auch
im Vergleich der Eigenschwingungen untereinander auf, wodurch der kritische
Frequenzbereich feststeht. Im Vergleich zu den aufgeführten, höherfrequenten
Eigenschwingungen erklären sich die geringen Torsionskomponenten der ersten
3 Eigenschwingungen aus den im Torsionsdiagramm nicht enthaltenen ausgepräg-

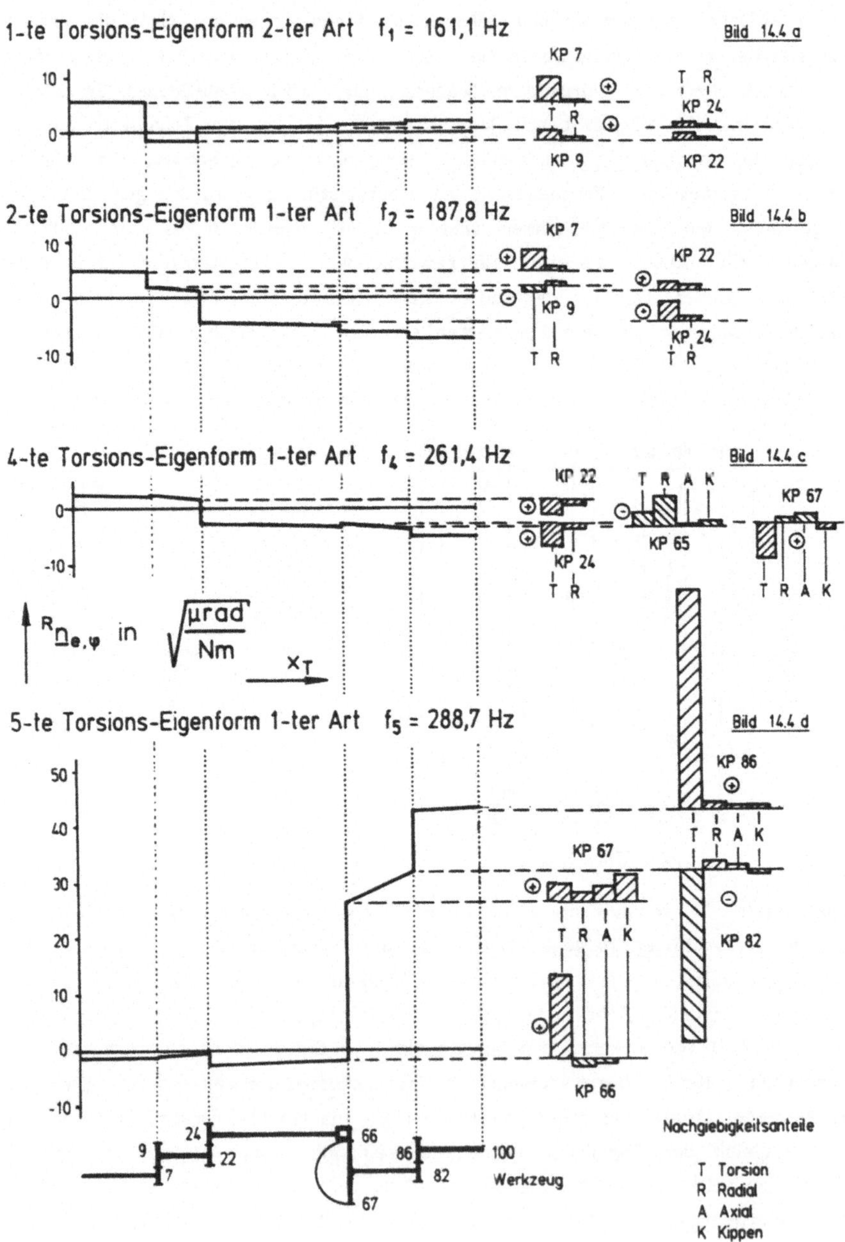
1-te Torsions-Eigenform 2-ter Art   f_1 = 161,1 Hz
Bild 14.4 a
KP 7
KP 24
KP 9
KP 22
T R
10
0
2-te Torsions-Eigenform 1-ter Art   f_2 = 187,8 Hz
Bild 14.4 b
KP 7
KP 22
KP 9
KP 24
T R
T R
10
0
-10
4-te Torsions-Eigenform 1-ter Art   f_4 = 261,4 Hz
Bild 14.4 c
KP 22
T R A K
KP 67
KP 65
KP 24
T R
T R A K
0
-10
R n_e,φ in √(μrad/Nm)
x_T
5-te Torsions-Eigenform 1-ter Art   f_5 = 288,7 Hz
Bild 14.4 d
KP 86
T R A K
KP 67
KP 82
T R A K
KP 66
T R A K
50
40
30
20
10
0
-10
9
24
22
7
66
86
82
67
100
Werkzeug
Nachgiebigkeitsanteile
T Torsion
R Radial
A Axial
K Kippen

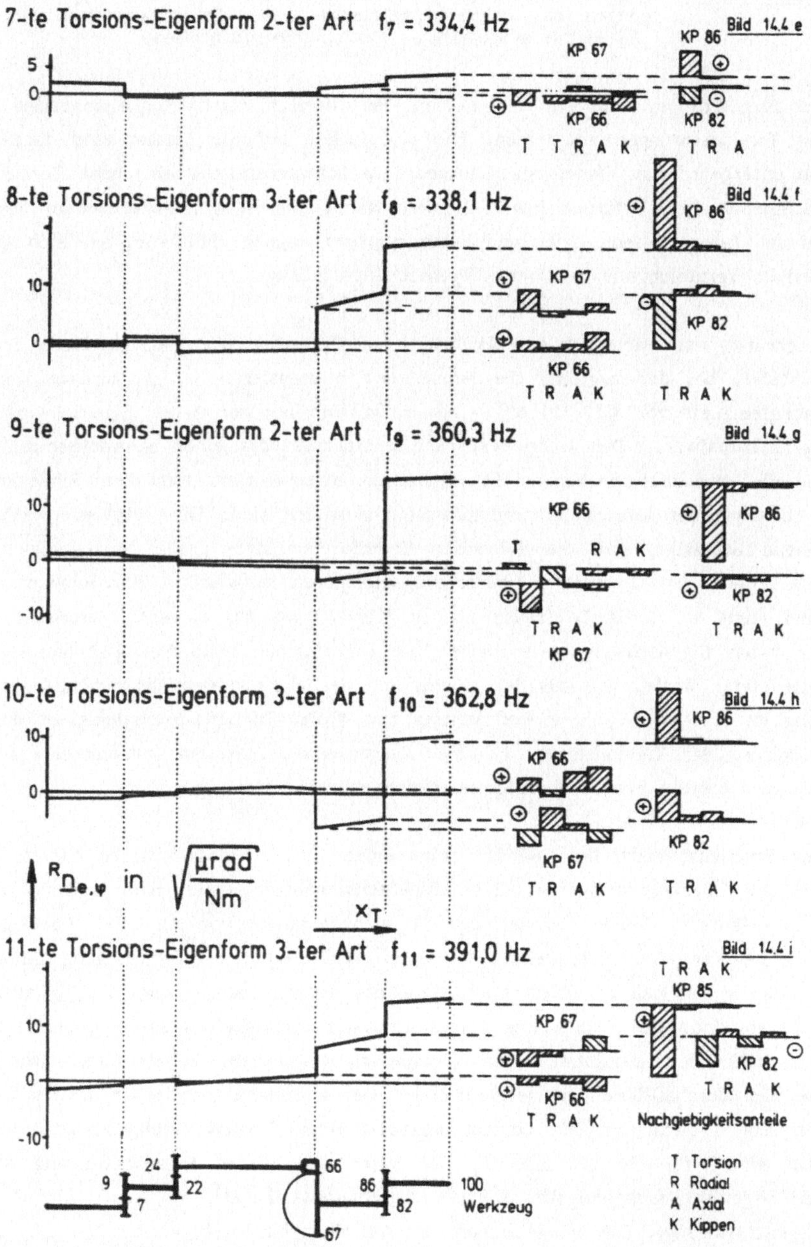
7-te Torsions-Eigenform 2-ter Art   f_7 = 334,4 Hz
Bild 14.4 e
KP 86
KP 67
KP 66
KP 82
T T R A K
T R A

8-te Torsions-Eigenform 3-ter Art   f_8 = 338,1 Hz
Bild 14.4 f
KP 86
KP 67
KP 82
KP 66
T R A K
T R A K

9-te Torsions-Eigenform 2-ter Art   f_9 = 360,3 Hz
Bild 14.4 g
KP 66
KP 86
T   R A K
KP 82
T R A K
T R A K
KP 67

10-te Torsions-Eigenform 3-ter Art   f_10 = 362,8 Hz
Bild 14.4 h
KP 86
KP 66
KP 82
KP 67
T R A K
T R A K

R_De,φ in √(μrad/Nm)
x_T

11-te Torsions-Eigenform 3-ter Art   f_11 = 391,0 Hz
Bild 14.4 i
T R A K
KP 85
KP 67
KP 82
KP 66
T R A K
T R A K
Nachgiebigkeitsanteile

T Torsion
R Radial
A Axial
K Kippen

9   24   66
7   22   86   100
67   82
Werkzeug

<u>Bilder 14.4a-i:</u>   Die 9 Torsionsdiagramme der ersten berechneten Eigenschwingungen des Schneckengetriebes (ohne die entkoppelten Nr. 3 und 6) mit ausgewählten Nachgiebigkeitsanteilen

ten Biegeanteilen, die nur indirekt in den radialen Nachgiebigkeitsanteilen bei den Torsionssprüngen erscheinen. Die Kopplungen auf die Torsion sind dort nur von untergeordneter Bedeutung. Ausgeprägte Schwachstellen, also hohe Torsions-Nachgiebigkeiten aufgrund hoher Element-Nachgiebigkeiten (Schwachzonen) liegen bei der 1-ten, 2-ten, 4-ten und 7-ten Eigenschwingung nicht vor, wie sich speziell im Vergleich mit der 5-ten Eigenschwingung zeigt.

Beschränkt man sich auf das Werkzeug am Getriebeausgang als kritische Erregerstelle, bei der zugleich die Amplituden interessieren - vgl. direkte Kenn-Nachgiebigkeit von Gl. (11.63) - so ergibt sich bei der 5-ten Eigenschwingung der Maximalwert. Der Getriebeausgang entspricht dort einer Schwachstelle, bei der die ursächlich wirkenden Schwachzonen offensichtlich mit dem Schneckentrieb sowie der letzten Zahnradstufe gleichzusetzen sind. Dies wird auch dahingehend bestätigt, daß die folgenden Eigenformen stets große Nachgiebigkeitsanteile auf den 2 letzten Übersetzungselementen aufweisen. Als Schwachzone kann auch die Welle IV (zwischen den KPn 67 bis 82) eingestuft werden. Ab der 4-ten Eigenschwingung enthalten die Eigenformen hohe Nachgiebigkeits-Anteile dieser Welle, wie aus der jeweils von der Horizontalen abweichenden Steigung zu ersehen ist. Eine Reduzierung der Wellen-Torsions-Nachgiebigkeit durch Verkürzen der Torsionslänge x_T bzw. Vergrößern des Wellen-Durchmessers führt in einem breiten Frequenzbereich zu dynamischer Versteifung.

Der Frequenzbereich bei 360 Hz zeigt einen für Antriebsstrukturen charakteristischen Überlagerungseffekt 2-er Eigenschwingungen, wie prinzipiell in Bild 11.5 erläutert. Wegen des geringen Frequenzabstandes von nur 0,7% überlagern sich die Kenn-Nachgiebigkeiten der 9-ten und 10-ten Eigenschwingung beinahe vollständig, so daß die Kenn-Nachgiebigkeits-Wurzeln $n_{9,\psi 100}$ und $n_{10,\psi 100}$ aufzuaddieren sind. Die Beurteilung von Absolut-Nachgiebigkeiten sollte grundsätzlich mit Hilfe der absoluten Kenn-Nachgiebigkeits-Wurzeln vorgenommen werden; die hier durchzuführenden vergleichenden Betrachtungen identischer Stellen können jedoch auch mit den übersetzungsreduzierten Größen durchgeführt werden. Man erhält für die Überlagerung der 9-ten und 10-ten Eigenschwingung 63% der insgesamt nachgiebigsten Kenn-Nachgiebigkeits-Wurzel $^{R}n_{5,\psi 100}$ (der 5-ten Eigenschwingung). Die maßgeblichen direkten Kenn-Nachgiebigkeiten $N_{e,\psi 100/\psi 100}$

am Werkzeug erbringen die Quantifizierung von 40% Nachgiebigkeitswirkung bei 360 Hz gegenüber 289 Hz.

Derartig räumlich ausgedehnte und damit stark gekoppelte Strukturen können bei mehreren Eigenschwingungen Nachgiebigkeiten aufweisen, die in der gleichen Größenordnung liegen, wie die Nachgiebigkeiten der 4 Eigenschwingungen von f_8 = 338 Hz bis f_{11} = 391 Hz am Werkzeug zeigen. Dies entspricht einem qualitativen Unterschied gegenüber einfachen Strukturen (s. Balken von Bild 11.5). Für die ursächlich wirkenden Nachgiebigkeiten ist eine Analyse der Nachgiebigkeitsanteile unerläßlich. Diese sind nach den Belastungen:

T o r s i o n   (FHG φ)
R a d i a l   (FHGe y,z geometrisch addiert)
A x i a l   (FHG x)
K i p p e n   (FHGe ψ, ξ geometrisch addiert)

bei den 2 KPn eines Übersetzungselementes in den Bildern 14.4a-i exemplarisch angetragen. Auffällig ist das Wechselspiel zwischen positiven und negativen Anteilen; die FHGe können jeweils für sich große Werte annehmen, um sich aber in der Summe bisweilen stark zu kompensieren. Die größte Nachgiebigkeit an der Schneckenstufe der insgesamt nachgiebigsten Eigenform $^R\underline{n}_{5,\varphi}$ weist allerdings fast ausschließlich positive Anteile aller FHGe auf, von denen z.B. das Kippen einen erheblichen Beitrag liefert. Ein Vergleich mit den statischen Verformungen von Bild 10.1 zeigt, daß sich die statischen Schwachzonen in der nachgiebigsten Eigenform wiederfinden. Dies erklärt sich aus den Massenwirkungen, die gleichsam mit den federwirksamen Bereichen in einem bestimmten Frequenzbereich 'optimal' abgestimmt sind, so daß große Massenwirkungen an nachgiebigen Federn große Amplituden bewirken.

Um die Nachgiebigkeitsanteile konstruktiv umzusetzen, wird zweckmäßig von den Belastungsarten ausgegangen. Hierbei ist allerdings zu beachten, daß die Anteile unterschiedlich stark in die Gesamtstruktur eingekoppelt sind. Bei Radialanteilen führt die Optimierung von Wellenbiegung und Lagerungen der entsprechenden Welle zumeist sehr schnell zur Beseitigung von Schwachzonen. Die Torsionsanteile hingegen, die oftmals einen großen Nachgiebigkeitsanteil stellen, müssen weitläufiger betrachtet werden; dies ergibt sich vor allem wegen der starken Kopplungen der Torsionsrichtung entlang des gesamten Kraftflusses, wobei die quadratisch reduzierend wirkenden Übersetzungen (bei Massen und Fe-

dern) besonders zu beachten sind. Wollte man z.B. den extremen Torsionsan-
teil der Schnecke (KP 66) bei der 5-ten Eigenform reduzieren, um die Schwachzone zu beseitigen, so muß berücksichtigt werden, daß alle angekoppelten Bauteile bis zum Getriebeeingang die hohe Nachgiebigkeit mit verursachen. Sowohl
die Massen als auch die Federn der ersten 3 Wellen haben somit Anteil. Dies
läßt sich allerdings aus den Nachgiebigkeitsanteilen des KPs 66 alleine nicht
ablesen; die Verknüpfung der Anteile mit KPn der angesprochenen Bauteile führt
auf die notwendigen Informationen.

Letztlich kommt man nicht umhin, die Nachgiebigkeitsanalyse voll flexibel zu
gestalten, das heißt, beliebige KPs-Kombinationen und Belastungsarten zuzu-
lassen. Allerdings kann eine derartige Analyse nicht unmittelbar in einem Re-
chenlauf angesetzt werden, vielmehr kommt man hiermit in den CAD-Anwen-
dungsbereich, denn nur eine im Dialog aufgebaute Analyse stellt die nötige Flexibilität sicher. Dies wäre auch sinnvoll mit der wellenbezogenen Darstellung
zur Detailkonstruktion zu kombinieren.

Anhand der Nachgiebigkeitsanteile kann auch beurteilt werden, welche FHGe
zur Beschreibung erforderlich sind und welche keinen Beitrag leisten. Es läßt
sich also beurteilen, bei welchem Frequenzbereich und an welcher Stelle die
FHGe-Anzahl zu groß angesetzt war. Dies ist vor allem in Hinblick auf ein
Torsionsmodell interessant; dort wären alle anderen Nachgiebigkeitsanteile (die
verbleibenden 5 FHGe) gleich Null. Bei den ersten Eigenschwingungen könnte
dieses Gedankenexperiment noch bei gewissen Übersetzungs-Elementen realisiert
werden, da dort Torsionsanteile um Größenordnungen über denjenigen anderer
Anteile liegen. Ein Nullsetzen würde also eine verhältnismäßig gute Erfassung
dieser Elemente ermöglichen.

Aber bereits bei der 2-ten Torsions-Eigenschwingung 1-ter Art $^{R}\Omega_{2,\psi}$,die noch
zum tieffrequenten Bereich zu zählen ist, kann ein Torsionsmodell nicht mehr
zum Erfolg führen; ein Nullsetzen der restlichen FGHe führt zu vollkommen
unzureichenden Frequenzbestimmungen und Eigenformen, so daß schließlich die
tatsächlichen Eigenschwingungen mit denen des Torsionsmodells weder von der
Frequenz noch von den Schwingungsformen vergleichbar sind. Dies ist allerdings
kaum verwunderlich, denn die vollbesetzten Kopplungs-Matrizen der Übersetzungselemente enthalten diese Vielfalt durch die Kopplung aller FHGe und Belastungsarten, die stets feder- und massemäßig erfolgt. Schließlich kann auch
sofort erkannt werden, daß bei derartigen Strukturen ein grobes Zusammenfas-

sen von Massen und Federn zu Starrkörper-Modellen weniger FHGe nicht zum Erfolg führen kann. Weder vom Frequenzbereich noch von den reduzierten Federn und Massen - dies sind Kenn-Nachgiebigkeiten und Kenn-Beschleunigbarkeiten - besteht eine Möglichkeit, selbst mit ingenieurgemäßem Einfühlungsvermögen in Vorwegnahme der Rechnung die Verformungsrichtungen (FHGe) und Massenwirkungen bereits im tieffrequenten Bereich zusammenzufassen. Die Interdependenzen sind allzu stark und nicht abschätzbar.

Während die Diskretisierung der Struktur aufgrund der konstruktiven Topologie nur mit vergleichsweise hohem Aufwand an FHGn erstellt werden kann, erweist sich das Kondensieren von FHGn als das geeignete Arbeitsmittel im Sinne einer ingenieurgemäßen Beschränkung auf das Wesentliche. Primär wird man bei Antriebsstrukturen an bestimmten Elementen genauere Aussagen benötigen, also z.B. an den Übersetzungselementen und den Lagerstellen. Eine Getriebewelle mit 20 KPn zu beschreiben, kann in der Regel als überzogen bezeichnet werden. Selbst die 3-te Biegeeigenschwingung wird von nur 5 KPn genau genug erfaßt. Die 600 FHGe des berechneten Getriebes sind diesbezüglich ebenfalls bei weitem zu hoch angesetzt.

K o n d e n s i e r t wurde auf Element- und auf Substrukturebene. Zunächst ist festzuhalten, daß sich keine Unterschiede bei den Wellenelementen ergaben, wenn einmal am Element oder an der Substruktur (Welle) kondensiert wurde. Die höhere Flexibilität auf Substrukturebene ermöglicht eine erhebliche Steigerung der Datenreduktion. So wurde auf 20 KPe = 120 FHGe gegenüber den ursprünglich 600 FHGn kondensiert. Hierbei lag bereits bei der statischen Kondensation im Vergleich zum nicht kondensierten Fall ein äußerst geringer Fehler vor. Bei den ersten 12 Eigenfrequenzen (bis 400 Hz) ergab sich eine Maximalabweichung von nur 0,2 Hz. Diese eindrucksvolle Möglichkeit zu einer erheblichen FHGe-Reduktion ohne Genauigkeitseinbuße stellt die Basis für weitergehende Arbeiten dar; diese sind zu sehen in nichtlinearen Effekten oder näherungsweiser Parametererregung über äußere Störkräfte sowie Kopplungsmethoden, die beispielsweise bei gemessenen Gehäuseverformungen in Verbindung mit den berechneten Wellenbaugruppen anzuwenden wären.

15   Zusammenfassung

Die gesteigerten Leistungsanforderungen bei Antriebsstrukturen (auch als Antriebs-
stränge bezeichnet) erfordern in zunehmendem Maße eine Erfassung nicht nur
der statischen, sondern auch der dynamischen Auslegungsparameter. Hierbei
stellt sich das Problem, daß neben der statischen Festigkeitsauslegung die Struktur auch für den dynamischen Fall auf Festigkeit auszulegen ist, wofür die Amplituden bekannt sein müssen. Für dieses erforderliche elastische Verhalten,
welches durch das Nachgiebigkeits-Verhalten beschrieben wird, müssen alle fe-
der- und massemäßig angekoppelten Elemente der gesamten Struktur mit einbezogen werden. Bei Werkzeugmaschinen ist also beispielsweise eine Betrachtung
vom Motor über das Getriebe und die Spindel bis hin zum Werkzeug anzustellen.
Dies läßt sich in voller Konsequenz auf alle antriebsspezifischen Strukturen ex-
trapolieren, da ein Freischneiden von Elementen nur im Ausnahmefall möglich
ist. Erst die Kenntnis der reduzierten Federn und Massen, die wiederum nur
aus dem Gesamtsystem heraus bestimmt werden können, ermöglicht derartige
Vereinfachungen. Die Dominanz der Resonanzüberhöhungen beruht auf der allgemein geringen Dämpfung, die zweckmäßigerweise modal berücksichtigt wird.

Bislang wurde primär mit Torsionsmodellen, auch in modifizierter Art, gearbeitet, obwohl bekannt ist, daß die Biege- und Lagernachgiebigkeiten bereits
im tieffrequenten Bereich einen erheblichen Einfluß ausüben können, wovon sowohl die Eigenfrequenzen als auch die maßgeblichen Resonanzamplituden betroffen sind. Von Bedeutung ist dies z.B. auch für akustische Probleme, da der
Körperschall über die Wellen und Lager an das Gehäuse gelangt, wo die Abstrah-
lung erfolgt.

Die Zielsetzung der Arbeit bestand primär darin, bei kompletten Antriebsstrukturen, die stets Kraftflußverzweigungen (speziell bei der Biegung) enthalten,
ein hochmodulares Modell zu erstellen, das alle Belastungsarten erfaßt. Hierfür
wurde das auf der Matrix-Verschiebungs-Methode basierende Programm-System
ASDY (Antriebsstrukturen dynamisch) entwickelt, das an jedem diskretisierten
Knotenpunkt die maximale Auflösung der 6 möglichen Freiheitsgrade gewährleistet. Dieser in einer umfangreichen Element-Bibliothek erstellte Aufwand
ist nötig, da nur so beispielsweise die extremen Kopplungen von Verzahnungen
mit den sich ergebenden 6-dimensionalen Verformungen erfaßt werden können.
Die geometrischen Besonderheiten erfordern das Zulassen beliebiger räumlicher
Lagen von Wellen, die durch beliebige Verknüpfungen von Elementen eine An-

wendung auf beliebig verzweigte Antriebsstrukturen ermöglicht.

Neben diesem entscheidenden Schritt zur Modellbildung waren auch grundlegende Arbeiten zur konstruktiven Umsetzung der in großen Mengen anfallenden Daten sowohl bei der Eingabe als auch bei den Ergebnissen erforderlich. Durch Kondensieren von Wellen-Knotenpunkten bereits auf Elementebene kann eine erhebliche Reduzierung der erforderlichen Knotenpunkte erreicht werden. Die Anhäufung von Knotenpunkten an Wellenenden, die sich aus der konstruktiven Topologie zwangsläufig ergibt, wird von einer überzogenen, ungleichmäßigen Auflösung praktisch ohne Genauigkeitseinbuße bereinigt. Die dominante Datenreduzierung bei den Ergebnissen wird ohne Informationsverlust durch die modale Beschreibung erreicht, indem für eine bestimmte Anzahl von Eigenschwingungen - je nach Erfordernissen - die dynamischen Verformbarkeiten ermittelt werden. Entgegen der üblichen Eigenvektor-Verwertung wird mit Hilfe nachgiebigkeitsnormierter Eigenvektoren ein Vergleich der Eigenschwingungen untereinander ermöglicht; für die konstruktive Umsetzung können somit unmittelbar hinsichtlich der Dynamik kritische Eigenschwingungen mit den verursachenden Schwachzonen von denen geringerer Bedeutung (bei anderen Frequenzen) unterschieden werden. Kritische Frequenzbereiche lassen sich damit identifizieren.

Antriebsspezifisch muß herausgestellt werden, daß die Ergebnisse einerseits in Form der absoluten Koordinaten entsprechend der physikalischen Realität und andererseits in übersetzungsreduzierter Form bzgl. des elastischen Verhaltens zu analysieren sind. Erst beide Betrachtungen ermöglichen eine eingehende Analyse einer Struktur und deren Optimierung. Im Gegensatz zu translatorisch erfaßbaren Strukturen (z.B. Gestellschwingungen von Werkzeugmaschinen) dominiert bei Antriebsstrukturen der Torsions-Freiheitsgrad, der in Form von Torsions-Diagrammen mit Hilfe der übersetzungsreduzierten Torsionswinkel bei jeder Eigenschwingung Schwachzonen offenlegt, die sich innerhalb des Torsions-Kraftflusses befinden. Im Unterschied zum Torsionsmodell sind dort aber alle Freiheitsgrade der gesamten Antriebsstruktur eingekoppelt, so daß ein Torsionsmodell keinesfalls die fehlenden Kopplungen - weder die Frequenzbestimmung betreffend noch bzgl. der Nachgiebigkeiten - enthält bzw. ermittelt. Zur konstruktiven Analyse können speziell an Übersetzungselementen die Torsionssprung-Anteile nach den Belastungsarten analysiert werden, wofür auf die Matrix-Kraft-Methode zurückgegriffen werden muß. Vor allem radiale Nachgiebigkeiten aufgrund von Lagern und Biegung können somit in ihrem Einfluß auf die Torsionsverformungen analysiert werden. Dynamisch nachgiebige Bereiche ergeben in der Regel positive Anteile von allen Belastungsarten bei den Torsionswinkeln. Generell bieten die Matrizenmethoden den Übergang von der Nachgiebigkeitsoptimierung zur Festigkeitsauslegung sowohl im statischen als auch dynamischen Fall. Damit lassen sich auch dynamische Schnittgrößen wie der Biegemomenten-Verlauf einer Welle bei einer Eigenfrequenz bestimmen. Die verwendeten, systemnormierten Eigenvektoren liefern wiederum quantifizierende Aussagen der dynamischen Schnittgrößen zum Vergleich verschiedener Eigenschwingungen.

Insgesamt wird mit den Matrizenverfahren die Möglichkeit aufgezeigt, die bei Antriebsstrukturen ausgeprägten räumlichen Kopplungen aller Bauteile zu erfassen und antriebsspezifisch umzusetzen.

Die Analyse realer Strukturen ergibt die umfassenden Kopplungen mit der Folge eines dicht besetzten Eigenfrequenzspektrums bereits im mittleren Frequenzbereich. Das konstruktive Umsetzen mit der erforderlichen Datenreduktion wird erst durch das angesprochene Aufbereiten der Ergebnisse ermöglicht. Die experimentelle Seite der Bestimmung modaler Parameter konnte den Anforderungen bzgl. Genauigkeit zu einer Überprüfung der Rechenergebnisse meistens nicht genügen, so daß oftmals die Frequenzwerte alleine verglichen oder angepaßt wurden. Aufgrund der maximalen Auflösung des Modells konnten die Parameter an den entscheidenden Stellen variiert werden. Speziell an komplett bestückten Wellen im ausgebauten Zustand lieferten die gemessenen Eigenvektoren vor allem im höherfrequenten Bereich nur mehr eine qualitative Aussage über Schwingungsformen. Die Quantifizierung der Rechnung ist aufgrund der erreichten minimalen Frequenzabweichungen bei den Eigenvektoren vertrauenswürdiger als die Messung. Dies geht sogar so weit, daß im Fall gekoppelter Wellen eng benachbarte Eigenfrequenzen vom Programm noch als verschiedene Eigenschwingungen identifiziert wurden, wo dies bei den gemessenen Frequenzgängen nicht mehr möglich war, da die Resonanzfrequenzen allzu dicht beisammen lagen und vom Kurvenanpassungs-Algorithmus nicht mehr getrennt werden konnten, also einer Eigenschwingung gleichgesetzt wurden.

16   <u>Literatur</u>

/1/   Baethge, J.   Drehwegfehler, Zahnfederhärte und Geräusch bei Stirn-
                           rädern
                           Dissertation TU München 1969

/2/   Bochmann, H.   Die Abplattung von Stahlkugeln und Zylindern durch den
                           Meßdruck
                           Dissertation Dresden 1927

/3/   Böhm, R.   Beitrag zum Torsionsschwingungsverhalten von Werkzeug-
                           maschinenantrieben mit Zahnradschaltgetrieben
                           Dissertation TU München 1976

/4/   Bosch, M.   Über das dynamische Verhalten von Stirnradgetrieben unter
                           besonderer Berücksichtigung der Verzahnungsgenauigkeit
                           Dissertation TH Aachen 1965

/5/   Bühler, W.   Einfluß der Kenn- und Störgrößen auf das dynamische
                           Verhalten mehrstufiger Hauptspindelantriebssysteme
                           von Werkzeugmaschinen
                           Dissertation Uni Stuttgart 1976

/6/   Buerhop, H.   Zur effektiven Biegesteifigkeit von abgesetzten Stäben
                           und Wellen
                           Konstruktion (1976) Nr. 28, S. 45/51

/7/   Brändlein, J.   Die radiale Federsteifigkeit von Wälzlagern:
                           Linearisierung der Kennlinien
                           Maschinenmarkt, Würzburg, Bd. 83 (1977) Nr. 61, S.
                           1182/4

/8/   Caughey, T.K.   Classical Normal Modes in Damped Linear
                           Dynamic Systems
                           Journal of Applied Mechanics June 1960

/9/   Dankert, J.   Numerische Methoden der Mechanik
                           Springer-Verlag Wien New York 1977

/10/ Diekhans, B.   Kleinrechnereinsatz für Berechnungsaufgaben im Konstruk-
                           tionsbereich - Berechnung von Werkzeugmaschinen
                           Dissertation TH Aachen 1979

/11/ Diekhans, G.   Numerische Simulation von parametererregten
                           Getriebeschwingungen
                           Dissertation TH Aachen 1981

/12/ Eisele, F.,   Dynamische Eigenschaften der Werkzeugmaschinenantriebe
      H.D. Schulz   Werkzeugmaschinen-Praxis Vogel-Verlag Coburg
                           1. Allgemeine Grundlagen   (1958)71
                           2. Rechnerische Bestimmung der Nachgiebigkeit anhand
                              der Konstruktion   (1958)79
                           3. Die konstruktive Beeinflussung der Nachgiebigkeit
                              und deren Verteilung längs eines Getriebezuges
                                                                         (1958)79

    4. Die rechnerisch-experimentelle Bestimmung der Nach-
       giebigkeit und der Nachgiebigkeitsverteilung für einen
       Getriebezug   (1960)63
    5. Die Bedeutung der Nachgiebigkeit und der
       Nachgiebigkeitsverteilung für einen Getriebezug
                                        (1960)63

/13/ Eisele, F.,
     H.W. Lysen
Geräte und Methoden zur Ermittlung der dynamischen
Steifigkeit (Dynresistenz) im Gesamtaufbau einer
Werkzeugmaschine; Werkzeugmaschinenpraxis
Vogel-Verlag Coburg Nr. 36 1953

/14/ Eschmann, P.
Das Leistungsvermögen der Wälzlager
Springer-Verlag Berlin 1964

/15/ Eschmann, P.,
     L. Hasbargen,
     K. Weigand
Die Wälzlagerpraxis
R. Oldenbourg München 1978

/16/ FAG
Radiale und axiale Federkennlinien von Kugel- und Rollen-
lagern TM 355, 11-seitig. FAG Kugelfischer Georg Schäfer
KGaA. Stand: 1.3.1983

/17/ Finke, R.
Berechnung des dynamischen Verhaltens von Werkzeug-
maschinen
Dissertation TH Aachen 1977

/18/ Gebhardt, W.
Schwingungsverhalten von Werkzeugmaschinenantrieben.
Theoretische und experimentelle Analyse unter Berück-
sichtigung der Biegeschwingungen und des Einflusses des
Antriebsmotors
Dissertation Uni Stuttgart 1981

/19/ Gerber, H.
Innere dynamische Zusatzkräfte bei Stirnradgetrieben
Modellbildung, innere Anregung und Dämpfung
Dissertation TU München 1984

/20/ Gold, P.W.
Statisches und dynamisches Verhalten mehrstufiger
Zahnradgetriebe
Dissertation TH Aachen 1979

/21/ Günther, D.
Untersuchung der Federung von Hauptspindellagerungen
in Werkzeugmaschinen
Dissertation TH Aachen 1964

/22/ Hahn, H.G.
Methode der finiten Elemente in der Festigkeitslehre
2. Auflage
Akademische Verlagsgesellschaft Wiesbaden 1982

/23/ Harris, C.M.,
     C.H. Crede
Shock and vibration handbook
Mc Graw-Hill book company 1976

/24/ Helpenstein, H.
Wege zur rationellen Berechnung des dynamischen Ver-
haltens von mechanischen Strukturen
Dissertation TH Aachen 1983

/25/ Holzweißig, F.   Lehrbuch der Maschinendynamik
     H. Dresig   Springer-Verlag Wien New York 1979

/26/ Jarausch,   Berechnung erzwungener gedämpfter Drehschwingungen
     Mader   von Getrieben mit Hilfe elektronischer Rechenmaschinen
                        Industrie-Anzeiger, Bd. 84 (1962) Nr. 8, S. 19/28

/27/ Klein, B.   Dynamische Analyse drehschwingungsfähiger Antriebe
                        mit Algorithmen
                        Maschinenmarkt, Bd. 84 (1978) Nr. 87, S. 1702/5

/28/ Klotter, K.   Technische Schwingungslehre
                        Erster Band, Springer-Verlag 1981

/29/ Klumpers, K.J.   Theoretische und experimentelle Bestimmung der
                        Dämpfung spielfreier Radialwälzlager
                        Dissertation TH Aachen 1980

/30/ Korenn, H.,   Die Bestimmung der Federkennlinien an umlaufenden
     W. Kirchner,   Wälzlagern. Industrie-Anzeiger Essen,
     E. Back   Bd. 86 (1964) Nr. 29, S. 499/503

/31/ Korenn, H.,   1) Die elastische Verformung einer ebenen Stahloberflä-
     H. Kirchner,   che unter belasteten Zylinderrollen
     G. Braun   Bd. 53 (1963) Nr. 4, S. 178/82
                        2) Die elastische Verformung einer ebenen Stahloberflä-
                           che unter linienförmiger Belastung
                           Bd. 53 (1963) Nr. 1, S. 27/30. Werkstattechnik

/32/ Krämer, E.   Maschinendynamik. Springer-Verlag
                        Berlin Heidelberg New York Tokyo 1984

/33/ Krumholz, H.J.   Berechnung evolventenverzahnter Zylinderräder
                        (1984) Nr. 48 v. 15.Juni, 106. Jg.

/34/ Küçükay, F.   Über das dynamische Verhalten von einstufigen Zahn-
                        radgetrieben
                        Dissertation TU München 1981

/35/ Küçükay, F.   Zur Formulierung und Programmierung der Bewegungs-
                        gleichungen von Antriebssträngen
                        VDI-Z. Bd. 126 (1984) Nr. 20, S. 769/74 - Oktober (II)

/36/ Kunert, K.   Spannungsverteilung im Halbraum bei elliptischer
                        Flächenpressungsverteilung über einer rechteckigen
                        Druckfläche
                        Forschung auf dem Gebiet des Ingenieur-Wesens
                        Bd. 27 (1961) Nr. 6, S. 165/74

/37/ Kunert, K.   1) Die Starrheit des vorgespannten Schrägkugellagers
                              bei radialer Belastung
                              Bd. 82 (1960) Nr. 103, S. 1763/8
                        2) Die Starrheit des vorgespannten Schrägkugellagers
                              bei axialer Belastung
                              Bd. 84 (1962) Nr. 54, S. 1320/5
                        Industrie-Anzeiger Essen

/38/ Laue, G.,   Beitrag zur Entstehung und Verminderung von Getriebegeräusch und -verschleiß anhand eines erweiterten dynamischen Modells, abgeleitet aus oszillografischen Untersuchungen des Eingriffsstoßes
    R. Schulze   Westdeutscher Verlag 1979

/39/ Lundberg, G.   Elastische Berührung zweier Halbräume
Forschung auf dem Gebiet des Ingenieur-Wesens
Bd. 10 (1939) Nr. 5, S. 201/11

/40/ Lysen, H.   Der heutige Stand des dynamischen Steifigkeits-Meßverfahrens: 3. FoKoMa, 29. und 30. Juni 1957
Maschinenmarkt, Werkzeugmaschinenpraxis
Vogel-Verlag Coburg 1957, S. 35/47

/41/ Lysen, H.   Statische und dynamische Stabilität der Werkstoff-Formung: 2. FoKoMa, 6. und 7. Oktober 1955
Maschinenmarkt, Werkzeugmaschinenpraxis
Vogel-Verlag Coburg 1955

/42/ Marguerre, Wölfel   Technische Schwingungslehre
Wissenschaftsverlag 1979

/43/ Meirovic, L.   Analytical Methods in Vibrations
The Macmillan Company, New York 1967

/44/ Milberg, J.   Analytische und experimentelle Untersuchungen zur Stabilitätsgrenze bei der Drehbearbeitung
Dissertation Berlin 1971

/45/ Milberg, J.,   Mathematical and experimental modal analysis of a machine tool drive structure
    H. Summer   Proceeding III of the 8th International Seminar on Modal Analysis K. U. Leuven Belgium 12.-16. Sept. 1983

/46/ Milberg, J.,   Rechnerische und experimentelle Modalanalyse einer Werkzeugmaschinen-Antriebsstruktur
    H. Summer   Mitteilung des Curt-Risch-Institutes der Universität Hannover; Vorträge zur Tagung Dynamische Probleme am 4. und 5. Oktober 1984 in Hannover

/47/ Milberg, J.,   Rechnerische und experimentelle Modalanalyse einer Werkzeugmaschinen-Antriebsstruktur
    H. Summer   VDI-Z Bd. 127 (1985) Nr. 7 - April (I)

/48/ Möllers, W.   Parameterregte Schwingungen in einstufigen Zylinderradgetrieben; Einfluß von Verzahnungsabweichungen und Verzahnungssteifigkeitsspektren
Dissertation TH Aachen 1982

/49/ Müller, P.C.,   Lineare Schwingungen, Theoretische Behandlung von mehrfachen Schwingern
    W.O. Schiehlen   Akademische Verlagsgesellschaft Wiesbaden 1976

/50/ Müller, K.G.   Effect and Control of Chatter Vibration in Machine Tool Processes, final scientific report
EOAR 25.4.1969 Wright-Patterson AFB, Ohio

/51/ Müller, R.D.

Statische und dynamische Analyse von Werkzeugmaschinenantrieben und Zahnradgetrieben
Dissertation TU München 1980

/52/ Natke, H.G.

Ein Verfahren zur rechnerischen Ermittlung der Eigenschwingungsgrößen aus den Ergebnissen eines Schwingungsversuches in einer Erregerkonfiguration
Dissertation TU München 1968

/53/ Natke, H.G.

Einführung in Theorie und Praxis der Zeitreihen- und Modalanalyse: Identifikation schwingungsfähiger elastomechanischer Systeme
Vieweg Verlag Braunschweig Wiesbaden 1983

/54/ Neupert, B.

Berechnung der Zahnkräfte, Pressungen und Spannungen von Stirn- und Kegelradgetrieben
Dissertation TH Aachen 1983

/55/ Niemann, G., H. Winter

Maschinenelemente
Band 1   1981
Band 2   1983
Band 3   1983
2. Auflage Springer-Verlag

/56/ Osanna, P.H.

Wälzlager für Arbeitsspindeln von Werkzeugmaschinen: Radiale Federung und Lagerluft
Maschinenmarkt Würzburg, Bd. 83 (1977) Nr. 31, S. 622/5

/57/ Pfeiffer, F., F. Küçükay

Eine erweiterte mechanische Stoßtheorie und ihre Anwendung in der Getriebedynamik
VDI-Z Bd. 127 (1985) Nr. 9 - Mai (I)

/58/ Prößler

Experimentell-rechnerische Analyse von Maschinenschwingungen - Wege zur gezielten Verbesserung des dynamischen Verhaltens von Werkzeugmaschinen
Dissertation TH Aachen 1981

/59/ Przemieniecki, J.S.

Theory of Matrix Structural Analysis
Mc Graw-Hill Book Company 1968

/60/ Rettig, H.

Zahnkräfte und Schwingungen in Stirnradgetrieben
Konstruktion, Bd. 17 (1965) Nr. 2, S. 41/53

/61/ Röhrle, H.

Reduktion von Freiheitsgraden bei Strukturdynamik-Aufgaben
Habilitationsschrift Uni Hannover 1979

/62/ Rubin, F.

Biege-Eigenschwingungen von Wellen, die ein- oder beidseitig auf einen kleinen Durchmesser abgesetzt sind
Schweizerische Technische Zeitschrift, Nr. 7, Februar 1961; ebenso in:
Konstruktion, 13. Jahrgang, 1961 Heft 9, S. 359/61.

/63/ Satyamurty, S.

Beitrag zur Methodik der Beschreibung und Ermittlung des dynamischen Verhaltens von Werkzeugmaschinen
Dissertation TU München 1972

/64/ Schaller, A.   Modellierung von Wälzlagerelementen für ein 6-FHGe-FEM·
                     Programm und Vergleich mit experimentellen
                     Modalanalysen, Diplomarbeit TU München 1984

/65/ Schwarz, H.R., Matrizen-Numerik
     H. Rutishauser, B. G. Teubner Stuttgart 1972
     E. Stiefel

/66/ Schwarz, H.R.   Methode der Finiten Elemente
                     B. G. Teubner Stuttgart 1984

/67/ Sommer, J.W.   Ein Beitrag zur Berechnung des stationären und insta-
                     tionären Verhaltens linearer Schwingungssysteme mit
                     konstanten und veränderlichen Koeffizienten
                     Dissertation TH-Aachen 1979

/68/ Summer, H.   Nachgiebigkeitsverhalten von Antriebsstrukturen;
                     1) theoretische Zusammenhänge des FEM-Programms TON/
                        (1984) Nr. 32/33 v. 25. April, S. 30/1
                     2) Darstellung und Analyse der Verformbarkeiten
                        (1984) Nr. 48   v. 15. Juni, S. 42/3
                     3) experimentelle Modalanalyse, Vergleich
                        Rechnung-Messung
                        (1984) Nr. 57   v. 18. Juli, S. 36/7
                     HGF-Kurzberichte Industrie-Anzeiger,
                     Girardet-Verlag Essen

/69/ Troeder,   Schwingungsverhalten von Zahnradgetrieben
     Peeken,   VDI-Berichte Nr. 320
     N. Diekhans

/70/ Waller, H.,   Matrizenmethoden in der Maschinen- und Bauwerksdynamik
     W. Krings   Bibliographisches Institut, Zürich 1975

/71/ Weber, C.,   Formänderung und Profilrücknahme bei gerad- und schräg-
     K. Banaschek   verzahnten Rädern
                     Schriftenreihe Antriebstechnik (1955) Nr. 11
                     Vieweg Verlag Braunschweig

/72/ Weck, M.   Werkzeugmaschinen Band 2 Konstruktion und Berechnung
                     VDI-Verlag 1981

/73/ Weck, M.,   Berechnung des dynamischen Verhaltens von Spindel-
     L. Ophey   Lager-Systemen mit Hilfe experimentell ermittelter
                     Dämpfungs- und Steifigkeitskennwerte für Wälzlager
                     Antriebstechnik Bd. 21 (1982) Nr. 11

/74/ Weck, M.,   Optimierung von bogenverzahnten Kegelradgetrieben
     H.J. Stadtfeld Industrie-Anzeiger (1984) Nr. 48 v. 15. Juni 106. Jg.

/75/ Weck, M.,   Verbesserung des Laufverhaltens von Leistungsgetrieben
     H. Salje   Industrie-Anzeiger (1984) Nr. 48 v. 15. Juni 106. Jg.

/76/ Weyand, M.   Hauptspindellagerungen von Werkzeugmaschinen:
                     Reibungs- und Temperaturverhalten der Wälzlager
                     Dissertation TH Aachen 1969

/77/ Wiche, E.   Radiale Federung von Wälzlagern bei beliebiger Lagerluft, Konstruktion, Bd. 19 (1967) Nr. 5, S. 184/92

/78/ Wilkinson, J.H., C. Reinsch   Linear Algebra Handbook for Automatic Computation 1971

/79/ Wilson, E.L., J. Penzien   Evaluation of Orthogonal Damping Matrices Int.J.F. Numerical Methods in Engineering Vol. 4, 5 - 10 (1972)

/80/ Winkler, A.   Über das dynamische Verhalten schnellaufender Zylinderradgetriebe Dissertation TH Aachen 1975

/81/ Winter, H., B. Podlesnik   Zahnfedersteifigkeit von Stirnradpaaren Teil 1: Grundlagen und bisherige Untersuchungen Bd. 22 (1983) Nr. 3, S. 39/42 Teil 2: Einfluß von Verzahnungsdaten, Radkörperform, Linienlast und Wellen-Naben-Verbindung Bd. 22 (1983) Nr. 5, S. 51/8 Teil 3: Einfluß der Radkörperform auf die Verteilung der Einzelfedersteifigkeit und der Zahnkraft längs der Zahnbreite Bd. 23 (1984) Nr. 11, S. 43/9 Antriebstechnik

/82/ Wolf, W.   Rechnerunterstützte Auslegung mehrstufiger Zahnradgetriebe Dissertation Uni Stuttgart 1975

/83/ Ziegler, H.   Verzahnungssteifigkeit und Lastverteilung schräg verzahnter Stirnräder Dissertation TH Aachen 1971

/84/ Ziegler, G.   Maschinendynamik Carl Hanser Verlag München Wien 1977

/85/ Zienkiewiecz, O.C.   Methode der finiten Elemente Carl Hanser Verlag München Wien 1975

/86/ Zurmühl, R.   Matrizen 4. Auflage Springer-Verlag 1964

/87/   NAG-Programmbibliothek Leibniz-Rechenzentrum (LRZ), München

/88/   Normen: DIN 623, 2218, 3990

17 Sachverzeichnis

Abklingkoeffizient 24
Absolut-
 - fesselung 138
 - verschiebung 74
 - winkel 77
 - wirkung 32, 63, 139
Äußere Abmessungen 167
Amplitude 95, -n
 - gang 27, 115
Angestellte Lagerung 95, 161 ff
Anregung, -s
 - ,äußere 89
 - funktion 16
Antriebsstruktur 6, 89, 169
Axial-
 - kraft 82, 163
 - nachgiebigkeit 82
 - verformung 84

Balkenelement 141
Band-
 - breite 65
 - matrizen 90 ff
BERNOULLI-Balken 143
Beschleunigbarkeit 21, -s
 -Normierung 98, 117
Betriebspunkt 28 ff, 87
Beweglichkeit 21, -s
 -Normierung 98, 117
Bezugswelle 77
Biege-
 - Eigenschwingung 116, 142, 170
 - Kraftfluß 65
Biegung
 1, 14, 43, 82, 93, 128, 141, 150
Blockdiagonalmatrix 60

CAUGHEY-Reihe 103
Charakteristische Gleichung 24
CHOLESKY-Zerlegung 69, 92

Dämpfung 16 ff, 42 ff, 88, 103, -s
 - ,kritische 25, 111
 - matrix 101
 - ,Proportional- 104
 - zahl 63 ff
Definitheit
 - ,positive 70, 87, 140
Deformationsmethode 31
Determinante 48, 66
Diagonalisieren 99 ff
Diagonalmatrix 110

Dimension 21, 66, 94, -s
 - produkt 66
Diskretisierung 33
Drehung 53, 157
DUHAMEL-Integral 112
Durchsenkung 84

Eigenform 126, 170, 172
 - ,elastische 89
Eigenfrequenz 13, 26, 110 ff, 88
 - spektrum 118, 171
Eigenschwingung 125
 s.a. Biegung, Torsion
Eigenvektor 87, 93, 99, 106, 119
Eigenwert 93
 - problem 87, 90
 - ,mehrfacher 92 ff
Einheit 66, 116
Eingriffsrichtung 152 ff
Elektromotor 89
Element 33
 - ebene 63, 54, 67, 80, 131
 - Federmatrix 44
 - FHG-Submatrix 47
 - Bibliothek 134
 - KPs-Matrix 47, 63
 - Matrix 56, 134
 - Verlagerungsvektor 44, 79
Entkopplung 99
Ersatzhebelarm 37, 39

Feder
 - ,Absolut- 136
 - Element 136
 - matrix 41, 44, 87
 - ,Relativ 136
 - steifigkeit 16, 137
 - ungsbereich 37
 - ungskennlinie 29
 - wirkung 77, 138
 - zahl 44, 63 ff
Fesselung 70, 89
Festigkeit 3
Festlager 160 ff
Finite Elemente (FEe) 1, 63
Freiheitsgrad (FHG)
 33, 42, 60, 78, 124
 - anteile 78 ff
Frequenzbereich 20, 124
Frequenzgang 26, 112, 116
Füllungsgrad 167

GAUSS'scher Algorithmus 69
Geradverzahnung 82
Gleichgewicht 23, -s
 - gruppe 71
 - ,Kräfte- 45, 47, 80
 - ,Verlagerungs- 23, 80
GRAMMEL-Quotient 41
Größenwert 66

HAMILTON-Prinzip 119
Hauptdiagonale 46, 63
Hebelarm 45 ff
HOOKE'sche Gerade 28

Idealisierung 32
Innere
 - Konstruktion 161
 - Kräfte 85
 - Lasten 120
 - Momente 85
Instabilität 5, 65, 89
Inverse 55, 69

Kenn-
 - Beweglichkeit 108
 - Beweglichkeits-Wurzeln 98
 - Beschleunigbarkeit 108, 139
 - Beschleunigbarkeits-Wurzeln 98, 117
 - Eigenlast, direkte 120
 - Eigenlast-Wurzeln 118
 - Nachgiebigkeit 108, 114, 117, 174
   - ,direkte 114
 - Nachgiebigkeits-Wurzeln
     98, 117, 123, 138
     - ,übersetzungsreduzierte
       Torsions- 124, 171 ff
 - Potential 122
 - Schnittgröße, direkte 121
 - Schnittgrößen-Wurzeln 121
 - System 109, 118, 123
 - Systemverhältnis 107, 114, 116
 - Systemverhältnis-Wurzeln
     96, 107, 114, 116
Kipp-
 - en 43, 84, 164
 - kopplung 39
 - nachgiebigkeit 82
 - steifigkeit 37, 162
Knoteneinzellasten 72
Knotenpunkt (KP) 32
KPs-
 - Ersatzlasten 82
 - Differenz 91
 - Matrix auf
   - Elementebene 65
   - Systemebene 65

- Netz 33
- Submatrix 136
Kompatibilität 50, 79
Kondensation 103, 127, 177, -s
 - auf Elementebene 131
 - Balkenelemente 147
Koordinaten
 - ,elementeinheitliche 53
 - ,globale 52, 63
 - ,lokale 52
 - ,modale 100
 - ,physikalische 100
 - ,projizierende 52
 - ,wellenbezogene 52
Koordinaten-Transformation 52
Kopplung 39, 42
Kraftgrößenverfahren 31
Kraftfluß 5, 8
Kragbalken 3, 116, 122
KRONECKER-Symbol 111

Lager 33, 89
 - federung 84
 - kraft 29
 - nachgiebigkeit 82
 - reihen 167
LAPLACE-transformierte 20
LEHR'sche Dämpfung 24, 105, 118
Linearisierung 28, 41
Linienberührung 163
Loslager 161

Masse 16, -n
 - ,konsistente 36, 142
 - ,konzentrierte 36, 139
 - matrix 87
 - trägheitsmoment 89, 139
Matrizenmethoden 28, 31
MAXWELL/BETTY 45, 67
Messungen 13, 168
Modal-
 - analyse 1, 103, 168
 - matrix 88, 98
Modale Parameter 111
Momenten-Gleichgewicht 47

Nachgiebigkeit 21
 - ,dynamische 113
Nachgiebigkeits-
 - Anteile 81, 175
 - Amplitudengang 27, 115
 - Frequenzgang 27, 113
 - matrix 69, 79, 125
 - methode 31
 - Normierung 98
 - zahlen 82

Nebendiagonalglieder 47
Nichtlinearitäten 28
Normierung 93, -s
- faktor 106

Orthogonalität 55, 99
Ortskurve 27, 112

Partikuläre Lösung 26, 112
Partitionierte Matrix 129
Paßfeder 160
Potential 72
Punktberührung 163

Quer-
- kraft 43, 84
- schnittsdrehung 84
- schnittsverwölbung 143
- schub 150

Radial-
- Belastung 82
- Lagerbelastung 84
RAYLEIGH-
- Quotient 41, 109
- Dämpfung 104
Reaktion 45
Relativwirkung 32
Resonanzverhalten 26, 95, 118, 174
Richtungskosinus 57
Riemenstufe 157
Rotation 34, 47, 66 ff
Ruckbarkeit 21

Scheibe 140
Schnecken-
- stufe 155
- getriebe 169
Schnittgrößen 3, 44, 49, 124
- ,dynamische 121
- ,statische 85
Schrägungswinkel 152
Schwachzone 41, 72, 174
Schwingungsknoten 126
Semidefinite Matrix 88, 92
Selbsterregung 1, 4
Singularität 48 ff, 70, 81, 129
Spannung 2, 86
Spektralmatrizen 110
Spezifische Federsteifigkeit 37
Standard-Frequenzgang 27, 112 ff
Starre Einspannung 139
Starrkörperverschiebung
89, 93, 117, 124
Steifigkeit 21, 165, -s
- auslegung 4

- methode 31
STEINER-Anteil 34, 140
Stelle 3, 45
Stirnradstufe 152
Substruktur 127, 177
Superposition 49, 51, 63, 127
System
- ebene 54, 63, 67, 80
- ,freies 24, 101
- ,konservatives 17, 87, 99
- KPs-Matrix 63, 81
- ,lineares 13, 20
- Matrix 63
- ,MKS- 66
- Normierung 96, 111
- normierter Eigenvektor 116
- parameter 12, 35
- ,rheonichtlineares 2, 12
- ,ungefesseltes 76, 139, 169
- verhältnis 19, 21, 95, 115
- ,äußeres 22, 26
- ,äußeres, dynamisches 115
- ,inneres 23, 26
- Viel-FHGe- 26
- zahlen 63
- ,zwangserregtes 110

TAYLOR-Linearisierung 28, 161
TIMOSHENKO-Balken 143
Torsion 150, -s
- diagramm
14, 71, 74, 78, 122, 172
- Eigenvektoren 17, 124, 171
- Eigenschwingung 116, 126
- federsteifigkeit 80, 136
- fesselung 162, 138
- Kraftfluß 8
- länge 8, 71, 174
- modell
13, 42, 44, 48, 82, 90, 176
- sprung 76, 79, 81, 174
- winkel 72, 76 ff
- absolut 174
- übersetzungsreduziert 174
Trägheit 21, 117, -s
- zahl 63 ff
Translation 34

Überlagerung 93, 116, 174
Übersetzung, -s
- elemente 33, 147, 150
- FHG 48, 151
- ,Gesamt- 77
- KP 76
- reduktion 74, 77, 124, 174
- steifigkeit 85, 151

- ,Teil- 76
Übertragungs-
 - Kenn-Nachgiebigkeit 114, 121
 - verhalten 19

Verformung 3, -s
 - linie 85
Verlagerungsvektor 69, 156
Verdrehung 45
Verlagerung 45
Verschiebung 45
Verschiebungsmethode 13
Verzahnungssteifigkeit
 29, 39, 154, 171
Verzweigung 9, 14, 89

Wälzlager 160
Wellen 76 ff
 - absatz 33, 128
 - bezogene Darstellung 84
 - biegung 84
 - element 43, 141
 - Naben-Verbindung 160
 - übersetzung 77
 - Verlagerung 84
Widerstand 21

Zahnradstufe 42, 74
Zerspanung 1, 5, 89
Zug-Druck 150